机工IT

U0151126

用Python
让办公快速实现
自动化

王红明 张鸿斌◎编著

机械工业出版社
CHINA MACHINE PRESS

本书通过大量实战案例和项目全面讲解如何利用 Python 进行自动化办公，帮助广大职场人士快速处理大批量或重复性的工作，将过去需要一天或几天时间完成的工作，在几分钟或者十几分钟内完成，大大提高工作效率。

本书主要内容包括 Python 安装及编程方法、Python 语法基础实战、自动化分析处理数据实战、自动化操作 Excel 文档实战、自动化图表制作实战、自动化操作 Word 文档实战、自动化制作 PPT 幻灯片实战、自动化操作 PDF 文档实战、自动群发邮件及自动抓取网络数据实战和 Python 自动化办公实战项目。

本书将基础知识与实际工作场景案例相结合，图文并茂、由浅入深、易学易懂。

本书适合广大职场办公人士、财务人士、数据分析人士等用户阅读，也可作为中、高等职业技术院校程序设计课程的参考用书。

图书在版编目（CIP）数据

用 Python 让办公快速实现自动化 / 王红明，张鸿斌编著 . —北京：机械工业出版社，2023.9
ISBN 978-7-111-73537-3

I. ①用… II. ①王…②张… III. ①软件工具–程序设计 IV. ①TP311. 561

中国国家版本馆 CIP 数据核字（2023）第 133970 号

机械工业出版社（北京市百万庄大街 22 号　邮政编码 100037）
策划编辑：张淑谦　　　　　　责任编辑：张淑谦　丁　伦
责任校对：贾海霞　陈　越　　责任印制：张　博
中教科（保定）印刷股份有限公司印刷
2023 年 10 月第 1 版第 1 次印刷
184mm×260mm · 18 印张 · 466 千字
标准书号：ISBN 978-7-111-73537-3
定价：99. 00 元

电话服务　　　　　　　　　网络服务
客服电话：010-88361066　机　工　官　网：www. cmpbook. com
　　　　　010-88379833　机　工　官　博：weibo. com/cmp1952
　　　　　010-68326294　金　书　网：www. golden-book. com
封底无防伪标均为盗版　机工教育服务网：www. cmpedu. com

前　言

一、为什么写这本书

办公自动化、智能化、高效化是今后职场办公的发展趋势，它可以解放人们的双手去做更有价值的工作，还可以大大提高工作效率。另外，掌握办公自动化技术也是一次自我提升，是广大职场办公人员需要掌握的一项技能。

本书旨在教会大家使用 Python 程序实现办公自动化（包括自动处理 Excel 数据、自动制作报表、自动处理编写 Word 文档、自动制作产品 PPT、自动提取工作中 PDF 文档数据、自动群发邮件、自动搜集网络竞品销售数据等），将过去日常工作中需要一天或几天时间完成的工作在几分钟或十几分钟内完成，大大提高工作效率，减少重复劳动。

二、本书特色

本书有如下特色：

1）全书结合大量实战案例和项目来讲解办公自动化操作方法，实战案例全部根据实际工作场景设计。

2）每个实战案例都配有通俗详细的代码解析，对每行代码的功能、代码中各个函数的含义和用法进行了详细解析，同时对于复杂的代码配有局部代码后台运行结果图，帮助读者理解代码的含义。

3）将基础知识与场景案例相结合，图文并茂、由浅入深，即使没有编程基础的办公人员也能一看就懂、一学就会。

三、全书写了什么

本书共有 10 章内容，包括 Python 安装及编程方法、Python 语法基础实战、自动化分析处理数据实战、自动化操作 Excel 文档实战、自动化图表制作实战、自动化操作 Word 文档实战、自动化制作 PPT 幻灯片实战、自动化操作 PDF 文档实战、自动群发邮件及自动抓取网络数据实战和 Python 自动化办公实战项目。

四、本书适合谁阅读

本书适合广大职场办公人士、财务人士、数据分析人士等用户阅读，也可作为中、高等职业技术院校程序设计课程的参考用书。

五、本书作者团队

本书由资深数据分析师、畅销书作者王红明和上市公司技术主管张鸿斌共同编写。由于编者水平有限，书中难免有疏漏和不足之处，恳请广大读者朋友提出宝贵意见。

六、致谢

一本书从选题到出版，要经历很多环节，在此感谢机械工业出版社以及本书的策划编辑张淑谦和其他没有见面的编辑为本书出版所做的大量工作。

编 者

2023 年 4 月

目　录

第 1 章 Python 快速上手

随着时代的发展，近年来 Python 逐渐被应用于办公自动化，许多职场人士开始使用 Python 程序处理日常工作。比如在处理重复和机械的 Excel 日常报表时，结合 Python 自动批量处理，可将费时费力的工作简单化，平时需要一天或几天完成的工作会很快处理完。

本章将详细讲解 Python 编程环境的搭建、模块的安装，带领初学者迈入 Python 编程的大门。

1.1 下载与安装 Python

1.1.1 下载最新版 Python

Python 是免费的，可以从 Python 的官网进行下载。Python 官网为 www. Python.org（以 Windows 系统为例）。

1）首先查看计算机操作系统的类型。以 Windows10 系统为例，在桌面右键单击"此电脑"图标。在打开的"系统"窗口中，可以看到操作系统的类型，如图 1-1 所示（这里显示为 32 位操作系统）。

图 1-1 查看操作系统

2）在浏览器的地址栏输入"www.python.org"并按〈Enter〉键，如图 1-2 所示。

图 1-2　输入网址

3）如果计算机是 Windows 32 位系统，在打开的网页中，鼠标指向"Downloads"按钮。然后从弹出的菜单中，单击"Python3.11.2"按钮，如图 1-3 所示。

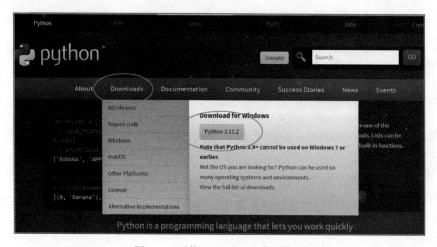

图 1-3　下载 Python（32 位系统）

4）如果计算机是 Windows 64 位系统，则单击图 1-3"Downloads"菜单中的"Windows"选项按钮。然后在打开的页面（见图 1-4）中单击"Download Windows installer（64-bit）"选项按钮开始下载。注意：如果操作系统是 OS 系统，则单击"Downloads"菜单中的"mac OS X"选项按钮下载。

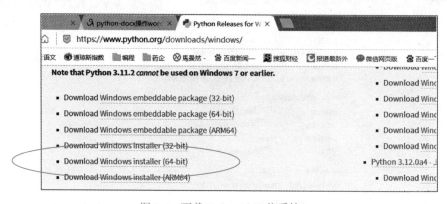

图 1-4　下载 Python（64 位系统）

5）接下来会打开下载对话框，如图 1-5 所示。单击"浏览"按钮可以设置下载文件保存的位置。设置好之后，单击"下载"按钮开始下载。

图 1-5　下载对话框

6）下载完成后的安装文件如图 1-6 所示。

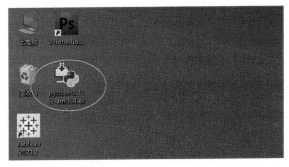

图 1-6　下载完的文件

1.1.2　安装 Python

找到已经下载的 Python 安装文件并双击，开始安装 Python 程序（以 Windows10 系统为例）。

1）首先双击 Python 安装文件。接着会弹出"你要允许此应用对你的设备进行更改吗?"对话框，单击"是"按钮即可。接着在打开的图 1-7 所示的对话框中，勾选"Add python.exe to PATH"复选框，然后单击"Install Now"选项按钮开始安装。

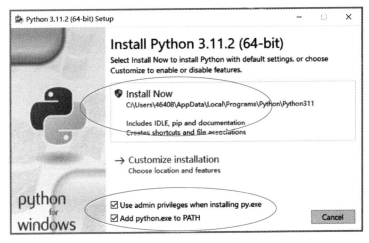

图 1-7　开始安装

3

2）安装程序开始复制程序文件。最后单击"Close"按钮完成安装，如图 1-8 所示。

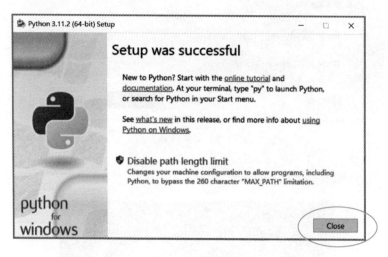

图 1-8　安装完成

1.1.3　模块的安装与导入

Python 最大的魅力是有很多很有特色的模块，用户在编程时，可以直接调用这些模块来实现某一个特定功能。比如，Pandas 模块有很强的数据分析功能，调用此模块可以轻松实现对数据的分析；再比如，xlwings 模块有很强的 Excel 数据处理能力，通过调用此模块，可以快速处理 Excel 数据。

不过有些模块需要先下载安装之后才能调用。

1. 模块的安装方法

下面来讲解模块的安装方法（以 Pandas 模块的安装为例）。

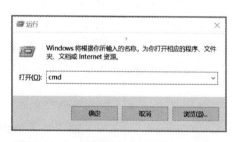

在 Python 中，安装模块的简单方法是用 pip 命令安装。安装方法如下。

1）首先打开"命令提示符"窗口。方法是按键盘的〈Win+R〉组合键，打开"运行"对话框，输入"cmd"，然后单击"确定"按钮，如图 1-9 所示。

图 1-9　在"运行"对话框输入"cmd"

提示：也可以单击"开始"菜单，再单击"Windows 系统"下的"命令提示符"选项来打开。

2）打开"命令提示符"窗口后，输入"pip install pandas"命令后按〈Enter〉键。接着开始自动安装 Pandas 模块，安装完成会提示"Successfully installed"，说明安装成功。如图 1-10 所示为安装成功后的画面。

2. 模块的导入

要在代码中使用模块的功能，除了需要安装模块外，还需要在代码文件中导入模块。模块的导入方法有两种：一种是用 import 语句导入，另一种是用 from 语句导入。

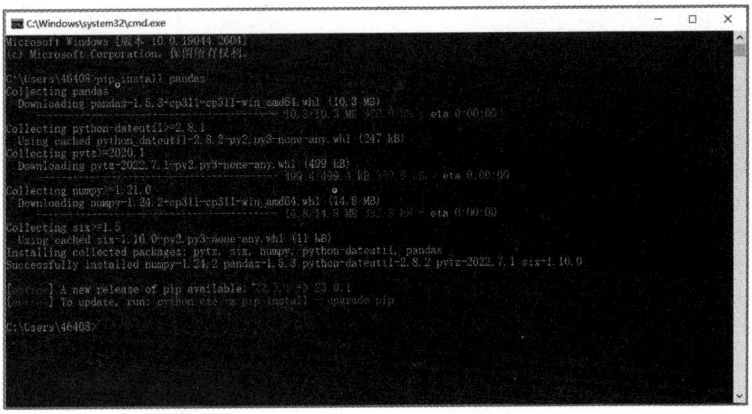

图 1-10　安装 Pandas 模块

（1）import 语句导入模块

import 语句导入模块的方法为 import+模块名称，如导入 Pandas 模块为 import pandas。

另外，由于有些模块的名称很长，在导入模块时允许给导入的模块起个别名。比如导入 Pandas 模块并起别名为 "pd" 的方法为 import pandas as pd。这里使用了 as 来给模块起别名。

（2）from 语句导入模块

有些模块中的函数特别多，用 import 语句导入整个模块后会导致程序运行速度缓慢，如果只需要使用模块中的少数几个函数，可以用 from 语句在导入模块时指定要导入的函数。

from 语句导入模块的方法为 from+模块名+import+函数名。

比如导入时间模块（datetime）中的 datetime 函数：from datetime import datetime。

1.2　带你迈入 Python 编程大门

安装好 Python 程序后，接下来可以运行 Python 程序，并开始编写程序了。

1.2.1　使用 IDLE 运行 Python 程序

IDLE（集成开发环境）是 Python 的开发环境，它被打包为 Python 的可选部分，当安装好 Python 以后，IDLE 就自动安装好了，不需要另外去安装。

1）首先单击 "开始" 按钮，从打开的菜单中单击 "IDLE（Python 3.11 64-bit）" 选项。如图 1-11 所示。

2）之后会打开 IDLE，此开发环境是一个基于命令行的环境，它的名字叫 "Python 3.11.2 Shell"。Shell 是一个窗口式界面，它允许用户输入命令或代码

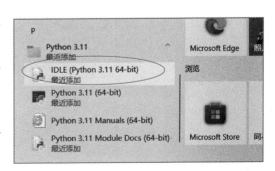

图 1-11　打开 IDLE

用 Python 让办公快速实现自动化

行，如图 1-12 所示。

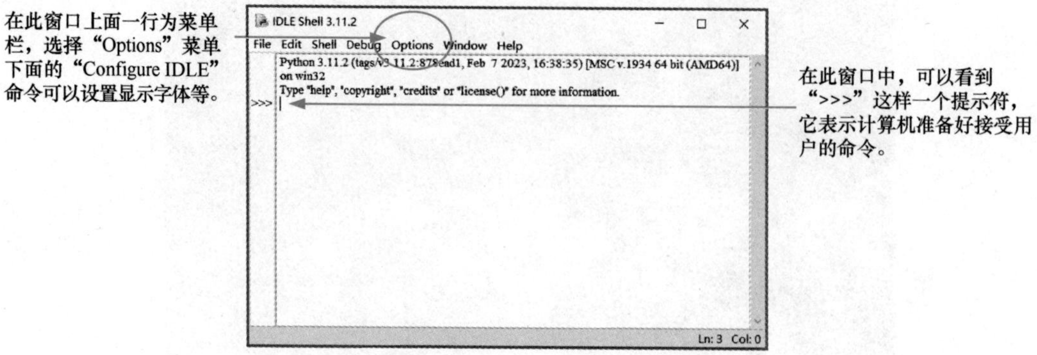

在此窗口上面一行为菜单栏，选择"Options"菜单下面的"Configure IDLE"命令可以设置显示字体等。

在此窗口中，可以看到"">>>"这样一个提示符，它表示计算机准备好接受用户的命令。

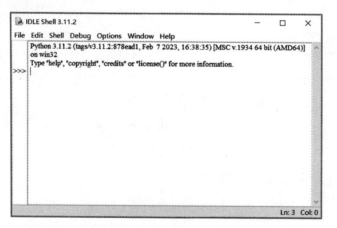

图 1-12　IDLE Shell 开发环境

1.2.2　用 IDLE 编写 Python 程序

接下来用 IDLE 编写第一个 Python 程序。如图 1-13 所示，这是一个已打开正在运行的 IDLE。

图 1-13　运行 IDLE

然后在 >>> 符号右侧输入"print（'你好，Python '）"，按〈Enter〉键后，IDLE 执行 print 命令，输出"你好，Python"，如图 1-14 所示。

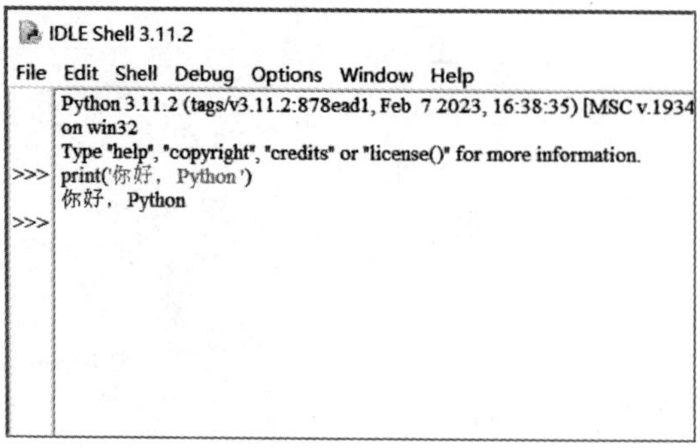

图 1-14　输出代码

6

代码中的"print()"是函数，为打印输出的意思，它会直接输出引号中的内容，这里的引号可以是单引号，也可以是双引号。在输入的时候注意：括号和引号都必须是半角符号（在英文输入法输入的默认为半角）；如果使用全角输入，就会出错。

1.2.3 编写第一个交互程序

下面编写一个稍微复杂一点的程序。使用 input() 函数编写一个请用户输入名字的程序。

提示：input() 函数可以让用户输入字符串，并存放到一个变量里。然后可以使用 print() 函数输出变量的值。

1）首先打开 IDLE，选择"File"菜单下面的"New File"命令，新建一个编辑文件，如图 1-15 所示。

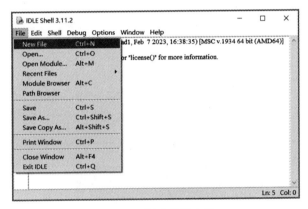

图 1-15　新建编辑文件

2）接下来开始输入图 1-16 所示的代码。

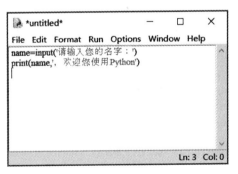

图 1-16　输入代码

代码中的"name"为一个变量，用来保存用户输入的名字。变量可以自己定义，比如将 name 换成 n；input() 为输入函数，=表示赋予。Print() 函数中的函数 name 用来调用变量 name 的值，即用户名字。

3）写好代码后，按〈Ctrl+S〉组合键保存文件（也可以选择"File"文件下的"保存"命令来保存）。打开"另存为"对话框，如图 1-17 所示。选择文件保存的位置，并在"文件名"栏中输入文件的名字（如"程序 1"），最后单击"保存"按钮，将文件保存。

图 1-17　保存文件

4）保存之后可以运行此程序了，选择"Run"菜单下的"Run Module"命令（或直接按〈F5〉键）运行程序，如图 1-18 所示。

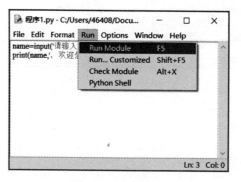

图 1-18　运行程序

5）接着会自动打开 IDLE Shell 文件，并显示代码运行后的输出结果，如图 1-19 所示。

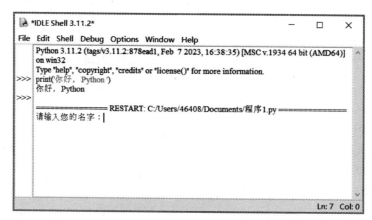

图 1-19　输出结果

6）接下来在"请输入您的名字"右侧输入"编程者"，然后按〈Enter〉键，会输出图 1-20 所示的结果。

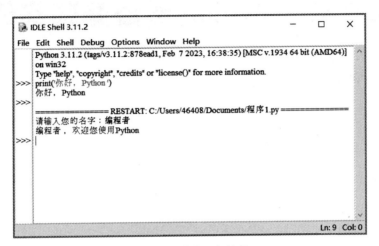

图 1-20　输出运行结果

第 2 章　Python 语法基础实战

要想熟练掌握 Python 编程，最好的方法就是充分了解、掌握基础知识，并多编写代码，熟能生巧。本章将详细介绍 Python 的语法特点、变量、基本数据类型、运算符、if 条件语句、for 循环语句、while 循环语句、列表、元组、字典和函数等基本语法的用法。

2.1　Python 语法特点

为了让 Python 解释器能够准确地理解和执行所编写的代码，在编写代码时需要了解 Python 的语法特点，遵守一些基本规范，如注释、代码缩进、引号等。

2.1.1　注释

在 Python 中，注释是一项很有用的功能。它用来在程序中添加说明和解释，让用户可以轻松读懂程序。注释的内容将被 Python 解释器忽视，并不会在执行结果中体现。

1. 单行注释

在 Python 中，注释用井号（#）标识，在程序运行时，注释的内容不会被运行，而会被忽略。如下为两种注释。

```
#让用户输入名字
Name=input('请输入您的名字:')
print(Name,',欢迎您使用 Python')        #输出用户名字
```

从上面可以看出，注释可以在代码的上面，也可以在一行代码的行末。

2. 多行注释

在 Python 中，包含在一对三引号（'''……'''）或（" " " ……" " "）之间，并且不属于任何语句的内容都可以视为注释，这样的代码将被解释器忽略，如下所示。

```
'''
Name=input('请输入您的名字:')
print(Name,',欢迎您使用 Python')        #输出用户名字
'''
```

2.1.2　代码缩进

Python 不像其他编程语言（如 C 语言）采用大括号（{}）来分隔代码块，而是采用代码缩进和冒号（:）来控制类、函数以及其他逻辑判断。

在 Python 中，行尾的冒号和下一行的缩进表示一个代码块的开始，而缩进结束则表示一个代码块的结束，所有代码块语句必须包含相同的缩进空格数量，如下所示。

```
if True:
    print ("True")
else:
    print ("False")
```

2.1.3 引号

Python 可以使用单引号（'）、双引号（"）、三引号（''' 或 " " "）来表示字符串，引号的开始与结束必须是相同类型的，如下所示。其中三引号也被当作注释的符号。

```
word = '你好'
print(word, ",欢迎您使用 Python ")
```

2.2 变量

2.2.1 理解 Python 中的变量

变量来源于数学，在编程中通常使用变量来存放计算结果或值。如下所示的"name"就是一个变量。

```
name='小明'
print(name)
```

简单地说，可以把变量看作是一个盒子，可以将钥匙、手机、饮料等物品存放在这个盒子中，也可以随时更换想存放的物品，还可以根据盒子的名称（变量名）快速查找存放物品的信息。

在数学课上也会学到变量，比如解方程的时候，x，y 就是变量，用字母表示。在程序的里面，需要给变量起名字，比如"name"。给变量取名字的时候一定要清楚地说明其用途，因为一个大程序中的变量有成百上千个，如果名字不能清楚地表达用途，不仅别人会看不懂，恐怕自己也会糊涂。

2.2.2 变量的定义与使用

在 Python 中，不需要先声明变量名及其类型，直接赋值即可创建各种类型的变量。

每个变量在使用前都必须赋值，然后该变量才会被创建。等号（=）用来给变量赋值。等号（=）运算符左边是一个变量名，等号（=）运算符右边是存储在变量中的值。如下所示的"这是一个句子"就是变量 sentence 的值。

```
sentence ='这是一个句子'
print(sentence)
```

但变量的命名并不是任意的，在 Python 中使用变量时，需要遵守一些规则，否则会引发错误。主要规则如下。

1）变量名只能包含字母、数字和下画线，但不能用数字开头。例如，变量名 Name_1 是正确的，变量名 1_Name 是错误的。

2）变量名不能包含空格，但可使用下画线来分隔其中的单词。例如，变量名 my_name 是正确的，变量名 my name 是错误的。

3）不能将 Python 关键字和函数名作为变量名，如将 print 作为变量名就是错误的。

4）变量名应既简单又具有描述性，如 student_name 就比 s_n 好，前者用户更容易理解其用途。

5）慎用小写字母 l 和大写字母 O，因为它们可能被人错看成数字 1 和 0。

2.3　基本数据类型

Python 中的基本数据类型包括数字类型、字符串类型、布尔类型等。

2.3.1　数字类型

在 Python 中，数字类型主要包括整数、浮点数等。

1. 整数

Python 可以处理任意大小的整数，包括正整数、负整数和 0，并且它的位数是任意的。整数在程序中的表示方法和数学上的写法一模一样，如 2，0，-20。

2. 浮点数

浮点数也就是小数，之所以称为浮点数，是因为按照科学计数法表示时，一个浮点数的小数点位置是可变的，比如，$1.23×10^6$ 和 $12.3×10^5$ 是完全相等的。

对于很大或很小的浮点数，必须用科学计数法表示，把 10 用 e 替代，如 $1.23×10^9$ 表示为 1.23e9 或 12.3e8，0.000012 可以表示为 1.2e-5。

注意：浮点数运算时会四舍五入，因此计算机保存的浮点数计算值会有误差。

2.3.2　字符串类型

字符串就是一系列字符，组成字符串的字符可以是数字、字母、符号和汉字等。

在 Python 中，字符串属于不可变序列，通常用单引号（' '）、双引号（" "）或三引号（''' '''）括起来。也就是说用引号括起的都属于字符串类型，注意引号必须是半角的，比如' abc33 '，" this is my sister "等。这种灵活的表达方式让用户可以在字符串中包含引号和撇号，比如" I'm OK "，"我看着他说："这是我妹妹"。"等。

如果字符串中同时包含单引号和双引号，可以用转义字符 \ 来标识。比如，字符串 I'm "ok"！，可以这样写代码：'I\'m \"ok\"！'。

转义字符"\"可以转义很多字符，比如"\n"表示换行，"\t"表示制表符，字符"\"本身也要转义，所以用"\\"表示路径分隔符"\"，如下所示。

```
>>> print('languages:\n\tPython\n\tC++')
languages:
    Python
    C++
```

上面代码里\n表示换行，\t表示制表位，可以增加空白。从输出的结果中可以看到"Python"换了一行，前面增加了空白。同样"C++"也换行了，前面也增加了空白。

案例1：输出唐诗"江雪"

在 IDEL 中创建一个名为"唐诗.py"的文件，然后在该文件中输出一首唐诗的字符串，由于该唐诗有多行，所以需要使用三引号作为字符串的定界符。代码如下。

```
print('''
        江雪
            唐.柳宗元

    千山鸟飞绝，
    万径人踪灭。
    孤舟蓑笠翁，
    独钓寒江雪。
''')
```

保存程序后，按〈F5〉键运行程序即可。

2.3.3 布尔类型

布尔类型主要用来表示真值或假值。在 Python 中，标识符 True 和 False 被解释为布尔值。Python中的布尔值可以转化为数值，True 表示 1，False 表示 0。

2.3.4 数据类型转换

数据类型转换就是将数据从一种类型转换为另一种类型，如从整数类型转换为字符串，或从字符串转换为浮点数。在 Python 中，如果数据类型和代码要求的类型不符，就会提示出错（如进行数学计算时，计算的数字不能是字符串类型）。

表 2-1 所示为 Python 中常用类型转换函数。

表 2-1 常用类型转换函数

函　数	功　能
int(x)	将 x 转换成整数类型
float(x)	将 x 转换成浮点数类型

（续）

函　　数	功　　能
complex(real[,imag])	创建一个复数
str(x)	将 x 转换成字符串类型
repr(x)	将 x 转换成表达式类型
eval(str)	计算在字符串中的有效 Python 表达式，并返回一个对象
chr(x)	将整数 x 转换为一个字符
ord(x)	将一个字符 x 转换为它对应的整数值
hex(x)	将一个整数 x 转换为一个十六进制的字符串
oct(x)	将一个字符 x 转换为一个八进制的字符串

案例 2：统计产品总销售额

在 IDLE 中创建一个名为"销售额统计.py"的文件，然后在文件中定义两个变量，一个用于存储用户输入的销售数量，另一个用于存储计算的总金额。根据公式：总金额 = 销量 * 65（这里 65 为单价），代码如下。

```
quantity=input('请输入销售数量:')
total=float(quantity)*65
print('销售总额:'+str(total)+'元')
```

代码中，"input( )"函数用于实现键盘的输入，函数运行时从键盘等待用户的输入，用户输入的任何内容 Python 都认为是一个字符串，因此在第二行代码计算时，需要用 float 将"quantity"中存储的内容转换为浮点数。"total"为新定义的变量，用于计算的结果。按〈F5〉键，运行结果如下。

```
请输入销售数量:135
销售总额:8775.0元
```

2.4　运算符

运算符是一些特殊的符号，主要用于数学计算、比较大小和逻辑运算等。Python 的运算符主要包括算术运算符、赋值运算符、比较运算符、逻辑运算符和位运算符等。使用运算符将不同的数据按照一定的规则连接起来的式子，称为表达式。使用算术运算符连接起来的式子称为算术表达式。

2.4.1　算术运算符

算术运算符是处理四则运算的符号，在数值的处理中应用得最多。Python 支持所有的基本算术运算符，见表 2-2。

表 2-2　Python 常用算术运算符

运　算　符	说　　明	实　　例	结　　果
+	加	3. 45 + 15	18.45
−	减	5. 56 − 0. 2	5.36
*	乘	4 * 6	24
/	除	7 / 2	3.5
%	取余，即返回除法的余数	3 % 2	1
//	整除，即返回商的整数部分	5 // 2	2
**	幂，即返回 x 的 y 次方	3 ** 2	9，即 3^2

如下为几种算术运算。

```
>>>3.45+15
18.45
>>>5.56-0.2
5.36
>>>4 * 6
24
>>>7 / 2
3.5
>>>3%2
1
>>>5//2
2
>>>3 ** 2
9
```

案例 3：计算学生平均分数

在 IDLE 中创建一个名为 "分数.py" 的文件，然后在文件中定义三个变量，分别用于记录学生的数学、语文、英语分数，然后根据公式：平均分数 = （数学分数+语文分数+英语分数）/3，进行计算代码如下。

```
score_s=93
score_y=87
score_e=99
score_average=(score_s+score_y+score_e)/3
print('三门课的平均分:'+str(score_average)+'分')
```

运行结果如下。

```
三门课的平均分:93.0 分
```

2.4.2　比较运算符

比较运算符，也称为关系运算符，用于对常量、变量或表达式的结果进行大小、真假等比较，如果比较结果为真，则返回 True（真）；反之，则返回 False（假）。比较运算符通常用在条件语句中作为判断的依据。Python 支持的比较运算符见表 2-3。

表 2-3　Python 比较运算符

比较运算符	功　　能
>	大于，如果运算符前面的值大于后面的值，则返回 True；否则返回 False
>=	大于或等于，如果运算符前面的值大于或等于后面的值，则返回 True；否则返回 False
<	小于，如果运算符前面的值小于后面的值，则返回 True；否则返回 False
<=	小于或等于，如果运算符前面的值小于或等于后面的值，则返回 True；否则返回 False
==	等于，如果运算符前面的值等于后面的值，则返回 True；否则返回 False
! =	不等于，如果运算符前面的值不等于后面的值，则返回 True；否则返回 False
is	判断两个变量所引用的对象是否相同，如果相同则返回 True
is not	判断两个变量所引用的对象是否不相同，如果不相同则返回 True

如下为比较运算符的用法。

```
>>>3>4
False
>>>3>2
True
>>>5<=6
True
>>>2 = = 2
True
>>>2 = =3
False
>>>2! =3
True
```

案例 4：统计畅销商品

在 IDLE 中创建一个名为"统计.py"的文件，在文件中定义一个变量，用于记录商品销量，然后用 if 语句判断销量是否优异。代码如下。

```
quantity=float(input('请输入商品销量:'))
ifquantity>200:
    print('此商品为畅销商品')
else :
    print('此商品销量一般')
```

运行结果如下。

请输入商品销量：211
此商品为畅销商品

2.4.3 逻辑运算符

逻辑运算符是对真和假两种布尔值进行运算（操作布尔类型的变量、常量或表达式），逻辑运算的返回值也是布尔类型值。

Python 中的逻辑运算符主要包括 and（逻辑与）、or（逻辑或）以及 not（逻辑非），它们的具体用法和功能见表 2-4。

表 2-4　Python 逻辑运算符及功能

逻辑运算符	含　义	基 本 格 式	功　能
and	逻辑与（简称"与"）	a and b	有两个操作数 a 和 b，只有它们都是 True 时，才返回 True，否则返回 False
or	逻辑或（简称"或"）	a or b	有两个操作数 a 和 b，只有它们都是 False 时，才返回 False，否则返回 True
not	逻辑非（简称"非"）	not a	只需要 1 个操作数 a，如果 a 的值为 True，则返回 False；反之，如果 a 的值为 False，则返回 True

2.4.4 赋值运算符

赋值运算符主要用来为变量（或常量）赋值，在使用时，既可以直接用基本赋值运算符"="将右侧的值赋给左侧的变量，也可以在进行某些运算后再将右侧的值赋给左侧的变量。

"="赋值运算符还可与其他运算符（算术运算符、位运算符等）结合，成为功能更强大的赋值运算符，见表 2-5。

表 2-5　Python 常用赋值运算符

运　算　符	说　明	举　例	展　开　形　式
=	最基本的赋值运算	x = y	x = y
+=	加赋值	x += y	x = x + y
−=	减赋值	x −= y	x = x − y
*=	乘赋值	x *= y	x = x * y
/=	除赋值	x /= y	x = x / y
%=	取余数赋值	x %= y	x = x % y
**=	幂赋值	x **= y	x = x ** y
//=	取整数赋值	x //= y	x = x // y
&=	按位与赋值	x &= y	x = x & y
|=	按位或赋值	x |= y	x = x | y

（续）

运 算 符	说 明	举 例	展 开 形 式
^=	按位异或赋值	x ^= y	x = x ^ y
<<=	左移赋值	x <<= y	x = x << y，这里的 y 指的是左移的位数
>>=	右移赋值	x >>= y	x = x >> y，这里的 y 指的是右移的位数

2.4.5 运算符的优先级

所谓运算符的优先级，是指在应用中哪一个运算符先计算，哪一个后计算。Python 中运算符的运算规则是：优先级高的运算先执行，优先级低的运算后执行，同一优先级的操作按从左到右的顺序进行。表 2-6 按从高到低的顺序列出了运算符的优先级。

表 2-6 运算符的优先级

运 算 符	描 述
**	指数（最高优先级）
~ + -	按位翻转，一元加号和减号（最后两个的方法名为 +@ 和 -@）
* / % //	乘、除、取余和取整除
+ -	加法、减法
>> <<	右移、左移运算符
&	位 ' AND '
^ |	位运算符
<= < > >=	比较运算符
<> == ! =	等于运算符
= %= /= //= -= += *= **=	赋值运算符
is is not	身份运算符
in not in	成员运算符
not and or	逻辑运算符

2.5 基本输入和输出

基本输入和输出指从键盘上输入字符，然后在屏幕上显示。本节主要讲解两个基本的输入和输出函数。

2.5.1 使用 input( ) 函数输入

在 Python 中，使用内置函数 input( ) 可以接收用户的键盘输入。如下为 input( ) 函数的基本用法。

```
money=input('请输入你要兑换的人民币金额:')
```

其中，money 为一个变量（变量名可以根据需要来命名），用于保存输入的结果，引号内的文字用于提示要输入的内容。

通过 input() 函数输入的不论是数字还是字符，都被作为字符串读取。如果想要接收数值，需要把接收到的字符串进行类型转换。如下所示为将输入的内容转换为整型。

```
money=int(input('请输入你要兑换的人民币金额:'))
```

案例5：判断体温是否异常

在 IDLE 中创建一个名为"体温.py"的文件，然后在文件中定义一个变量，用于记录用户用键盘输入的温度，然后用 if 语句判断温度是否正常。代码如下。

```
temperature=float(input('请输入你测量的体温:'))
if temperature<=37:
    print('您的体温正常')
else:
    print('您的体温异常')
```

运行结果如下。

```
请输入你测量的体温:36.6
您的体温正常
```

2.5.2　使用 print() 函数输出

在 Python 中，使用内置函数 print() 可以将结果输出到 IDLE 或控制台上。如下为 print() 函数的基本用法。

```
print(输出内容)
```

输出的内容可以是数字和字符串，字符串需要使用引号括起来，此类内容将直接输出，对于包含运算符的表达式，将输出计算结果，如下所示。

```
money=60
rate=3.5
print(10)
print(money*rate)
print('换算结果为:'+str(money*rate))
```

2.6　流程控制语句

Python 的流程控制语句分为条件语句和循环语句。条件语句是指 if 语句，循环语句是指 for 循环语句和 while 循环语句。本节将分别讲解这几种控制语句的使用方法。

2.6.1　if 条件语句

1. 简单的 if 语句

if 语句允许仅当某些条件成立时才运行某个区块的语句（即运行 if 语句中缩进部分的语句），否则这个区块中的语句会被忽略，然后执行区块后的语句。

Python 在执行 if 语句时，会检测 if 语句中的条件是真还是假。如果条件为真，则执行冒号下面缩进部分的语句；如果条件为假，则忽略缩进部分的语句，执行下一行未缩进的语句。

案例 6：判断是否能坐过山车

如下所示为用于判断是否能坐过山车的简单 if 语句。

```
age=int(input('请输入您的年龄:'))
if age>=16:
    print('您可以坐过山车')
```

上述第一条语句的含义是新建一个变量 age，然后在屏幕上打印"请输入您的年龄："等待用户输入，当用户输入后，将用户输入的内容转换为整型，赋给变量 age。语句中 age 为新定义的变量；int()函数用来将字符串或数字定义为整数；input()为输入函数，将用户输入的内容赋给变量 age。

第二和三条语句为 if 语句。它包括 if、冒号（:）及下面的缩进部分的语句。其中 if 与冒号之间的部分为条件（即 age>=16 为条件）。程序执行时，Python 会判断条件为真还是假；如果条件为真（即条件成立），则接着执行下面缩进部分的语句；如果条件为假（即不成立），则忽略缩进部分的语句。

上述代码运行结果如下（用键盘输入"18"）。

```
请输入您的年龄:18
您可以坐过山车
```

上述 if 语句是如何执行的？

1）首先在屏幕上输入"请输入您的年龄："，然后等待。

2）当用户输入"18"后，将"18"转换为整型，然后赋给变量 age，这时变量的值为18。

3）接着执行 if 语句，先检测"age>=16"是真是假。由于 18>16，因此条件为真。Python 开始执行下一行缩进部分的语句，打印输出"您可以坐过山车"，结束程序。

如果用户输入的是"15"，程序会输出什么结果？程序运行，用户输入"15"后，由于条件语句的条件不成立，因此直接忽略 if 语句中缩进部分的语句，执行下面未缩进部分的语句。

2. if-else 语句

人们常常想让程序这样执行：如果一个条件为真（true），做一件事；如果条件为假（false），做另一件事情。对于这样的情况，可以使用 if-else 语句。if-else 语句与 if 语句类似，但其中的 else 语句需要让你指定条件为假时，要执行的语句。即如果 if 语句条件判断是真（true），就执行下一行缩进部分的语句，同时忽略后面的 else 部分语句；如果 if 语句条件判断是假（false），忽略下一行缩进部分的语句，去执行 else 语句及 else 下一行缩进部分的语句。

案例 7：判断是否能坐过山车（改进版）

如下所示为用 if-else 语句判断是否能坐过山车。

```
01  age=int(input('请输入您的年龄:'))
02  if age>=16:
03      print('您可以坐过山车')
04  else:
05      print('您太小了,还不能坐过山车')
```

第 01 行代码的作用是新建一个变量 age，并将用户输入的值赋给变量 age。

第 02~05 行代码作用是 if-else 语句。程序执行时，Python 会判断 if 语句中的条件（即 age>=16）为真还是假；如果条件为真（即条件成立），则接着执行下一行缩进部分的语句，并忽略 else 语句及 else 下面的缩进部分语句；如果条件为假（即不成立），则忽略下一行缩进部分的语句，执行 else 语句及 else 下一行缩进部分的语句。

上述代码运行结果如下（用键盘输入"15"）。

```
请输入您的年龄:15
您太小了,还不能坐过山车
```

上述代码运行结果如下（用键盘输入"19"）。

```
请输入您的年龄:19
您可以坐过山车
```

上述 if-else 程序是如何执行的？

1）首先在屏幕上输入"请输入您的年龄:"，然后等待。

2）当用户输入"15"后，将"15"转换为整型，然后赋给变量 age，这时变量的值为 15。

3）接着执行 if 语句，先检测"age>=16"是真是假。由于 15<16，因此条件为假。Python 忽略下一行缩进部分的语句，然后执行 else 语句。

4）接着执行 else 语句下一行缩进部分的语句，打印输出"您太小了，还不能坐过山车"，结束程序。

5）再次运行程序，在屏幕上输入"请输入您的年龄:"，然后等待。

6）当用户输入"19"后，将"19"转换为整型，然后赋给变量 age，这时变量的值为 19。

7）接着执行 if 语句，先检测"age>=16"是真是假。由于 19>16，因此条件为真。Python 开始执行下一行缩进部分的语句，打印输出"您可以坐过山车"。

8）忽略 else 语句及 else 下面缩进部分的语句，结束程序。

3. if-elif-else 语句

在编写程序时，如果需要检查超过两个条件的情况时，可以使用 if-elif-else 语句。在使用 if-elif-else 语句时，会先判断 if 语句中条件的真假；如果条件为真就执行 if 语句下一行缩进部分的语句；如果条件为假，则忽略 if 语句下一行缩进部分的语句，去执行 elif 语句。接着会判断 elif 语句中的条件真假，如果条件为真，就执行 elif 语句下一行缩进部分的语句；如果条件为假，则忽略 elif 语句下一行缩进部分的语句，去执行 else 语句及下一行缩进部分的语句。

案例 8：哪些人能走老年通道

如下所示为用 if-elif-else 语句判断是否能走老年通道。

```
01  age=int(input('请输入您的年龄:'))
02  if age>=60:
03      print('请您走老年人通道')
04  elif 60>age>=18:
05      print('请您走成人通道')
06  elif 18>age>=7:
07      print('请您走青少年通道')
08  else:
09      print('您太小了,请和家长一起进入')
```

第 01 行代码的作用是新建一个变量"age"，并将用户输入的值赋给变量"age"。

第 02~05 行代码为 if-elif-else 语句。程序执行时，Python 会按照先后顺序进行判断，若当前条件（if 的条件或者是 elif 的条件）为真时，执行对应缩进部分的代码，并且后面还未执行的条件判断都跳过，不再执行。若当前条件为假，则跳到下一个条件进行判断。

上述代码运行结果如下（用键盘输入"61"）。

```
请输入您的年龄:61
请您走老年人通道
```

上述代码运行结果如下（用键盘输入"12"）。

```
请输入您的年龄:12
请您走青少年通道
```

上述 if-elif-else 程序是如何执行的呢？

1）首先在屏幕上输入"请输入您的年龄:"，然后等待。

2）当用户输入"61"后，将"61"转换为整型，然后赋给变量"age"，这时变量的值为 61。

3）接着执行 if 语句，先检测"age>=60"是真是假。由于 61>60，因此条件为真。Python 开始执行下一行缩进部分的语句，打印输出"请您走老年人通道"。

4）忽略所有 elif 语句及 else 语句，结束程序。

5）再次运行程序，在屏幕上输入"请输入您的年龄:"，然后等待。

6）当用户输入"12"后，将"12"转换为整型，然后赋给变量"age"，这时变量的值为 12。

7）接着执行 if 语句，先检测"age>=60"是真是假。由于 12<60，因此条件为假。Python 忽略下一行缩进部分的语句，然后执行第一个 elif 语句。

8）接着检测"60>age>=18"是真是假。由于 12<18，因此条件为假。Python 忽略下一行缩进部分的语句，然后执行第二个 elif 语句。

9）接着检测"18>age>=7"是真是假。由于 18>12>7，因此条件为真。Python 开始执行下一行缩进部分的语句，打印输出"请您走青少年通道"。忽略 else 语句，结束程序。

注意：if-elif 语句中只要有一个 if 语句的条件成立，就会跳过检测其他的 elif 语句。因此只适合只有一个选项的情况。

4. if 语句的嵌套

前面介绍了 3 种形式的 if 条件语句，这 3 种形式的条件语句之间都可以相互嵌套。在最简单的 if 语句中嵌套 if-else 语句，形式如下。

```
if 表达式1：
    if 表达式2：
        语句块1
    else：
        语句块2
```

在 if-else 语句中嵌套 if-else 语句，形式如下。

```
if 表达式1：
    if 表达式2：
        语句块1
    else：
        语句块2
else：
    if 表达式3：
        语句块3
    else：
        语句块4
```

2.6.2　for 循环

1. for 循环

for 循环简单来说是使用一个变量来遍历列表中的每一个元素，就好比让一个小朋友依次走过列表中的元素一样。

for 循环可以遍历任何序列的项目，如一个列表或者一个字符串。它常用于遍历字符串、列表、元组、字典、集合等序列类型，逐个获取序列中的各个元素，并存储在变量中。

在使用 for 循环遍历列表和元组时，列表或元组有几个元素，for 循环的循环体就执行几次，针对每个元素执行一次，迭代变量会依次被赋值为元素的值。

for 循环中包括 for in 和冒号（:），其用法如下所示。

```
names=['小明','小白','小丽','小花']
for name in names:
    print(name)
```

上述代码中，names 为一个列表（列表的相关知识参考下一节内容），第二、三行代码为一个 for 循环语句，name 为一个新建的变量，开始循环时，从列表 names 中取出一个元素，并存储在变量

name 中，然后 print 语句将元素打印出来。接着第二次循环，再从列表 names 中取出第二个元素，存储在变量 name 中，并打印出来；这样一直重复执行，直至列表中的元素全部被打印出来。

代码运行结果如下所示。

```
小明
小白
小丽
小花
```

注意：代码中的冒号（:）不能丢。另外，"print（name）"语句必须缩进 4 个字节才会进行参数循环。如果忘记缩进，运行程序时将会出错，Python 将会提醒用户缩进。

2. for 循环的好搭档——range( ) 函数

range( ) 函数是 Python 内置的函数，用于生成一系列连续的整数，多与 for 循环配合使用。如下所示为 range( ) 函数的用法。

```
forN in range(1,6):
    print(N)
```

上述代码中，range（1，6）函数参数中的第一个数字 1 为起始数，第二个数字为结束数，但不包括此数。因此就生成了从 1 到 5 的数字。

代码运行结果如下。

```
1
2
3
4
5
```

如下所示为修改 range( ) 函数参数后的程序。

```
forN in range(1,6,2):
    print(N)
```

上述代码中，range（1，6，2）函数参数中的第一个数字 1 为起始数，第二个数字为结束数（不包括此数），第三个数为步长，即两个数之间的间隔。因此就生成了 1，3，5 的奇数。

代码运行结果如下。

```
1
3
5
```

如下所示为 range( ) 函数只有一个参数的程序。

```
for N in range(10):
    print(N)
```

上述代码中，range（10）函数参数中，如果只有一个数，表示指定的是结束数，第一个数默认从

0 开始。因此就生成了 0 到 9 的数字。

3. 遍历字符串

使用 for 循环除了可以循环数值、列表外，还可以逐个遍历字符串，如下所示为 for 循环遍历字符串。

```
string= '归于平淡'
for x in sting:
    print(x)
```

上述代码运行后结果如下所示。

```
归
于
平
淡
```

案例 9：用 for 循环画螺旋线

在 IDLE 中创建一个名为"螺旋线.py"的文件，然后在文件中导入 turtle 模块，接着用 for 遍历 range 生成的整数列表，在每次循环时，让画笔画线段并旋转画笔，即可实现画螺旋线。代码如下。

```
import turtle              #导入 turtle 模块
t=turtle.Pen()
angle=72
for x in range(100):
    t.forward(x)          #画线条
    t.right(angle)        #画笔旋转
```

运行结果如下。

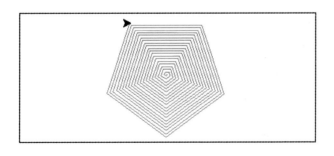

2.6.3 while 循环

for 循环主要针对集合中的每个元素（即遍历），接下来要讲的 while 循环则是只要指定的条件满足，就不断地循环，直到不满足指定的条件为止。

while 循环中包括 while、条件表达式和冒号（:）。条件表达式是循环执行的条件，每次循环执行前，都要执行条件表达式，对条件进行判断。如果条件成立（即条件为真时），就执行循环体（循环体为冒号后面缩进的语句），否则退出循环；如果条件表达式在循环开始时就不成立（即条件为假），则不执行循环语句，直接退出循环。

while 循环的用法如下所示。

```
n=1
while n<10:
    print(n)
    n=n+1
print('结束')
```

第一行代码中的 n 为新建的变量，并将 1 赋值给 n。第二至四行代码为 while 循环语句，语句中"while"与"："（冒号）之间的部分为循环中的条件表达式（即这里的"n<10"为条件表达式。当程序执行时，Python 会不断地判断 while 循环中的条件表达式是否成立（即是否为真）。如果条件表达式成立，就会执行下面缩进部分的代码（即打印 n，然后将 n 加 1）。之后重复执行 while 循环，重新判断条件表达式是否成立。就这样一直循环，直到条件表达式不成立时，停止循环，开始执行 while 循环下面的"print（'结束'）"代码。

注意：While 及下面缩进部分语句都为 while 循环的组成部分（冒号（:）别丢掉）。

代码运行结果如下。

```
1
2
3
4
5
6
7
8
9
结束
```

上面程序是如何执行的呢？

首先 Python 新建一个变量 n，并将 1 赋值给 n，接着执行 while 循环。

第 1 次循环：先判断条件表达式 n<10 是否成立。由于 1<10，条件表达式成立，因此执行冒号下面缩进部分的代码，即先执行 print（n）语句，打印输出 1，再执行 n=n+1（即 n=1+1），这时 n 的值就变成了 2。

第 2 次循环：接下来重复执行 while 循环，判断条件表达式 n<10 是否成立。由于 2<10，条件表达式成立，接着执行循环体中缩进部分的代码，即先执行 print（n）语句，打印输出 2，再执行 n=n+1（即 n=2+1），这时 n 的值就变成了 3。

第 10 次循环：就这样一直循环，直到第 10 次循环时，这时 n 的值为 10，条件表达式变成了 10<10，不成立。这时 Python 停止执行循环部分的代码，开始执行下面的代码，即执行"print（'结束'）"代码，打印输出"结束"。程序运行结束。

提示：如果 while 循环中的条件表达式是"True"（第一个字母必须大写），那么 while 循环将会一直执行。

案例 10：输入登录密码

在 IDLE 中创建一个名为"输密码.py"的文件，然后在文件中定义两个变量，并赋值 0 和 True，然后用 while 循环让用户循环输入密码，直到输入正确的密码后结束输入，代码如下。

```
number=0                              #计数变量
none=True                             #将变量赋值为"是"
while none:                           #while 循环
    password=int(input('请输入密码:'))   #让用户输入密码
    number +=1                        #计数加 1
    if password==266668:              #判断输入的密码是否正确
        none=False                    #将变量的值赋值为"否"
    else:
        print('密码错误,请重新输入')      #输出提示
```

运行结果如下。

```
请输入密码:123456
密码错误,请重新输入
请输入密码:266668
```

2.6.4 break 语句

如果想从 while 循环或 for 循环中立即退出，不再运行循环中余下的代码，也不管条件表达式是否成立，可以使用 break 语句。break 语句用于控制程序的流程，可使用它来控制哪些代码将执行，哪些代码不执行，从而让 Python 执行想要执行的代码。

break 语句的用法如下所示。

```
n=1
while n<10:
    if n>5:
        break
    print(n)
    n=n+1
print('结束')
```

代码中 while 及下面缩进部分语句都为 while 循环语句。while 循环中嵌套了 if 条件语句。这两句为 if 条件语句，用来检测 n 是否大于 5，如果 n 大于 5 就执行 break 语句，退出循环。

代码运行结果如下。

```
1
2
3
4
```

```
5
结束
```

上面程序是如何执行的呢？首先 Python 新建一个变量 n，并将 1 赋值给 n，接着执行 while 循环。

第 1 次循环：先判断条件表达式 n<10 是否成立。由于 1<10，条件表达式成立，因此执行冒号下面缩进部分的代码。先执行"if n>5"语句，判断 n>5 是真还是假，由于"1>5"不成立，因 if 条件测试的值为假，Python 程序会忽略 if 语句中缩进部分的语句（即忽略 break 语句）。接着执行 print (n) 语句，打印输出 1，再执行 n=n+1（即 n=1+1），这时 n 的值就变成了 2。

第 2 次循环：接下来重复执行 while 循环，判断条件表达式 n<10 是否成立。由于 2<10，条件表达式成立，接着执行循环体中缩进部分的代码。先执行"if n>5"语句，由于"2>5"不成立，因此 if 条件测试的值为假，Python 程序会忽略 break 语句。接着执行 print (n) 语句，打印输出 2，再执行 n=n+1（即 n=2+1），这时 n 的值就变成了 3。

第 6 次循环：就这样一直循环，直到第 6 次循环，这时 n 的值为 6，while 循环中的条件表达式变成了 6<10，条件表达式成立。接着执行循环体中的"if n>5"语句，由于"6>5"成立，因此 if 条件测试的值为真，之后 Python 程序执行 break 语句，退出 while 循环。执行下面的代码，即执行"print ('结束')"代码，打印输出"结束"。程序运行结束。

注意：在任何 Python 循环中都可以使用 break 语句来退出循环。

案例 11：输入登录密码（break 版）

在 IDLE 中创建一个名为"输密码.py"的文件，然后在文件中定义两个变量，并赋值 0 和 True，然后用 while 循环让用户循环输入密码，直到输入正确的密码后结束输入，代码如下。

```
number=0                              #计数变量
none=True                             #将变量赋值为"是"
while none:                           #while 循环
    password=int(input('请输入密码:'))   #让用户输入密码
    number +=1                        #计数加 1
    if password==266668:              #判断输入的密码是否正确
        break                         #中止循环
    else:
        print('密码错误,请重新输入')    #输出提示
```

运行结果如下。

```
请输入密码:123456
密码错误,请重新输入
请输入密码:266668
```

2.6.5 continue 语句

在循环过程中，也可以通过 continue 语句跳过当前的这次循环，直接开始下一次循环。即 continue

语句可以返回到循环开头，重新执行循环，进行条件测试。

continue 语句的使用方法如下所示。

```
n=0
while n<10:
    n=n+1
    if n%2==0:
        continue
    print(n)
```

代码中 while 及下面缩进部分语句都为 while 循环语句。循环中嵌套了 if 条件语句，来检测 n 除以 2 的余数是否等于 0（即判断是否为偶数）如果求余的结果等于 0，就执行 continue 语句，跳到 while 循环开头，开始下一次循环。

代码运行结果如下。

```
1
3
5
7
9
```

上面程序是如何执行的呢？首先 Python 新建一个变量 n，并将 0 赋值给 n，接着执行 while 循环。

第 1 次循环：先判断条件表达式 n<10 是否成立。由于 0<10，条件表达式成立，因此执行冒号下面缩进部分的代码。先执行 "n=n+1" 语句，n 就变成了 1；接着执行 "if n%2==0" 语句，判断 n 除以 2 的余数是否等于 0（即判断 n 是否是偶数）。由于这时 n 的值变成了 1，而 1 除以 2 的余数为 1，if 条件测试的值为假，Python 程序会忽略 if 语句中缩进部分的语句（即忽略 continue 语句）。接着执行 print（n）语句，打印输出 1。

第 2 次循环：接下来重复执行 while 循环，判断条件表达式 n<10 是否成立。由于 1<10，条件表达式成立，接着执行循环体中缩进部分的代码。先执行 "n=n+1" 语句，n 的值为 1+1=2；接着执行 "if n%2==0" 语句，判断 n 除以 2 的余数是否等于 0。由于 2 除以 2 的余数为 0，if 条件测试的值为真，Python 程序执行 continue 语句，返回到 while 循环开头，重新开始循环。

第 3 次循环：判断条件表达式 n<10 是否成立。由于 2<10，条件表达式成立，因此执行冒号下面缩进部分的代码。先执行 "n=n+1" 语句，n 的值为 2+1=3；接着执行 "if n%2==0" 语句，判断 n 除以 2 的余数是否等于 0。由于 3 除以 2 的余数为 1，if 条件测试的值为假，Python 程序会忽略 if 语句中缩进部分的语句（即忽略 continue 语句）。接着执行 print（n）语句，打印输出 3。

第 11 次循环：就这样一直循环，直到第 11 次循环，这时 n 的值为 10，条件表达式变成了 10<10，条件表达式不成立。这时 Python 停止执行循环部分的代码，程序运行结束。

案例 12：账户查询功能

在 IDLE 中创建一个名为 "账户查询.py" 的文件，然后在文件中定义 none 变量，并赋值 True，然后用 while 循环实现无限循环，让用户输入要查询的代码，之后判断用户输入的代码，并输出相应的值，代码如下。

```
'''----------------查询功能--------------------
查询余额请输入1,并按〈Enter〉键
查询套餐请输入2,并按〈Enter〉键 '''
none=True
while none:                                        #while 循环
    number=int(input('请输入要查询的项的代码:'))      #输入查询代码
    if number==1:                                  #判断是否输入1
        print('当前账号余额为:88 元')
    elif number==2:                                #判断是否输入2
        print('当前套餐剩余流量1GB')
    else:
        continue                                   #跳过当次循环进入下一次循环
```

运行结果如下。

```
请输入要查询的项的代码:1
当前账号余额为:88 元
请输入要查询的项的代码:2
当前套餐剩余流量1GB
```

2.7 列表

列表（List）是 Python 中使用最频繁的数据类型。它由一系列按特定顺序排列的元素组成。它的元素可以是字符、数字、字符串，甚至可以包含列表（即嵌套）。在 Python 中，用方括号（［ ］）来表示列表，用逗号（,）来分隔其中的元素。

2.7.1 列表的创建和删除

1. 使用赋值运算符直接创建列表

同 Python 的变量一样，创建列表时，可以使用赋值运算符"="直接将一个列表赋值给变量，如下所示。

```
classmates=['Michael','Bob','Tracy']
```

代码中，classmates 就是一个列表。列表的名称通常用复数。另外，Python 对列表中的元素和个数没有限制，如下所示也是一个合法的列表。

```
untitle=['Michael',26,'列表元素',['Bob','Tracy']]
```

另外，一个列表的元素还可以包含另一个列表，如下所示。

```
classmates1=['小明','小花','小白']
classmates=['Michael','Bob',classmates1,'Tracy']
```

2. 创建空列表

在 Python 中，也可以创建空的列表，如下所示的 students 为一个空列表。

```
students=[]
```

3. 创建数值列表

在 Python 中，数值列表很常用。可以使用 list( ) 函数直接将 range( ) 函数循环出来的结果转换为列表，如下所示。

```
list(range(8))
```

上面代码运行后的结果如下。

```
[0,1,2,3,4,5,6,7]
```

4. 删除列表

对于已经创建的列表，可以使用 del 语句将其删除，如下所示为删除之前创建的 classmates 列表。

```
del classmates
```

2.7.2 访问列表元素

1. 通过指定索引访问元素

列表中的元素是从 0 开始索引的，即第 1 个元素的索引为 0，第 2 个元素的索引为 1。如下所示为访问列表的第 1 个元素。

```
classmates=['Michael','Bob','Tracy']
print(classmates[0])
```

上述代码中 classmates［0］表示第 1 个元素，如果要访问列表第 2 个元素，应该将程序第 2 句修改为"print（classmates［1］）"。注意列表的索引从 0 开始，所以第 2 个元素的索引是 1，而不是 2。如果要访问列表最后一个元素，可以使用特殊语法"print（classmates［-1］）"来实现。上述代码的输出结果如下。

```
Michael
```

可以看到输出了列表的第 1 个元素，并且不包括方括号和引号。这就是访问列表元素的方法。

2. 通过指定两个索引访问元素

如下所示为指定两个索引作为边界来访问元素。

```
letters=['A','B','C','D','E','F']
print(letters[0:3 ])
```

［0:3］说明指定了第 1 个索引是列表的第 1 个元素；第 2 个索引是列表的第 4 个元素，但第 2 个索引不包含在切片内，所以输出了列表的第 1~3 个元素。

3. 只指定第 1 个索引来访问元素

如下所示为只指定第 1 个索引作为边界来访问元素。

```
letters=['A','B','C','D','E','F']
print(letters[2: ])
```

[2:] 说明指定的第 1 个索引是列表的第 3 个元素，而没有指定第 2 个索引，那么 Python 会一直提取到列表末尾的元素，所以输出了列表的第 3~6 个元素。

4. 只指定第 2 个索引来访问元素

如下所示为只指定第 2 个索引作为边界来访问元素。

```
letters=['A','B','C','D','E','F']
print(letters[:4 ])
```

[:4] 说明没有指定第 1 个索引，那么 Python 会从头开始提取；第 2 个索引是列表的第 5 个元素（不包含在切片内），所以输出了列表的第 1~4 个元素。

5. 指定列表倒数元素索引来访问元素

如下所示为只指定列表倒数元素的索引作为边界来访问元素。

```
letters=['A','B','C','D','E','F']
print(letters[-3: ])
```

[-3:] 说明指定的第 1 个索引是列表的倒数第 3 个元素；没有指定第 2 个索引，那么 Python 会一直提取到列表末尾的元素，所以输出了列表的最后三个元素。

案例 13：画五彩圆环

在 IDLE 中创建一个名为"圆环.py"的文件，然后在文件中导入 turtle 模块，创建一个颜色的列表，之后遍历 range( ) 生成的一个整数序列，然后每次循环时分别设定画笔颜色、圆的半径、画笔旋转角度，即可画出很多圆环，代码如下。

```
import turtle                              #导入 turtle 模块
t=turtle.Pen()                            #设置 t 为画笔
colors=['red','yellow','blue','green']    #创建颜色列表
for x in range(100):
    t.pencolor(colors[x%4])               #设置画笔颜色
    t.circle(x)                           #设置圆环半径
    t.right(90)                           #画笔旋转
```

代码中 "colors [x%4]" 的意思是从 colors 列表中取一个元素（如 red）作为参数。x%4 中的% 是求余数的符号，x%4 的意思是用 x 除以 4 得到的余数。如果 x 的值为 5，则求得的余数为 1。然后执行 colors [1]，从列表 colors 中取第 2 个元素 "yellow" 作为画笔颜色的参数。

运行结果如下。

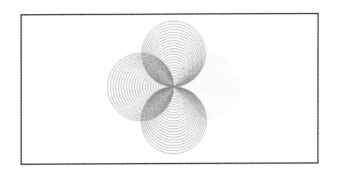

2.7.3　添加、修改和删除列表元素

1. 添加列表元素

向列表中添加元素可以使用 append( ) 函数来实现，如下所示。

```
classmates=['Michael','Bob','Tracy']
classmates.append('Mack')
print(classmates)
```

输出结果如下所示。

```
['Michael','Bob','Tracy','Mack']
```

从输出结果可以看出，使用 append( ) 可以将元素 "Mack" 添加到列表的末尾。

还可以使用 insert( ) 函数向列表中插入元素，如下所示。

```
classmates=['Michael','Bob','Tracy']
classmates.insert(1,'Mack')
print(classmates)
```

上述代码里 "insert( )" 函数参数中的 1 表示插到列表的第 2 个元素，"'Mack'" 表示要插入的元素。

另外，还可以使用 extend( ) 函数将一个列表添加到另一个列表中，如下所示。

```
classmates=['Michael','Bob','Tracy']
classmates2=[1,2,3,4]
classmates.extend(classmates2)
```

2. 修改元素

要修改列表中的元素，只需通过索引获得该元素，然后再为其重新赋值即可。如下所示为将列表中的第 2 个元素修改为 "Mack"。

```
classmates=['Michael','Bob','Tracy']
classmates[1]='Mack'
```

3. 删除元素

删除元素主要有两种方法：一种是根据索引删除元素，另一种是根据元素值进行删除。如下所示为根据索引删除列表元素。

```
citys=['北京','上海','广州']
delcitys[2]
```

上述代码通过 del 来删除列表元素，另外，还可以通过 pop( )函数来删除列表元素，如下所示。

```
classmates=['Michael','Bob','Tracy']
classmates.pop(1)
```

如下所示为根据元素值删除列表元素。

```
citys=['北京','上海','广州']
citys.remove['上海']
```

2.7.4　对列表进行统计和计算

Python 的列表提供了一些内置的函数来实现统计、计算功能。

1. 获取列表的长度

如下所示为通过 len( )函数来获得列表的长度（即列表中元素的个数）。

```
>>> classmates=['Michael','Bob','Tracy']
>>>len(classmates)
3
```

len( )函数的用途很广泛，如统计网站注册用户数等。

2. 获取指定元素出现的次数

使用列表对象的 count( )函数可以获取指定元素在列表中出现的次数。如下所示。

```
>>> classmates=['Michael','Bob','Tracy','Michael']
>>> classmates.count('Michael')
2
```

3. 获取指定元素首次出现的位置

使用列表对象的 index( )函数可以获取指定元素在列表中首次出现的位置（即索引），如下所示。

```
>>> classmates=['Michael','Bob','Tracy','Michael']
>>> classmates.index('Michael')
0
```

4. 统计数值列表的元素和

使用列表对象的 sum( )函数可以统计数值列表各元素的和，如下所示。

```
>>>scores=[12 , 23 , 33, 45]
>>> s=sum(scores)
```

2.7.5 列表的复制

要复制一个列表，可以创建一个包含整个列表的切片，方法是同时省略起始索引和终止索引，即 [:]，如下所示。

```
letters=['A','B','C','D','E','F']
b=letters[:]
print(b)
```

上述代码从列表 letters 中提取了一个切片，创建了一个列表的副本，再将该副本存储到变量 b 中。

注意：这里是创建了一个列表的副本，而不是将 letters 赋给 b（b＝letters 是赋给），它们是有区别的。

如下所示为复制列表。

```
letters=['A','B','C','D','E','F']    ← 复制列表letters并存储到b变量中
b=letters[:]                          ← 复制列表letters并存储到b变量中
letters.append('G')                   ← 在列表letters末尾添加元素G
print(letters)                        ← 打印输出列表letters
print(b)                              ← 打印输出变量b
```

上述代码运行的结果如下。

```
======
['A', 'B', 'C', 'D', 'E', 'F', 'G']    ← 输出的列表letters多了G
['A', 'B', 'C', 'D', 'E', 'F']         ← 输出的变量b
>>>
```

如下所示为将 letters 赋给 b 的情况。

```
letters=['A','B','C','D','E','F']
b=letters                             ← 将列表letters赋给变量b
letters.append('G')                   ← 在列表letters末尾添加元素G
print(letters)                        ← 打印输出列表letters
print(b)                              ← 打印输出变量b
```

上述代码运行的结果如下。

```
======
['A', 'B', 'C', 'D', 'E', 'F', 'G']    ← 输出的列表letters中多了G
['A', 'B', 'C', 'D', 'E', 'F', 'G']    ← 输出的变量b与列表一模一样
>>>
```

2.7.6 遍历列表

遍历列表中的所有元素是常用的一种操作，在遍历的过程中可以完成查询、处理等功能。

1. 使用 for 循环输出列表元素

可以使用 for 循环来遍历列表，依次输出列表的每个元素。如下所示为遍历列表。

```
classmates=['Michael','Bob','Tracy','Michael']
for i in classmates:
    print(i)
```

上述代码运行后的结果如下所示。

```
Michael
Bob
Tracy
Michael
```

每循环一次输出一个列表中的元素。

2. 输出列表元素的索引值和元素

可以使用 for 循环和 enumerate( ) 遍历列表，实现同时输出索引值和元素内容，如下所示为遍历 classmates 列表。

```
classmates=['Michael','Bob','Tracy','Michael']
for index,x in enumerate(classmates):
    print(index,x)
```

上述代码运行后的结果如下所示。

```
0 Michael
1 Bob
2 Tracy
3 Michael
```

案例 14：自动分离红球和蓝球

在 IDLE 中创建一个名为"分球.py"的文件，然后在文件中创建一个红球和蓝球的列表，再定义两个空列表，接着遍历红蓝球的列表，判断遍历时每个元素是否为红球，如果是则加入红球的列表，如果是蓝球，就加入蓝球的列表，最后分别输出存放红球和蓝球的列表，代码如下。

```
ball=['红球','蓝球','红球','蓝球','红球','蓝球','红球','红球','红球','蓝球']   #新建列表
red_ball=[]                                          #新建空列表
blue_ball=[]                                         #新建空列表
for i in ball:                                       #遍历 ball 列表
    if i=='红球':                                     #判断 i 中的元素是否为红球
        red_ball.append(i)                          #将 i 加入 red_ball 列表
    elif i=='蓝球':                                   #判断 i 中的元素是否为蓝球
        blue_ball.append(i)                         #将 i 加入 blue_ball 列表
print(red_ball)                                      #输出 red_ball 列表
print(blue_ball)                                     #输出 blue_ball 列表
```

运行结果如下。

```
['红球', '红球', '红球', '红球', '红球', '红球']
['蓝球', '蓝球', '蓝球', '蓝球']
```

2.8 元组

元组（tuple）是 Python 中另一个重要的序列结构，它与列表相似，也是由一系列元素组成的，但它是不可变序列。因此元组元素不能修改（也称为不可变的列表）。元组的所有元素都放在一对小括号"（）"中，两个元素间使用逗号（,）分隔。通常情况下，元组用于保存程序中不可修改的内容。

2.8.1 元组的创建和删除

1. 使用赋值运算符直接创建元组

同 Python 的变量一样，创建元组时，可以使用赋值运算符"="直接将一个元组赋值给变量，如下所示。

```
tup=('Michael','Bob','Tracy')
```

代码中，tup 就是一个元组。另外，Python 对元组中的元素和个数没有限制，如下所示也是一个合法的元组。

```
untitle=('Michael',26,'列表元素',('Bob','Tracy'))
```

另外，一个元组的元素还可以包含另一个元组，如下所示。

```
verse1=('小明','小花','小白')
verse2=('Michael','Bob',verse1,'Tracy')
```

2. 创建空元组

在 Python 中，也可以创建空的元组，如下所示 empty 为一个空元组。

```
empty=()
```

3. 创建数值元组

在 Python 中，数值元组很常用。可以使用 tuple( ) 函数直接将 range( ) 函数循环出来的结果转换为元组，如下所示。

```
tuple(range(2,14,2))
```

上面代码运行后的结果如下。

```
(2,4,6,8,10,12)
```

4. 删除元组

对于已经创建的元组，可以使用 del 语句将其删除，如下所示为删除之前创建的 tup 元组。

```
del tup
```

2.8.2 访问元组元素

1. 通过指定索引访问元组元素

与列表一样，元组中的元素是从 0 开始索引的，即第 1 个元素的索引为 0。如下所示为访问元组的第 1 个元素。

```
tup=('Michael','Bob','Tracy')
print(tup[1])
```

上述代码中 tup［1］表示第 2 个元素，如果要访问元组的第 3 个元素，应该将程序第二句修改为"print（tup［2］）"。如果要访问元组最后一个元素，可以使用特殊语法"print（tup［-1］）"来实现。上述代码的输出结果如下。

```
Bob
```

可以看到输出了元组的第 2 个元素，并且不包括方括号和引号。这就是访问元组元素的方法。

2. 通过指定两个索引访问元素

如下所示为指定两个索引作为边界来访问元素。

```
coffee=('蓝山','卡布奇诺','摩卡','拿铁','哥伦比亚','曼特宁')
print(coffee[0:3])
```

［0:3］说明指定第 1 个索引是元组的第 1 个元素；第 2 个索引是元组的第 4 个元素，但第 2 个索引不包含在切片内，所以输出了元组的第 1~3 个元素。

3. 只指定第 1 个索引来访问元素

如下所示为只指定第 1 个索引作为边界来访问元素。

```
coffee=('蓝山','卡布奇诺','摩卡','拿铁','哥伦比亚','曼特宁')
print(coffee[2:])
```

［2:］说明指定了第 1 个索引是元组的第 3 个元素；没有指定第 2 个索引，那么 Python 会一直提取到元组末尾的元素，所以输出了元组的第 3~6 个元素。

4. 只指定第 2 个索引来访问元素

如下所示为只指定第 2 个索引作为边界来访问元素。

```
coffee=('蓝山','卡布奇诺','摩卡','拿铁','哥伦比亚','曼特宁')
print(coffee[:4])
```

［:4］说明没有指定第 1 个索引，那么 Python 会从头开始提取；第 2 个索引是元组的第 5 个元素（不包含在切片内），所以输出了元组的第 1~4 个元素。

5. 指定元组倒数元素索引来访问元素

如下所示为只指定元组倒数元素的索引作为边界来访问元素。

```
coffee=('蓝山','卡布奇诺','摩卡','拿铁','哥伦比亚','曼特宁')
print(coffee[-3:])
```

[-3:] 说明指定第 1 个索引是元组的倒数第 3 个元素；没有指定第 2 个索引，那么 Python 会一直提取到元组末尾的元素，所以输出了元组的最后三个元素。

案例 15：考试名次查询系统

在 IDLE 中创建一个名为 "查考试排名.py" 的文件，然后在文件中创建一个学生总排名的元组，接着用键盘输入学生姓名，再获取学生姓名在元组中对应的索引，然后输出索引+1 即为学生名次，代码如下。

```
ranking=('王小五','小李','小米','张兰','李四','王五','韩阳','紫玉','吉阳','李牧')  #创建学生考试排名元组
print('*********考试名次查询系统**********')
while True:                                          #while 无限循环
    name=input('请输入学生姓名:')                      #输入学生姓名
    r=ranking.index(name)                            #获取学生在元组中的索引
    print(name+'同学的考试名次为:第'+str(r+1)+'名')      #输出考试名次
```

代码中 "ranking.index（name）" 的意思是获得元素在元组中的索引。name 为用户输入的学生姓名。由于元组索引是从 0 开始的，即第一个元素索引为 0，因此排名应该是 "索引+1"。

运行结果如下。

```
*********考试名次查询系统**********
请输入学生姓名:李牧
李牧同学的考试名次为:第 10 名
请输入学生姓名:
```

2.8.3 修改元组元素

1. 通过重新赋值来修改元组元素

元组是不可变序列，所以不能对它的元素进行修改，但是元组可以进行重新赋值，我们可以通过重新赋值来修改元组，如下所示。

```
coffee=('蓝山','卡布奇诺','摩卡','拿铁','哥伦比亚','曼特宁')
coffee=('卡布奇诺','摩卡','拿铁')
print(coffee)
```

上述代码的输出结果如下。

```
('卡布奇诺','摩卡','拿铁')
```

2. 通过元组连接组合修改元组元素

虽然元组的元素不可修改，但可以通过对元组进行连接组合来修改元组。如下所示为通过元组连

接组合实现修改元组元素。

```
coffee=('摩卡','拿铁','哥伦比亚','曼特宁')
coffee2=coffee+('蓝山','卡布奇诺')
print(coffee2)
```

上述代码的输出结果如下。

```
('蓝山','卡布奇诺','摩卡','拿铁','哥伦比亚','曼特宁')
```

注意：如果连接的元组只有一个元素，别忘了在元素后面加逗号。

2.9 字典

在 Python 中，字典是一系列键-值对。每个键都与一个值相关联，可以使用键来访问与之相关联的值。与键相关联的值可以是数字、字符串、列表乃至字典。总之，字典可以存储任何类型的对象。如下所示为一个学生分数的字典。

```
fractions={'张三': 520,'李明':480,'王红': 548,'赵四':600,'刘前进': 425}
```

在 Python 中，字典用放在花括号 {} 中的一系列键-值对表示。每个键-值对之间用逗号（,）分隔。

注意：在字典中键是唯一的，不允许同一个键出现两次。创建时如果同一个键被赋值两次，后一个值会被记住。键必须是不可变的，所以可以用数字、字符串或元组充当，但不能用列表。

2.9.1 字典的创建

1. 创建空元组

在 Python 中，可以直接创建空的字典，如下所示的 dictionary 为一个空字典。

```
dictionary={}
```

也可以通过 dict( )函数来创建一个空字典，如下所示。

```
dictionary1=dict()
```

2. 通过映射函数创建字典

通过映射函数创建字典的方法如下。

```
dictionary2=dict(zip(list1,list2))
```

zip( )函数用于将多个列表或元组对应位置的元素组合为元组，并返回包含这些内容的 zip 对象。其中，list1 用于指定要生成字典的键，list2 用于指定要生成字典的值。如果 list1 和 list2 长度不同，则与最短的列表长度相同。如下所示为通过映射函数创建的字典。

```
name=['小张', '小李', '小米', '小王']
score=[98,87,82,78]
dictionary=dict(zip(name,score))
```

程序执行后的输出结果如下。

```
{'小张': 98, '小李': 87, '小米': 82, '小王': 78}
```

可以看到创建了一个字典。

3. 通过给定的关键字参数创建字典

通过给定的关键字参数创建字典的语法如下。

```
dictionary=dict(key1=value1,key2=value2,…,keyn=valuen,)
```

key1、key2、keyn 等表示参数名，必须是唯一的；value1、value2、valuen 等表示参数值，可以是任何数据类型。

2.9.2 通过键值访问字典

要获取字典中与键相关联的值，可依次指定字典名和放在方括号内的键，如下所示。

```
fractions={'张三': 520, '李明':480, '王红': 548, '赵四':600, '刘前进': 425}
fractions['李明']
```

上述程序运行后，会直接输出"480"。

案例 16：中考成绩查询系统

在 IDLE 中创建一个名为"中考成绩查询.py"的文件，在文件中创建一个学生姓名与成绩的字典，然后用键盘输入学生姓名，再获取字典中学生姓名对应的值，输出即可，代码如下。

```
rusult={'王小五':520,'小李':545,'小米':575,'张兰':495,'李四':513,
        '王五':580,'韩阳':475,'紫玉':596,'吉阳':535,'李牧':556}      #创建成绩字典
print('------------中考成绩查询系统-----------')
while True:                                                    #无限循环
    name=input('请输入学生姓名:')                                 #输入学生姓名
    r=rusult[name]                                            #访问字典的值
    print('您的中考成绩为:'+str(r)+'分')                           #输出分数
```

运行结果如下。

```
------------中考成绩查询系统-----------
请输入学生姓名:吉阳
您的中考成绩为:535 分
请输入学生姓名:
```

2.9.3 添加、修改和删除字典

1. 向字典中添加键-值对

字典运行可随时在其中添加键-值对，添加键-值对的方法如下所示。

```
fractions={'张三': 520, '李明':480, '王红': 548, '赵四':600, '刘前进': 425}
fractions['韩非子']=565
```

指定字典名、键（注意使用方括号）和相关联的值（注意使用 "="）。

上述程序运行后的结果如下所示。

```
{'张三': 520, '李明':480, '王红': 548, '赵四':600, '刘前进': 425, '韩非子'=565}
```

2. 修改字典中的值

要修改字典中的值，可以依次指定字典名、用方括号括起的键以及与该键相关联的值，如下所示。

```
fractions={'张三': 520, '李明':480, '王红': 548, '赵四':600, '刘前进': 425}
fractions['张三']=565
```

运行程序，输出结果。字典中的张三的分数被修改成了 **565**，如下所示。

```
{'张三': 565, '李明':480, '王红': 548, '赵四':600, '刘前进': 425 }
```

3. 删除字典中的键-值对

对于字典中不需要的元素，可以使用 del 语句来删除，如下所示。

```
fractions={'张三': 520, '李明':480, '王红': 548, '赵四':600, '刘前进': 425}
del fractions['张三']
```

运行程序，输出结果。字典中的张三和 520 被删除，如下所示。

```
{ '李明':480, '王红': 548, '赵四':600, '刘前进': 425 }
```

4. 删除整个字典

可以使用 del 命令删除整个字典，如下所示。

```
fractions={'张三': 520, '李明':480, '王红': 548, '赵四':600, '刘前进': 425}
del fractions
```

5. 删除字典的元素

如果想删除字典中的元素，可以使用 clear( )函数实现，如下所示。

```
fractions={'张三': 520, '李明':480, '王红': 548, '赵四':600, '刘前进': 425}
fractions.clear()
```

2.9.4 遍历字典

字典是以键-值对的形式存储数据的，所以需要通过这些键-值对进行获取。**Python** 提供了遍历字典的方法，通过遍历可以获取字典中的全部键-值对。

使用字典对象的 items( ) 函数可以获取字典的键-值对的元组列表，具体语法如下。

```
fractions.items()
```

1. 分别获取键和值

要想获得具体的键-值对，可以通过 for 循环遍历该元组列表。如下所示为遍历 fractions 字典，输出键和值。

```
fractions={'张三': 520,'李明':480,'王红': 548,'赵四':600,'刘前进':425}
for x,y in fractions.items():
    print(x)
    print(y)
```

遍历字典中所有的键-值对时，需要定义两个变量（此例中定义了 x 和 y），用于存储键和值，并使用字典名和 items( )。上述代码运行后输出的结果如下所示。

```
张三
520
李明
480
王红
548
赵四
600
刘前进
425
```

2. 只获取键

只遍历字典中的所有键时，需要定义一个变量，并使用字典名和 keys( )，如下所示。

```
fractions={'张三': 520','李明':480,'王红': 548,'赵四':600,'刘前进':425}
for x in fractions.keys():
    print(x)
```

上述代码运行后输出的结果如下所示。

```
张三
李明
王红
赵四
刘前进
```

3. 只获取值

只遍历字典中的所有值时，需要定义一个变量，并使用字典名和 values( )，如下所示。

```
fractions={'张三': 520', '李明':480, '王红': 548, '赵四':600, '刘前进':425}
fory in fractions.values():
    print(y)
```

上述代码运行后输出的结果如下所示。

```
520
480
548
600
425
```

案例 17：打印客户名称和电话

在 IDLE 中创建一个名为"客户资料.py"的文件，在文件中创建一个客户资料的字典，然后遍历字典，输出客户名称和电话，代码如下。

```
client={'百度':'010-11111','腾讯':'010-22222','小米':'010-33333',     #创建客户资料的字典
        '华为':'010-55555','蒙牛':'010-77777'}
for key,value in client.items():                                      #遍历字典
    print(key,'公司的联系电话是:'+value)                                 #输出元素的键和值
```

运行结果如下。

```
百度 公司的联系电话是:010-11111
腾讯 公司的联系电话是:010-22222
小米 公司的联系电话是:010-33333
华为 公司的联系电话是:010-55555
蒙牛 公司的联系电话是:010-77777
```

2.10 函数

函数一词来源于数学，但编程中的"函数"概念，与数学中的函数有很大不同。它是指将一组语句的集合通过一个名字（函数名）封装起来，要想执行这个函数，只需调用其函数名即可。

为什么要使用函数呢？因为函数可以简化程序、提高应用的模块性和代码的重复利用率。

2.10.1 创建一个函数

创建函数也叫定义函数。Python 程序提供了许多内建函数，比如 print( )。不过 Python 也允许创建函数，并在程序中调用它。

定义函数可以使用 def 关键字，后面是函数名，然后是圆括号和冒号。冒号下面缩进部分为函数的内容，如下所示。注意，函数名不能重复。

```
deftest():
    print('你好,我们在测试')
```

上面代码中定义了一个函数 test( )。注意,定义函数时,不要忘了( )和:。第二行缩进部分的代码为函数的内容。

2.10.2 调用函数

调用函数也就是执行函数。如果把创建的函数理解为创建一个具有某种用途的工具,那么调用函数就相当于使用该工具。调用函数时,首先将创建的函数程序保存,然后运行此程序,之后就可以调用了。如下所示为调用之前创建的 test( )函数。

```
>>>test()
你好,我们在测试
```

运行函数的程序后,在 IDLE 中直接输入 test( )即可调用此函数。输出"你好,我们在测试"。

也可以直接在函数所在的程序中进行调用,如下所示。

```
deftest():                          #创建的函数
    print('你好,我们在测试')
test()                              #调用函数
```

2.10.3 实参和形参

如果在定义函数的时候,在括号中增加一个变量(如 name),这样 Python 就会在用户调用函数的时候,要求用户给变量 name 指定一个值。如下所示定义函数时,括号中添加了一个变量 name。

```
deftest(name):                      #定义函数
    print(name+',你好,我们在测试')
test('燕子')                         #调用函数
```

调用函数时,需要给括号中的变量指定一个值。如果不指定,就会提示出错。

上面实例中的变量 name 实际上是函数 test( )的一个参数,称为形参。形参在整个函数体内都可以使用,离开该函数则不能使用。

调用函数时,test ('燕子') 中的 "'燕子'" 也是一个参数,称为实参。实参是调用函数时传递给函数的信息。在调用函数时,将把实参的值传送给被调函数的形参。上述的程序中,Python 会将实参的值(即"'燕子'") 传递给形参 name。这时,name 的值变为"'燕子'"。因此执行 print (name+', 你好,我们在测试') 语句就会打印输出"燕子,你好,我们在测试"。

2.10.4 位置实参

函数在定义时,允许包含多个形参,同样在调用时,也允许包含多个实参,如下所示。

```
defcalc(x,y):                       #定义函数
    print(y)
```

```
    print(x)
    print(x+y)
calc(4.6)                          #调用函数
```

上述代码中，定义了函数 calc( )。它有两个参数 x 和 y，它们都是函数的形参。函数的内容是先打印输出 y，再打印输出 x，然后再打印输出 x+y。调用函数 calc( ) 时，需要按照形参的顺序提供实参。这里的第一个实参 "4" 会传递给 x，第二个实参 "6" 会传递给 y。

在有多个形参和实参的函数中，当用户调用函数时，Python 必须将函数调用中的每个实参都关联到函数定义中的一个形参。这时 Python 会按照参数的位置顺序来传递实参。

运行此程序的输出结果如下所示。当函数运行时，会将 4 传递给 x，将 6 传递给 y。从打印输出结果来看也是这样的，分别打印输出了 6、4 和 10。

```
6
4
10
```

提示：实参可以是常量、变量、表达式、函数等，无论实参是何种类型，在进行函数调用时，它们都必须具有确定的值，以便把这些值传送给形参。

2.10.5　函数返回值

顾名思义，返回值就是指函数执行完毕后返回的值。为什么要有返回值呢，是因为在这个函数操作完之后，它的结果在后面的程序里面需要用到。返回值能够将程序的大部分繁重工作移到函数中去完成，从而简化程序。

在函数中，可以使用 return 语句将值返回到调用函数的代码行，return 是一个函数结束的标志，函数内可以有多个 return，但只要执行一次，整个函数就会结束运行。如下所示为定义函数 calc( )，将 c、x、y 的值返回到函数调用行。

```
defcalc(x,y):                     #定义函数
    c = x * y
    return c,x,y
res = calc(5,6)                   #调用函数
print(res)
```

上述代码中，调用返回值的函数时，需要提供一个变量，用于存储返回的值。在这里，将返回值存储在了变量 res。

每个函数都有返回值，如果没有在函数里面指定返回值，在 Python 里面函数执行完之后，默认会返回一个 None。函数也可以有多个返回值，如果有多个返回值，会把返回值都放到一个元组中，返回的是一个元组。

程序运行结果如下。

```
(30,5,6)
```

案例 18：用函数任意画圆环

在 IDLE 中创建一个名为"画圆函数.py"的文件，然后在文件中导入 turtle 模块，创建一个颜色的列表，之后定义一个 draw( ) 函数，函数体中首先移动画笔，然后用 for 循环遍历 range( ) 生成的整数序列，每次循环时分别设定画笔颜色、圆的半径、画笔旋转角度。调用 draw( ) 函数，即可在想要的位置画出圆环，代码如下。

```python
import turtle                         #导入 turtle 模块
t=turtle.Pen()                        #设置 t 为画笔
colors=['red','orange','blue','green']  #创建颜色列表
def draw(x,y):                        #定义 draw 函数
    t.goto(x,y)                       #移动画笔到(x,y)
    for i in range(20):
        t.pencolor(colors[i% 4])      #设置画笔颜色
        t.circle(i)                   #设置圆环半径
        t.right(90)                   #画笔旋转
# ******************* 调用函数 *********************
draw(100,100)                         #调用函数
draw(50,50)                           #调用函数
```

代码中"colors［i%4］"的意思是从 colors 列表中取一个元素（如 red）作为参数。i%4 中的% 是求余数的符号，i%4 的意思是用 i 除以 4 得到的余数。如果 i 的值为 5，则求得的余数为 1。然后执行 colors［1］，从列表 colors 中取第二个元素"orange"作为画笔颜色的参数。

运行结果如下。

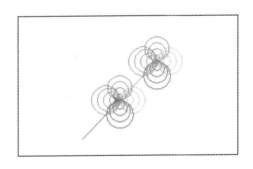

第3章 自动化分析处理数据实战

Pandas 是 Python 的一个开源数据分析模块，可用于数据挖掘和数据分析，同时也提供数据清洗功能，可以说它是目前 Python 数据分析必备工具之一。本章将重点讲解 Pandas 模块中的数据格式、读取和写入数据的方法、数据预处理方法、数据类型转换方法、行数据列数据选择方法、数据的排序方法、数据汇总方法、数据运算方法及数据拼接等内容。

3.1 Pandas 的数据格式

Pandas 是 Python 中专门用于数据分析的模块，其最初被作为金融数据分析工具而开发。Pandas 的名称来自面板数据（panel data）和 Python 数据分析（data analysis）。目前，对于所有使用 Python 研究和分析数据集的专业人士，Pandas 都是他们做相关统计分析和决策时的基础工具。

Pandas 中的数据结构是多维数据表，其主要有两种数据结构，分别是 Series 和 DataFrame。下面重点讲解这两种数据结构的使用方法。

3.1.1 Pandas 模块的安装

Pandas 模块的安装方法如下。

首先在"开始"菜单的"Windows 系统"中单击"命令提示符"按钮，打开"命令提示符"窗口，然后直接输入"pip install pandas"并按〈Enter〉键，开始安装 Pandas 模块。安装完成后同样会提示"Successfully installed"。

3.1.2 Openpyxl 模块的安装

Openpyxl 模块用于在 Python 中读取、创建和处理 Excel 文档（".xlsx"格式）。Openpyxl 模块安装方法为：

首先打开"命令提示符"窗口，然后直接输入"pip install openpyxl"并按〈Enter〉键，开始安装 Openpyxl 模块。安装完成后同样会提示"Successfully installed"。

3.1.3 导入 Pandas 模块

在使用 Pandas 模块之前要在程序最前面写上下面的代码来导入，否则无法使用 Pandas 模块中的函数。

```
import pandas as pd
```

代码的意思是导入 Pandas 模块，并指定模块的别名为"pd"，即在以后的程序中"pd"就代表"Pandas"。

3.1.4 Series 数据结构

Series 是一种类似于一维数组的对象，它由一组数据以及一组与之相关的数据标签（即索引）组成，其中索引可以为数字或字符串。Series 的表现形式为索引在左边，值在右边。如图 3-1 所示为一个简单的 Series。

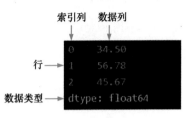

图 3-1 一个简单的 Series

1. 创建一个 Series

如果想创建一个 Series，可以利用 pd.Series( )，通过给 Series( )函数传入不同的对象来实现。

如下所示为传入一个列表来创建 Series。

```
>>> import pandas as pd
>>> p1=pd.Series(['a','b','c','d'])
>>>p1
0    a
1    b
2    c
3    d
dtype: object
```

如果只传入一个列表而不指定索引（数据标签），会默认使用从 0 开始的数作为索引，上面的"0，1，2，3"就是默认的索引。

2. 指定索引

如果通过 index 参数指定了索引，就会输出指定索引的 Series。

如下所示为通过 index 参数来指定索引。

```
>>> p2=pd.Series(['a','b','c','d'],index=['一','二','三','四'])
>>> p2
一    a
二    b
三    c
四    d
dtype: object
```

3. 通过字典的方式创建 Series

也可以将数据与索引以字典的形式传入，这样字典的键就是索引，值就是数据。如下所示为通过字典创建 Series。

```
>>> p3=pd.Series({'a':'一','b':'二','c':'三','d':'四'})
>>> p3
```

```
一    a
二    b
三    c
四    d
dtype: object
```

4. 利用 index 获取 Series 的索引

如果想获取一组数据的索引，可以利用 index 函数来实现，具体如下。

```
>>> p2.index
index(['一', '二', '三', '四'], dtype='object')
```

5. 利用 values 获取 Series 的值

可以单独获取索引，也可以单独获取一组数据的值，利用 values 函数来获取，具体如下。

```
>>> p2.values
array(['a', 'b', 'c', 'd'], dtype=object)
```

3.1.5 DataFrame 数据格式

前面讲的 Series 由一组数据与一组索引（行索引）组成，而下面要讲的 DataFrame 则由一组数据与一对索引（行索引与列索引）组成，如图 3-2 所示。DataFrame 数据是一个二维数据结构，数据以表格形式（与 Excel 类似）存储，有对应的行和列。

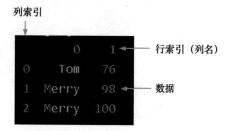

图 3-2 一个简单的 DataFrame

1. 创建一个 DataFrame

如果想创建一个 DataFrame，可以利用 pd.DataFrame()，通过给 DataFrame() 函数传入不同的对象来实现。

如下所示为传入一个列表来创建 DataFrame。

```
>>> import pandas as pd
>>> df1=pd. DataFrame(['a','b','c','d'])
>>>df1
    0
0   a
1   b
2   c
3   d
dtype: object
```

如果只传入一个列表而不指定索引（数据标签），会默认使用从 0 开始的数作为行索引和列索引，上面的"0，1，2，3"就是默认的列索引，0 是默认的行索引。

2. 通过一个嵌套列表创建 DataFrame

如下所示为通过一个嵌套列表创建 DataFrame。

```
>>> df2=pd.DataFrame([['a','一'],['b','二'],['c','三'],['d','四']])
>>> df2
   0  1
0  a  一
1  b  二
2  c  三
3  d  四
```

当传入一个嵌套列表时，会根据嵌套列表数显示成多列数据，行、列索引同样是从 0 开始的默认索引。另外，列表里面嵌套的列表也可以换成元组。

3. 指定行索引、列索引

如果在传入数据时，想指定行索引和列索引，可以通过 columns 定义列索引，通过 index 参数指定行索引。

如下所示为通过 columns 参数来指定列索引。

```
>>> df3=pd.DataFrame([['a','一'],['b','二'],['c','三'],['d','四']],columns=['字母','数字'])
>>> df3
   字母  数字
0  a   一
1  b   二
2  c   三
3  d   四
```

如下所示为通过 index 参数来指定行索引。

```
>>> df4=pd.DataFrame([['a','一'],['b','二'],['c','三'],['d','四']],index=[5,6,7,8])
>>> df4
   0  1
5  a  一
6  b  二
7  c  三
8  d  四
```

如下所示为同时指定行索引和列索引。

```
>>> df5=pd.DataFrame([['a','一'],['b','二'],['c','三'],['d','四']],columns=['字母','数字'],
index=[5,6,7,8])
>>> df5
   字母  数字
5  a   一
6  b   二
7  c   三
8  d   四
```

4. 传入一个字典

如下所示为先创建一个字典 data，再通过传入字典来创建一个 DataFrame。

```
>>> data={'字母':['a','b','c','d'],'数字':['一','二','三','四']}
>>> df6=pd.DataFrame(data)
>>> df6
   字母   数字
0   a    一
1   b    二
2   c    三
3   d    四
```

可以看到字典的键作为列索引，字典的值作为数据，行索引会默认为从 0 开始的数字。传入字典时，也可以指定行索引，如下所示。

```
>>> data={'字母':['a','b','c','d'],'数字':['一','二','三','四']}
>>> df7=pd.DataFrame(data,index=['小明','小李','小米','小王'])
>>> df7
      字母   数字
小明    a    一
小李    b    二
小米    c    三
小王    d    四
```

5. 获取 DataFrame 的行索引和列索引

利用 columns 函数获取 DataFrame 的列索引。

```
>>> df7.columns
index(['字母', '数字'], dtype='object')
```

利用 index 函数获取 DataFrame 的行索引。

```
>>> df7.index
index(['小明', '小李', '小米', '小王'], dtype='object')
```

3.2 读取/写入数据自动化操作

3.2.1 自动读取 Excel 工作簿中的数据

在 Python 中导入 Excel 工作簿数据主要使用 read_excel( ) 函数，如下所示为导入计算机中 E 盘下的 "bank.xlsx" 工作簿。

```
>>> import pandas as pd
>>> df=pd.read_excel(r'e:\bank.xlsx)          #读取数据
```

```
>>> df
        日期        凭证号      摘要                    会计科目       金额
0      7月5日      现-0001    购买办公用品           物资采购      250.00
1      7月8日      银-0001    提取现金               银行存款      50,000.00
2      7月10日     现-0002    陈江预支差旅费          应收账款      3,000.00
3      7月11日     银-0002    提取现金               银行存款      60,000.00
4      7月11日     现-0003    刘延预支差旅费          应收账款      2,000.00
5      7月14日     现-0004    出售办公废品           现金          20.00
```

计算机中的文件路径默认使用\，由于 Python 中也将 \ 用在换行等，因此需要在路径前面加 r
（转义符），避免路径前面的 \ 被转义。如果不加转义符 r，就必须将\改为\\或/，如：

df＝pd.read_excel('e:\\bank.xlsx') 或 df＝pd.read_excel（'e：/bank.xlsx'）。

read_excel()函数用来设置文件路径，它包括三个参数，见表3-1。

表 3-1　read_excel( )函数参数

参　　数	功　　能
sheetname	用于指定工作表，可以是工作表名称，也可以是数字（默认为 0，即第 1 个工作表）
encoding	用于指定文件的编码方式，一般设置为 UTF-8 或 gbk，以避免读取中文文件时出错，因此一般在读取中文文件时加入此参数（如 encoding='gbk'）
index_col	用于设置索引列

3.2.2　自动读取 CSV 格式的数据

在 Python 中导入 CSV 格式数据主要使用 read_csv()函数，如下所示为导入计算机中 E 盘下"练习"文件夹中的"财务日记账.csv"数据文件。

```
>>> import pandas as pd
>>> df=pd.read_csv('e:\\练习\\财务日记账.csv',encoding='gbk')    #读取数据
>>> df
        日期        凭证号      摘要                    会计科目       金额
0      7月5日      现-0001    购买办公用品           物资采购      250.00
1      7月8日      银-0001    提取现金               银行存款      50,000.00
2      7月10日     现-0002    陈江预支差旅费          应收账款      3,000.00
3      7月11日     银-0002    提取现金               银行存款      60,000.00
4      7月11日     现-0003    刘延预支差旅费          应收账款      2,000.00
5      7月14日     现-0004    出售办公废品           现金          20.00
```

read_csv()函数用来设置文件路径，它的参数见表3-2。

表 3-2　read_csv( )函数参数

参　　数	功　　能
delimiter	用于指定 CSV 文件中数据的分隔符，默认为逗号
encoding	用于指定文件的编码方式，一般设置为 UTF-8 或 gbk，以避免读取中文文件时出错，因此一般在读取中文文件时加入此参数（如 encoding='gbk'）
index_col	用于设置索引列

3.2.3 将数据写入文件

将数据写入 Excel 文档主要用 **to_excel( )** 函数，如下所示为将数据写入 E 盘 "练习" 文件夹中的 "财务日记账.xlsx" 文档。

```
>>> df.to_excel(excel_writer='e:\\练习\\财务日记账.xlsx')
```

其中，**to_excel( )** 函数的参数见表 3-3。

表 3-3　to_excel( ) 函数参数

参　　数	功　　能
excel_writer	用于设置文件的路径
encoding	用于指定文件的编码方式，一般设置为 UTF-8 或 gbk，以避免读取中文文件时出错，因此一般在读取中文文件时加入此参数（如 encoding='gbk'）
index	用于指定是否写入行索引信息，默认为 True。若设置为 False，则忽略行索引信息
columns	用于指定要写入的列

将数据写入 CSV 文件主要用 **to_csv( )** 函数，如下所示为将数据写入 E 盘 "练习" 文件夹中的 "财务日记账.csv" 文档。

```
>>> df.to_csv(path_or_buf='e:\\练习\\财务日记账.csv')
```

其中，**to_csv( )** 函数的参数见表 3-4。

表 3-4　"to_csv( )" 函数参数

参　　数	功　　能
path_to_buf	用于指设置文件的路径
encoding	用于指定文件的编码方式，一般设置为 UTF-8 或 gbk，以避免读取中文文件时出错，因此一般在读取中文文件时加入此参数（如 encoding='gbk'）
index	用于指定是否写入行索引信息，默认为 True。若设置为 False，则忽略行索引信息
columns	用于指定要写入的列
sep	用于指定要用的分隔符，常用的分隔符有逗号、空格、制表符、分号等

3.3　数据预处理自动化操作

由于要分析的数据通常存在缺失、重复或异常等情形，在进行数据分析时会影响分析结果，因此在数据分析之前，要对数据的缺失值、重复值等进行预处理。本节将重点讲解如何预处理数据。

3.3.1　自动查看数据信息

在将数据读取到 Python 后，先查看一下数据情况，如下所示为查看数据的方法。

```
>>> import pandas as pd
>>> df=pd.read_csv('e:\\练习\\财务日记账.csv',encoding='gbk')    #读取数据
>>> df.info()               #查看数据维度、列名称、数据格式、所占空间等
>>> df.shape               #查看数据行数和列数,返回行列数元组,如(12,5)
>>> df.isnull()            #查看哪些值是缺失值,是缺失值返回True,不是返回False
>>> df.columns             #查看列索引名称
>>> df.head()              #查看前5行数据
>>> df.tail()              #查看后5行数据
```

3.3.2 自动处理数据中的缺失值（数据清理）

想了解数据中是否有缺失值，可以用 df.isnull( ) 进行查看，如果有缺失会返回 True。在数据中有缺失值时，可以用如下方法进行处理。

```
>>> import pandas as pd
>>> df=pd.read_csv('e:\\练习\\财务日记账.csv',encoding='gbk')    #读取数据
>>> df.dropna()                #删除含有缺失值的行,即只要某一行有缺失值就会把这一行删除
>>> df.dropna(how='all')       #只删除整行都为缺失值的行
>>> df.fillna(0)               #将所有缺失值填充为0,括号中为要填充的值
>>> df.fillna('会计科目':'现金')    #只填充"会计科目"列缺失值,填充为"现金"
>>> df.fillna({'会计科目':'现金','凭证号':'现-0001'})    #对多列缺失值进行填充
```

3.3.3 自动处理数据中的重复值

数据中的重复数据会影响数据分析的结果，对数据重复值的处理方法如下。

```
>>> import pandas as pd
>>> df=pd.read_csv('e:\\练习\\财务日记账.csv',encoding='gbk')        #读取数据
>>> df.drop_duplicates()    #对所有数据进行重复值判断,只保留重复的第一行。
>>> df.drop_duplicates(subset='会计科目')              #对指定的列去重复值
>>> df.drop_duplicates(subset=['会计科目','凭证号'])      #对指定的多列去重复值
>>> df.drop_duplicates(subset='会计科目',keep=False)    #把重复值全部删除
```

在去重复值时，默认保留重复的第一行，如果想保留重复的最后一行，则可以使用参数 keep='last'。

3.4 数据类型转换自动化操作

在 Python 中主要有 6 种数据类型，见表 3-5。

表 3-5 Python 中数据类型

类　　型	说　　明
int	整型数
float	浮点数，即含有小数点的数

（续）

类 型	说 明
object	Python 对象类型，用 O 表示
string	字符串类型，经常用 S 表示，S10 表示长度为 10 的字符串
unicode	固定长度的 unicode 类型，跟字符串定义方式一样
datetime64 [ns]	表示时间格式

1. 查看某一列的数据类型

如果想要查看某一列的数据类型，可以结合 dtype 函数来查看，如下所示。

```
>>> import pandas as pd
>>> df
   客户姓名   年龄   编号
0    小王     21   101
1    小李     31   102
2    小张     28   103
3    小韩     35   104
4    小米     41   105
>>> df['年龄'].dtype          #查看数据类型
dtype('int64')               #整数型
```

2. 数据类型转换

不同数据类型的数据可以做的事情是不一样的，如字符串类型不能进行各类运算。如果数据在读取过程中读成了对象类型或字符串类型，要想运行就必须先进行类型转换，将字符串类型转换为整数型或浮点型。

通常利用 astype( ) 函数来转换数据，方法如下。

```
>>> df['年龄'].dtype          #查看数据类型
dtype('int64')               #整数型
>>> df['年龄'].astype('float64') #将数据类型转换为浮点型
0    21.0
1    31.0
2    28.0
3    35.0
4    41.0
Name:年龄, dtype: float64
```

3.5 选择数据自动化操作

3.5.1 自动选择列数据

在 Pandas 模块中，要想获取某列数据，只需在表 df 后面的方括号中指明要选择的列名即可。

1. 选择一列数据

选择某一列数据的方法如下。

```
>>> import pandas as pd
>>> df=pd.read_csv('e:\\练习\\财务日记账.csv',encoding='gbk')    #读取数据
>>> df['会计科目']                        #选择"会计科目"列的数据
0      物资采购
1      银行存款
2      应收账款
3      银行存款
4      应收账款
5      现金
Name:会计科目, dtype: object
```

2. 选择多列数据

选择某几列数据的方法如下。

```
>>> import pandas as pd
>>> df=pd.read_csv('e:\\练习\\财务日记账.csv',encoding='gbk')       #读取数据
>>> df[['会计科目', '凭证号']]     #选择"会计科目"列和"凭证号"列的数据
      会计科目    凭证号
0     物资采购   现-0001
1     银行存款   银-0001
2     应收账款   现-0002
3     银行存款   银-0002
4     应收账款   现-0003
5       现金   现-0004
```

如下所示也可以通过指定所选择的列的位置来选择，默认第 1 列为 0，第 2 列为 1。通过列的位置来选择列时，需要用到 iloc 函数。

```
>>> import pandas as pd
>>> df=pd.read_csv('e:\\练习\\财务日记账.csv',encoding='gbk')       #读取数据
>>> df.iloc[:,[0,2]]                  #选择第 1 列和第 3 列
      日期          摘要
0   7月5日      购买办公用品
1   7月8日      提取现金
2   7月10日     陈江预支差旅费
3   7月11日     提取现金
4   7月11日     刘延预支差旅费
5   7月14日     出售办公废品
```

代码中，iloc 后的方括号中逗号之前的部分表示要选择的行的位置，只输入一个冒号，表示选择所有行。逗号之后的方括号表示要获取的列的位置。

如果想选择连续几列，则将列号间的逗号改为冒号即可，如 df.iloc[:,[0:2]] 表示选择第 1~3 列。

3.5.2　自动选择行数据

在 Pandas 模块中，要想获取某行数据，需要用到 loc 函数或 iloc 函数。

1. 选择一行数据

选择某一行数据的方法如下。

```
>>> import pandas as pd
>>> df=pd.read_csv('e:\\练习\\财务日记账.csv',encoding='gbk',index_col='日期')
                        #读取数据,并设置"日期"列为行索引
>>> df.loc['7 月 8 日']        #选择行索引为"7 月 8 日"的行数据
凭证号              银-0001
摘要               提取现金
会计科目            银行存款
金额         50,000.00
Name: 7 月 8 日, dtype: object
```

2. 选择多行数据

选择某几行数据的方法如下。

```
>>> import pandas as pd
>>> df=pd.read_csv('e:\\练习\\财务日记账.csv',encoding='gbk',index_col='日期')
                        #读取数据,并设置"日期"列为行索引
>>> df.loc[['7 月 8 日','7 月 15 日']]       #选择"7 月 8 日"和"7 月 15 日"的行数据
              凭证号       摘要        会计科目        金额
日期
7 月 8 日     银-0001    提取现金      银行存款      50,000.00
7 月 15 日    银-0003    提取现金      银行存款      20,000.00
```

也可以通过指定所选择的行的位置来选择，默认第 1 列为 0，第 2 列为 1，如下所示。

```
>>> import pandas as pd
>>> df=pd.read_csv('e:\\练习\\财务日记账.csv',encoding='gbk',index_col='日期')
                        #读取数据,并设置"日期"列为行索引
>>> df.iloc[0]             #选择第 1 行的数据
凭证号       现-0001
摘要        购买办公用品
会计科目      物资采购
金额        250.00
Name: 7 月 5 日, dtype: object
```

如下所示为选择第 1 行和第 3 行的数据。

```
>>> import pandas as pd
>>> df=pd.read_csv('e:\\练习\\财务日记账.csv',encoding='gbk',index_col='日期')
                        #读取数据,并设置"日期"列为行索引
```

```
>>> df.iloc[[0,2]]                #选择第 1 行和第 3 行的数据
           凭证号        摘要        会计科目     金额
日期
7 月 5 日    现-0001   购买办公用品   物资采购      250.00
7 月 10 日   现-0002   陈江预支差旅费  应收账款     3,000.00
```

如果想选择连续几行，将行号间的逗号改为冒号即可；如 df.iloc[[0:2]] 表示选择第 1~3 行数据。

3.5.3 自动选择满足条件的行列数据（数据筛选）

前面讲解了如何选择某一行、一列或某几行、几列，下面将讲解如何选择满足条件的行列。

1. 选择满足一种条件的行数据

如果想选择满足某种条件的行，如选择"年龄"大于 30 岁的行，如下所示。

```
>>> import pandas as pd
>>> df
   客户姓名  年龄  编号
0   小王    21   101
1   小李    31   102
2   小张    28   103
3   小韩    35   104
4   小米    41   105
>>> df[df['年龄']>30]
   客户姓名  年龄  编号
1   小李    31   102
3   小韩    35   104
4   小米    41   105
```

选择"客户姓名"为"小李"的行数据，如下所示。

```
>>> df[df['客户姓名']=='小李']
   客户姓名  年龄  编号
1   小李    31   102
```

2. 选择满足多种条件的行数据

选择"年龄"大于 30 岁、小于 40 岁的行数据，如下所示。

```
>>> df[(df['年龄']>30) & (df['年龄']<40)]
   客户姓名  年龄  编号
1   小李    31   102
3   小韩    35   104
```

选择"年龄"大于 30 岁、"编号"小于 104 的行数据，如下所示。

```
>>> df[(df['年龄']>30) & (df['编号']<104)]
   客户姓名  年龄  编号
1   小李    31   102
```

3. 选择满足多种条件的行和列数据

选择年龄小于 30 岁，且只要"客户姓名"和"编号"列的数据，如下所示。

```
>>> df[df['年龄']<30][['客户姓名','编号']]
   客户姓名   编号
0    小王    101
2    小张    103
```

选择第 1 行和第 3 行，且选择第 1 列和第 3 列的数据，如下所示。

```
>>> df.iloc[[0,2],[0,2]]
   客户姓名   编号
0    小王    101
2    小张    103
```

3.5.4 按日期自动选择数据

在 Python 中，可以选取具体某一时间对应的数据，也可以选取某一段时间内的数据，在按日期选取数据时，要用到 datetime( )函数。此函数是 Datetime 模块中的函数，因此在使用之前要调用 Datetime 模块。

1. 选择某日的所有行数据

选择某日的所有行数据的方法如下。

```
>>> import pandas as pd
>>>from datetime import datetime              #导入 datetime 模块中的 datetime
>>> df
   注册日期       客户姓名    年龄    编号
0 2020-01-16   小王      21     101
1 2020-03-06   小李      28     102
2 2020-03-01   小张      28     103
3 2020-03-26   小韩      35     104
4 2020-03-13   小米      28     105
>>> df['注册日期'].dtype                          #查看"注册日期"列类型是否为时间类型
dtype('<M8[ns]')
>>> df[df['注册日期']==datetime(2020,3,1)]         #选择日期为 2020-3-1 的行数据
   注册日期       客户姓名    年龄    编号
2 2020-03-01   小张      28     103
```

如果"注册日期"列的数据类型不是时间类型，需要先将数据格式转换为时间类型。

2. 选择某日之后的所有行数据

选择某日之后的所有行数据的方法如下。

```
>>>df[df['注册日期']>=datetime(2020,3,1)]
```

注册日期	客户姓名	年龄	编号
2 2020-03-01	小张	28	103
3 2020-03-26	小韩	35	104
4 2020-03-13	小米	28	105

上面代码选择的是 2020 年 3 月 1 日以后的所有行数据。

3. 选择某一时间段内的所有行数据

选择某一时间段内的所有行数据的方法如下。

```
>>> df[ (df['注册日期']>=datetime(2020,3,1))&(df['注册日期']<datetime(2020,4,1))]
```

注册日期	客户姓名	年龄	编号
2 2020-03-01	小张	28	103
3 2020-03-26	小韩	35	104

上面代码选择的是 2020 年 3 月 1 日以后、2020 年 4 月 1 日以前的所有行数据。

4. 转换时间类型

如果数据中的日期不是时间类型，而是其他类型（如 float 类型），那么就不能用时间条件来选择数据。要想实现用时间条件来选择数据，就必须先将数据类型转换为时间类型。转换时间类型可以使用 pd. to_datetime( )函数，具体如下。

```
>>>df['日期']=pd.to_datetime(df['日期'])      #将"日期"列数据类型转换为时间类型
```

3.6　数值排序自动化操作

数值排序即按照具体数值的大小进行排序，有升序和降序两种，升序就是数值由小到大排列，降序是数值由大到小排列。

3.6.1　自动按某列数值排序

按照某列进行排序，需要用到 sort_values( )函数，在函数的括号中指明要排序的列标题，以及以升序还是降序排序，具体用法如下。

```
>>> import pandas as pd
>>> df
   客户姓名  年龄  编号
0   小王    21   101
1   小李    31   102
2   小张    28   103
3   小韩    35   104
4   小米    41   105
>>> df.sort_values(by=['编号'])      #按"编号"列进行排序,默认为升序
```

```
   客户姓名   年龄   编号
0    小王     21    101
1    小李     31    102
2    小张     28    103
3    小韩     35    104
4    小米     41    105
```

如果想按照降序进行排序，则要使用 ascending 参数，其中，ascending = False 表示按降序进行排序，ascending = True 表示按升序进行排序，方法如下。

```
>>> df.sort_values(by=['编号'],ascending=False)     #按"编号"列进行降序排列
   客户姓名   年龄   编号
4    小米     41    105
3    小韩     35    104
2    小张     28    103
1    小李     31    102
0    小王     21    101
```

在排序时，当排序的列有缺失值时，默认会将缺失值项排在最后面。如果想将缺失值项排在最前面，可以用参数 na_position 参数进行设置，如 "df.sort_values（by = ['编号']，na_position =' fiest '）"，即可将缺失值项排在最前面。

3.6.2 自动按索引进行排序

上面讲的是按某列数据进行排序，另外还可以按索引进行排序，方法如下。

```
>>> df.sort_index()                 #按索引进行排序,默认为升序
   客户姓名   年龄   编号
0    小王     21    101
1    小李     31    102
2    小张     28    103
3    小韩     35    104
4    小米     41    105
```

3.6.3 自动按多列数值进行排序

按照多列数值进行排序，是指同时依据多列数据进行升序、降序排列，当第 1 列出现重复值时，按照第 2 列进行排序，当第 2 列出现重复值时，按第 3 列进行排序。进行多列排序的方法如下。

```
>>> df.sort_values(by=['年龄','编号'],ascending=[False,True])
   客户姓名   年龄   编号
4    小米     41    105
3    小韩     35    104
1    小李     31    102
2    小张     28    103
0    小王     21    101
```

3.7 自动数据计数与唯一值获取

3.7.1 自动进行数值计数

数值计数就是指计算某个值在一系列数值中出现的次数。Python 中数值计数主要使用 value_counts( ) 函数，具体方法如下。

```
>>> df
  客户姓名  年龄  编号
0   小王    21   101
1   小李    28   102
2   小张    28   103
3   小韩    35   104
4   小米    28   105
>>> df['年龄'].value_counts()              #数值计数
28    3
35    1
21    1
Name:年龄, dtype: int64
```

根据上面的统计结果，年龄为 28 岁的出现了 3 次，年龄为 35 岁的出现了 1 次，年龄为 21 岁的出现了 1 次。value_counts( ) 函数还有一些参数，包括 normalize＝True 参数等，用来计算不同值的占比。

3.7.2 自动获取唯一值

唯一值获取就是对某一系列值删除重复项以后获取的结果，一般可以将表中某一列认为是一系列值。

在 Python 中唯一值获取通过 unique( ) 函数来实现，方法如下。

```
>>> df
  客户姓名  年龄  编号
0   小王    21   101
1   小李    28   102
2   小张    28   103
3   小韩    35   104
4   小米    28   105
>>> df['年龄'].unique()
array([21, 28, 35], dtype=int64)
```

3.8 自动进行数据运算

数据的运算包括算术运算、比较运算、汇总运算、相关性运算等，本节将详细讲解。

3.8.1　自动进行算术运算

算术运算就是基本的加减乘除，在 Python 中数值类型的任意两列可以直接进行加、减、乘、除运算，具体如下所示。

```
>>> df
        1月销量  2月销量
部门1    250    290
部门2    280    260
部门3    300    310
>>> df['1月销量']+df['2月销量']        #两列进行加法运算
部门1    540
部门2    540
部门3    610
dtype: int64
```

上面程序进行的是加法运算，用同样的方法可以进行减法、乘法、除法运算。

另外，还可以将某一列跟一个常数进行加减乘除运算，如下所示。

```
>>> df['1月销量']*2
部门1    500
部门2    560
部门3    600
Name:1月销量, dtype: int64
dtype: int64
```

3.8.2　自动进行比较运算

Python 中列与列之间可以进行比较运算，如下所示。

```
>>> df['1月销量']>df['2月销量']
部门1    False
部门2    True
部门3    False
dtype: bool
```

3.8.3　自动进行汇总运算

汇总运算包括计数、求和、求均值、求最大值、求最小值、求中位数、求众数、求方差、求标准差、求分位数等。

1. count 非空值计数

非空值计数就是计算某一区域中非空单元格数值的个数。在 Python 中计算非空值时，一般直接在整个数据表上调用 count( )函数即可返回每列的非空值个数，具体如下所示。

```
>>> df
    客户姓名   年龄   编号
0    小王     21    101
1    小李     28    102
2    小张     28    103
3    小韩     35    104
4    小米     28    105
>>> df.count()                    #求非空值个数
客户姓名    5
年龄      5
编号      5
dtype: int64
```

如果想求某一列的非空值个数，可以直接选择此列，然后再求非空值个数。如下所示为求"年龄"列的非空值个数。

```
>>> df['年龄'].count()            #对"年龄"列求非空值个数
5
```

上面求出来的就是每列的非空值，都是 5。count( )函数默认求的是每一列的非空值个数，可以通过参数 axis 来求每一行的非空值个数，具体如下。

```
>>> df.count(axis=1)              #对各行求非空值个数
0    3
1    3
2    3
3    3
4    3
dtype: int64
```

如果想求某一行的非空值个数，同样先选择此行，然后直接用 count( )函数求即可。

2. sum 求和

求和就是对某一区域中的所有数值进行加和操作。在 Python 中直接使用 sum( )函数来求和，返回的是每一列数值的求和结果，如下所示。

```
>>> df
        1月销量   2月销量
部门1     250      290
部门2     280      260
部门3     300      310
>>> df.sum()                      #对各列进行求和
1月销量    830
2月销量    860
dtype: int64
```

如果想对某一列进行求和，先选择要求和的列，然后用 sum( )函数即可，如下所示。

用 **Python** 让办公快速实现自动化

```
>>> df['2 月销量'].sum()            #对"2 月销量"列进行求和
860
```

如果在求和时使用 axis 参数，则可以对各行进行求和，如下所示。

```
>>> df.sum(axis=1)                #对各行进行求和
部门 1      540
部门 2      540
部门 3      610
dtype: int64
```

3. mean 求均值

求平均值是针对某一区域中的所有值进行求算术平均值运算。Python 中求均值直接使用 mean( ) 函数即可，如下所示。

```
>>> df.mean()                     #对各列求均值
>>> df['2 月销量'].mean()           #对"2 月销量"列进行求均值
>>> df.mean(axis=1)               #对各行进行求均值
```

4. max 求最大值

求最大值就是比较一组数据中所有数值的大小，然后返回最大的一个值。在 Python 中求最大值使用 max( ) 函数即可，如下所示。

```
>>> df.max()                      #对各列求最大值
>>> df['2 月销量'].max()            #对"2 月销量"列进行求最大值
>>> df.max(axis=1)                #对各行进行求最大值
```

5. min 求最小值

求最小值就是比较一组数据中所有数值的大小，然后返回最小的一个值。在 Python 中求最小值使用 min( ) 函数即可，如下所示。

```
>>> df.min()                      #对各列求最小值
>>> df['2 月销量'].min()            #对"2 月销量"列进行求最小值
>>> df.min(axis=1)                #对各行进行求最小值
```

6. median 求中位数

求中位数就是将一组含有 n 个数据的序列 X 按从小到大排列，求出位于中间位置的那个数。在 Python 中求中位数使用 median( ) 函数即可，如下所示。

```
>>> df.median()                   #对各列求中位数
>>> df['2 月销量'].median()         #对"2 月销量"列进行求中位数
>>> df.median(axis=1)             #对各行进行求中位数
```

7. mode 求众数

求众数就是求一组数据中出现次数最多的数，通常可以用众数来计算顾客的复购率。在 Python 中求众数使用 mode( ) 函数即可，如下所示。

```
>>> df.mode()            #对各列求众数
>>> df['2月销量'].mode()  #对'2月销量'列进行求众数
>>> df.mode(axis=1)      #对各行进行求众数
```

注意：如果求某一列的众数，返回的会是一个元组，如"（0，280）"，其中 0 为索引，280 为众数。

8. var 求方差

方差用来衡量一组数据的离散程度，在 Python 中求方差使用 var( ) 函数即可，如下所示。

```
>>> df.var()             #对各列求方差
>>> df['2月销量'].var()   #对"2月销量"列进行求方差
>>> df.var(axis=1)       #对各行进行求方差
```

9. std 求标准差

标准差是方差的平方根，二者都用来表示数据的离散程度。在 Python 中求标准差使用 std( ) 函数即可，如下所示。

```
>>> df.std()             #对各列求标准差
>>> df['2月销量'].std()   #对"2月销量"列进行求标准差
>>> df.std(axis=1)       #对各行进行求标准差
```

10. quantile 求分位数

分位数是比中位数更加详细的基于位置的指标，分位数主要有四分之一分位数、四分之二分位数、四分之三分位数，其中四分之二分位数就是中位数。在 Python 中求分位数使用 percentile( ) 函数即可，如下所示。

```
>>> df. percentile (0.25)          #求各列四分之一分位数
>>> df. percentile (0.75)          #求各列四分之三分位数
>>> df['2月销量']. percentile (0.25) #对"2月销量"列进行求四分之一分位数
>>> df. percentile (0.25,axis=1)   #对各行进行求四分之一分位数
```

3.8.4 相关性运算

相关性用来衡量两个事物之间的相关程度，通常用相关系数来衡量，所以相关性计算其实就是计算相关系数，比较常用的是皮尔逊相关系数。在 Python 中求相关性使用 correl( ) 函数即可，如下所示。

```
>>> df.correl()                        #求整个表中各字段两两之间的相关性
>>> df['1月销量'].correl(df['2月销量'])  #求"1月销量"列和"2月销量"列的相关系数
```

3.9 数据分类汇总自动化操作

数据分组是根据一个或多个键将数据分成若干组，然后对分组后的数据分别进行汇总计算，并将

汇总计算后的结果进行合并。

在 Python 中对数据分组利用的是 groupby( )函数，接下来对其用法进行介绍。

3.9.1 自动按一列进行分组并对所有列进行计数汇总

按某一列对所有的列进行计数将会直接将某一列（如"店名"列）的列名传给 groupby( )函数，groupby( )函数就会按照这一列进行分组。

如下所示为按"店名"列进行分组，然后对分组后的数据分别进行计数运算，最后进行合并。

```
>>> df
   店名   品种    数量   销售金额
0  1店   毛衣    10    1800
1  总店   西裤    23    2944
2  2店   休闲裤   45    5760
3  3店   西服    23    2944
4  2店   T恤     45    5760
5  1店   西裤    23    2944
>>> df.groupby('店名').count()            #按"店名"列分组,并进行计数运算
       品种    数量   销售金额
店名
1店      2     2     2
2店      2     2     2
3店      1     1     1
总店      1     1     1
```

3.9.2 自动按一列进行分组并对所有列进行求和汇总

如下所示为按"店名"列进行分组，然后对分组后的数据分别进行求和运算，最后进行合并。

```
>>> df.groupby('店名').sum()
       数量    销售金额
店名
1店      33    4744
2店      90    11520
3店      23    2944
总店      23    2944
```

3.9.3 自动按多列进行分组并求和

如下所示为按"店名"列和"品种"列进行分组，然后对分组后的数据分别进行求和运算，最后进行合并。

```
>>> df.groupby(['店名','品种']).sum()
           数量    销售金额
```

店名	品种		
1店	毛衣	10	1800
	西裤	23	2944
2店	T恤	45	5760
	休闲裤	45	5760
3店	西服	23	2944
总店	西裤	23	2944

无论是按一列还是多列分组，只要在分组后的数据上进行汇总计算，就是对所有可以计算的列进行计算。

3.9.4 自动按一列进行分组并对指定列求和

如下所示为按"店名"列进行分组，然后对分组后的数据中的"数量"列进行求和运算汇总。

```
>>> df.groupby('店名')['数量'].sum()
店名
1店    33
2店    90
3店    23
总店    23
Name:数量, dtype: int64
```

从上面的代码可以看到，分别对各个店的销售数量进行了求和汇总。

3.9.5 自动按一列进行分组并对所有列分别求和和计数

如果想按一列进行分组，然后分别对剩下的所有列进行求和和计数运算汇总，需要结合 aggregate( ) 函数进行，如下所示。

```
>>> df.groupby('店名').aggregate(['count','sum'])
```

	品种		数量		销售金额	
	count	sum	count	sum	count	sum
店名						
1店	2	毛衣西裤	2	33	2	4744
2店	2	休闲裤T恤	2	90	2	11520
3店	1	西服	1	23	1	2944
总店	1	西裤	1	23	1	2944

3.9.6 自动按一列进行分组并对指定多列分别进行不同的运算汇总

如下所示为先按"店名"列进行分组，然后分别对"品种"列计数，对"销售金额"列求和运算汇总，如下所示。

```
>>> df.groupby('店名').aggregate({'品种':'count','销售金额':'sum'})
      品种   销售金额
店名
1 店    2    4744
2 店    2    11520
3 店    1    2944
总店    1    2944
```

3.9.7 自动对分组后的结果重置索引

如下所示为分组前和分组后的数据形式，可以看出，分组后的 DataFrame 形式并不是标准的 DataFrame 形式，这样的非标准 DataFrame 形式数据会对后面进一步的数据分析造成影响。这时，就需要将非标准形式数据转换为标准的 DataFrame 数据。

```
>>> df                                  #标准的 DataFrame 形式数据
    店名    品种    数量    销售金额
0   1 店   毛衣    10     1800
1   总店    西裤    23     2944
2   2 店   休闲裤   45     5760
3   3 店   西服    23     2944
>>> df.groupby('店名').sum()            #非标准的 DataFrame 形式数据
      数量   销售金额
店名
1 店   33    4744
2 店   90    11520
3 店   23    2944
总店   23    2944
```

要转换为标准的 DataFrame 形式数据，需要结合 reset_index( ) 函数来实现，如下所示。

```
>>> df.groupby('店名').sum().reset_index()
    店名    数量    销售金额
0   1 店   33     4744
1   2 店   90     11520
2   3 店   23     2944
3   总店    23     2944
```

3.10 数据拼接自动化操作

在用 Python 分析处理数据时，很多时候所分析的数据都分为多个文件存放，分析数据时就需要将所有数据读成 DataFrame 形式，然后合并或者链接在一起来分析数据集。

Python 中用来拼接（连接）数据的函数主要有 merge( ) 函数和 concat( ) 函数等。

3.10.1 自动进行数据的横向拼接

数据的横向拼接类似于关系型数据库的连接方式，可以根据一个或多个键将不同的 DataFrame 连接起来。数据的横向拼接可以结合 merge( ) 函数来实现。

1. 以公共列作为连接键来拼接两个数据

如果事先没有指定要按哪个列进行拼接，pd.merge( ) 函数会默认寻找两个表中的公共列，然后以这个公共列作为连接键进行连接。如下所示为两个准备拼接的数据。

```
>>> df1
    注册日期      客户姓名  年龄    编号
0   2020-01-16    小王    21    101
1   2020-03-06    小李    28    102
2   2020-03-01    小张    28    103
3   2020-03-26    小韩    35    104
4   2020-03-13    小米    28    105
>>> df2
    编号    部门
0   101    一部
1   102    二部
2   103    三部
3   104    四部
4   105    五部
```

上面两个 DataFrame 数据 df1 和 df2 中有一个公共的"编号"列，将它们拼接后，变为如下所示的数据。

```
>>> pd.merge(df1,df2)
    注册日期      客户姓名  年龄    编号    部门
0   2020-01-16    小王    21    101    一部
1   2020-03-06    小李    28    102    二部
2   2020-03-01    小张    28    103    三部
3   2020-03-26    小韩    35    104    四部
4   2020-03-13    小米    28    105    五部
```

2. 指定连接键来拼接两个数据

merge( ) 函数允许拼接时指定连接键（可以是一个或多个），指定连接键可以用 on 参数来实现如下所示为指定"编号"和"客户姓名"作为连接键，将两个数据拼接。

```
>>> df1
    注册日期      客户姓名  年龄    编号
0   2020-01-16    小王    21    101
1   2020-03-06    小李    28    102
2   2020-03-01    小张    28    103
3   2020-03-26    小韩    35    104
```

```
4   2020-03-13   小米    28    105
>>> df3
    客户姓名    编号    部门
0   小王        101    一部
1   小李        102    二部
2   小张        103    三部
3   小韩        104    四部
4   小米        105    五部
```

上面的 DataFrame 数据 df1 和 df3 中有两个公共的列，即"编号"和"客户姓名"列，将它们拼接后，变为如下所示的数据。

```
>>> pd.merge(df1,df3,on=['客户姓名','编号'])
    注册日期      客户姓名   年龄    编号    部门
0   2020-01-16   小王      21    101    一部
1   2020-03-06   小李      28    102    二部
2   2020-03-01   小张      28    103    三部
3   2020-03-26   小韩      35    104    四部
4   2020-03-13   小米      28    105    五部
```

3. 指定左右连接键

有时两个数据表中没有公共列，这里指的是实际值一样，但列标题不同的情况，如下所示。

```
>>> df1
    注册日期      客户姓名  年龄    编号
0   2020-01-16   小王     21    101
1   2020-03-06   小李     28    102
2   2020-03-01   小张     28    103
3   2020-03-26   小韩     35    104
4   2020-03-13   小米     28    105
>>> df4
    代号   部门
0   101   一部
1   102   二部
2   103   三部
3   104   四部
4   105   五部
```

这个时候要分别指定左表和右表的连接键。指定时使用参数 left_on（指明左表作为连接键的列名）和 right_on（指明右表作为连接键的列名），如下所示。

```
>>> pd.merge(df1,df4,left_on='编号',right_on='代号')
    注册日期      客户姓名  年龄    编号    代号    部门
0   2020-01-16   小王     21    101    101   一部
1   2020-03-06   小李     28    102    102   二部
2   2020-03-01   小张     28    103    103   三部
```

3	2020-03-26	小韩	35	104	104	四部
4	2020-03-13	小米	28	105	105	五部

4. 重复列名的处理

对两个数据表进行连接时，经常会遇到列名重复的情况，在遇到列名重复但列中的值不同的情况时，merge( )方法会自动给这些重复列名添加后缀_x、_y，而且会根据表中已有的列名自行调整，如下所示。

```
>>> df1
    注册日期     客户姓名  年龄  编号
0  2020-01-16   小王    21   101
1  2020-03-06   小李    28   102
2  2020-03-01   小张    28   103
3  2020-03-26   小韩    35   104
4  2020-03-13   小米    28   105
>>> df5
   客户姓名  编号  部门
0   小王    101   一部
1   小李    102   二部
2   小张    103   三部
3   小米    105   五部
4   小豆    106   六部
>>> pd.merge(df1,df5,on='编号',how='inner')   #重复列名处理
     注册日期  客户姓名_x  年龄  编号  客户姓名_y  部门
0  2020-01-16    小王    21   101    小王     一部
1  2020-03-06    小李    28   102    小李     二部
2  2020-03-01    小张    28   103    小张     三部
3  2020-03-13    小米    28   105    小米     五部
```

使用不同的参数会实现不同的功能，表 3-6 所示为 merge( )函数的参数。

表 3-6　merge( )函数的参数

参　　数	功　　能
left	在左边的 DataFrame 形式数据
right	在右边的 DataFrame 形式数据
how	指连接方式，有 inner、left、right、outer，默认为 inner
on	指的是用于连接的列索引名称，必须存在于左右两个 DataFrame 中，如果没有指定且其他参数也没有指定，则以两个 DataFrame 列名交集作为连接键
left_on	左侧 DataFrame 中用于连接键的列名，这个参数在左右列名不同但代表的含义相同时非常有用
right_on	右侧 DataFrame 中用于连接键的列名
left_index	使用左侧 DataFrame 中的行索引作为连接键
right_index	使用右侧 DataFrame 中的行索引作为连接键

（续）

参　　数	功　　能
sort	默认为 True，将合并的数据进行排序，设置为 False 可以提高性能
suffixes	字符串值组成的元组，用于指定当左右 DataFrame 存在相同列名时在列名后面附加的后缀名称，默认为（'_x', '_y'）
copy	默认为 True，总是将数据复制到数据结构中，设置为 False 可以提高性能
indicator	显示合并数据中数据的来源情况

3. 10. 2　自动进行数据的纵向拼接

数据的纵向拼接与横向拼接是相对应的，横向拼接是两个数据表依据公共列在水平方向上进行拼接，而纵向拼接是在垂直方向进行拼接。数据的纵向拼接可以利用 concat( ) 函数实现，一般几个结构相同的数据表合并成一个数据表时，用纵向拼接，如下所示为两个结构相同的数据表。

```
>>> df1
   客户姓名  编号  部门
0   小王   101  一部
1   小李   102  二部
2   小张   103  三部
3   小韩   104  四部
4   小米   105  五部
>>> df2
   客户姓名  编号  部门
0   小豆   106  一部
1   小球   107  二部
```

如下所示为两个数据表纵向拼接。

```
>>> pd.concat([df1,df2])              #数据纵向拼接
   客户姓名  编号  部门
0   小王   101  一部
1   小李   102  二部
2   小张   103  三部
3   小韩   104  四部
4   小米   105  五部
0   小豆   106  一部
1   小球   107  二部
```

上面拼接后的新数据表中，索引还是原先的索引，如果想用新的索引，在数据拼接函数中加入 ignore_index = True 参数即可。

拼接后的新数据表中如果出现重复值，可以使用参数 drop_duplicates( ) 将重复值删除。

使用不同的参数会实现不同的功能，表 3-7 所示为 concat( ) 函数的参数。

concat( ) 函数的参数很多，其语法格式如下。

$$concat（objs，axis=0，join='outer'，join\_axes=None，ignore\_index=False，keys=None，$$
$$levels=None，names=None，verify\_integrity=False，copy=True）$$

表 3-7　concat( )函数的参数功能

参　数	功　能
objs	要拼接的数据对象
axis	拼接时所依据的轴，如果是 0 则沿行拼接，如果为 1，则沿列拼接
join	表示如何处理其他轴上的索引，默认为 outer。outer 为联合，inner 为交集
join_axes	index 对象列表。用于其他 n-1 轴的特定索引，而不是执行内部/外部设置逻辑
ignore_index	默认为 False，使用轴上的索引，如果为 True，则忽略原有索引，并生成新的数字序列索引
keys	序列，默认值为 None（无）。使用传递的键为最外层构建层次索引，如果为多索引，应该使用元组
levels	序列列表，默认值为 None（无）。用于构建唯一值
names	列表，默认值为 None（无）。结果层次索引中的级别名称
verify_integrity	默认值为 False。检查新连接的轴是否包含重复项
copy	默认值为 True。如果为 False，则不执行非必要的数据复制

3.11　综合案例：自动对 Excel 文档所有工作表中的数据分别进行排序

在日常对 Excel 文档的处理中，如果想自动对 Excel 报表文件中的所有工作表分别进行排序，可以使用 Python 程序自动处理。

下面分别对 E 盘中"财务"文件夹中的 Excel 文档"销售明细表 2021.xlsx"内的所有工作表中的"总金额"列批量进行排序，并将排序后的结果分别写到新 Excel 文档的不同工作表中，如图 3-3 所示。

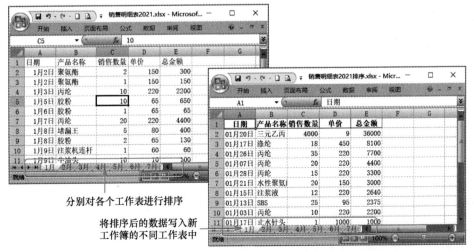

图 3-3　对所有工作表的数据进行排序

代码实现：

```
01  import pandas as pd                                    #导入 pandas 模块
02  from datetime import datetime                          #导入 datetime 模块 datetime 函数
    data=pd.read_excel('e:\\财务\\销售明细表2021.xlsx',sheet_name=None)
03                                                         #读取 Excel 工作簿中所有工作表的数据
04  with pd.ExcelWriter('e:\\财务\\销售明细表2021排序.xlsx') as wb:
                                                           #新建 Excel 工作簿文件
05    for i,x in data.items():                             #遍历读取的所有工作表的数据
06        x['日期']=pd.to_datetime(x['日期'])               #将"日期"列转换为时间格式
07        x['日期']=x['日期'].dt.strftime('%m月%d日')         #重新定义"日期"列日期格式
08    data_sort=x.sort_values(by='总金额',ascending=False)  #数据排序
09    data_sort.to_excel(wb,sheet_name=i,index=False)
                      #将排序后的行数据存入新建工作簿的工作表中
```

代码分析：

第 01 行代码：作用是导入 Pandas 模块，并指定模块的别名为 pd。

第 02 行代码：作用是导入 datetime 模块中的 datetime 函数。datetime 模块提供用于处理日期和时间的类，支持日期时间数学运算。

第 03 行代码：作用是读取 Excel 文档中所有工作表的数据。data 为新定义的变量，用来存储读取的 Excel 文档中所有工作表的数据，pd 表示 Pandas 模块，"read_excel（'e:\\财务\\销售明细表2021.xlsx'，sheet_name=None）"函数用来读取 Excel 文档中工作表的数据，括号中的第一个参数为要读取的 Excel 文档，sheet_name=None 参数用来设置所选择的工作表为所有工作表，也可以指定工作表名称。

第 04 行代码：作用是新建 Excel 文档。代码中，"with… as…"语句是一个控制流语句，通常用来操作已打开的文件对象。它的格式为"with 表达式 as target:"，其中"target"用于指定一个变量。"pd.ExcelWriter（'e:\\财务\\销售明细表2021排序.xlsx'）"函数用于新建一个 Excel 文档，括号中的参数为新建工作簿文件名称和路径。wb 为指定的变量，用于存储新建的工作簿文件。

第 05~09 行代码为一个 for 循环语句，用于对所有工作表中的数据逐一进行排序。

第 05 行代码中"for…in"为 for 循环，i 和 x 为循环变量，第 06~09 行缩进部分代码为循环体。data.items() 方法用于将读取的所有工作表数据（data 中的数据）生成可遍历的（键，值）元组数组，用此方法可以将工作簿文件中的工作表名称作为键，工作表中的数据作为值。

当 for 循环进行第 1 次循环时，会访问第 1 个工作表中的数据，然后将工作表名称存储在 i 循环变量中，将工作表中的数据存储在 x 循环变量中，再执行缩进部分代码（第 06~09 行代码）。执行完后开始执行第 2 次 for 循环，遍历第 2 个工作表中的数据，然后将工作表名称存储在 i 循环变量中，将工作表中的数据存储在 x 循环变量中，再执行缩进部分代码（第 06~09 行代码），就这样一直循环到最后一个工作表，结束循环。

第 06 行代码：作用是将"日期"列由字符串格式转换为时间格式。代码中，x['日期'] 表示选择当前工作表中的"日期"列数据；pd.to_datetime（x['日期']）函数的作用是将字符串型的数据转换为时间型数据，这样就可以用 datetime() 来对"日期"列进行处理了。括号中的内容为其参数，表

示要转换格式的列数据。

第 07 行代码：作用是重新定义 "日期" 列中的日期时间格式为日期格式。读成 Pandas 格式后的日期变为了 "2021.1.2 00：00：00"，重新定义为只有日期的格式，即重新定义后变为 "1 月 2 日"。代码中 "x［'日期'］" 表示选择当前工作表中的 "日期" 列数据，dt.strftime（'%m 月%d 日'）函数用来转换日期格式。

第 08 行代码：作用是选择指定列数据。代码中，data_sort 是新建的变量，用来存储选择的数据。x.sort_values（by ='总金额'，ascending = False）的作用是对数据进行排序，这里 x 中存储的是当前工作表中的数据；sort_values（by ='总金额'，ascending = False）函数用来按 "总金额" 列进行排序，其中 by ='总金额'参数用于指定排序的列，ascending = False 参数用来设置排序方式，True 表示升序，False 表示降序。

第 09 行代码：作用是将提取的数据写入新 Excel 工作簿的工作表中。代码中，data_sort 为上一行选择的行数据；to_excel（wb，sheet_name = i，index = False）函数为写入 Excel 数据的函数，括号中的第一个参数 wb 为第 4 行代码中指定的存储的新工作簿文件的变量，sheet_name = i 参数用来在写入数据的 Excel 文档中新建一个工作表，命名为 i 中存储的名称（即原工作表名称）。"index = False" 用来设置数据索引为不写入索引。

3.12 综合案例：自动筛选 Excel 文档所有工作表的数据

在日常对 Excel 文档的处理中，如果想自动对 Excel 报表文件中的所有工作表进行筛选，并将所有筛选数据写到一个新工作表中，可以使用 Python 程序自动处理。

下面分别对 E 盘 "财务" 文件夹中的 Excel 文档 "销售明细表2021.xlsx" 中的所有工作表批量进行多个条件筛选，并将所有筛选结果写到新的 Excel 文档的工作表中，如图 3-4 所示。

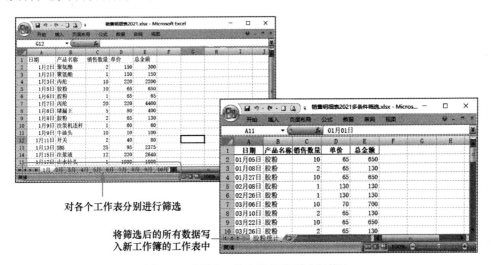

图 3-4 对所有工作表数据分别进行筛选

代码实现：

```
01  import pandas as pd                    #导入 pandas 模块
02  from datetime import datetime          #导入 datetime 模块 datetime 函数
03  data=pd.read_excel('e:\\财务\\销售明细表2021.xlsx',sheet_name=None)
                                           #读取 Excel 工作簿中所有工作表的数据
04  with pd.ExcelWriter('e:\\财务\\销售明细表2021多条件筛选.xlsx') as wb:
                                           #新建 Excel 工作簿文件
05      data_pd=pd.DataFrame()             #新建一个空 DataFrame 存放数据
06      for i,x in data.items():           #遍历读取的所有工作表的数据
07        x['日期']=pd.to_datetime(x['日期'])     #将"日期"列转换为时间格式
08        x['日期']=x['日期'].dt.strftime('%m月%d日')  #重新定义"日期"列日期格式
09        data_sift=x[(x['产品名称']=='胶粉') & (x['总金额']>=100)]
                                           #多条件筛选数据
10        data_pd=data_pd.append(data_sift)     #将 data_sift 的数据加到 data_pd 中
11  data_pd.to_excel(wb,sheet_name='胶粉统计',index=False)
                                           #将筛选的总数据存入新建工作簿的工作表中
```

代码分析：

第 01 行代码：作用是导入 Pandas 模块，并指定模块的别名为 pd。

第 02 行代码：作用是导入 datetime 模块中的 datetime 函数。

第 03 行代码：作用是读取 Excel 文档中所有工作表的数据。data 为新定义的变量，用来存储读取的 Excel 文档中所有工作表的数据，pd 表示 Pandas 模块；read_excel('e:\\财务\\销售明细表2021.xlsx', sheet_name=None)函数用来读取 Excel 文档中工作表的数据。括号中的第 1 个参数为要读取的 Excel 文档，sheet_name=None 参数用来设置所选择的工作表为所有工作表，也可以指定工作表名称。

第 04 行代码：作用是新建 Excel 文档。代码中，"with… as…"语句是一个控制流语句，通常用来操作已打开的文件对象。它的格式为"with 表达式 as target："，其中 target 用于指定一个变量；pd.ExcelWriter（'e:\\财务\\销售明细表2021多条件筛选.xlsx'）函数用于新建一个 Excel 文档，括号中的参数为新建工作簿文件名称和路径。"wb"为指定的变量，用于存储新建的工作簿文件。

第 05 行代码：作用是新建一个名为 data_pd 的空的 DataFrame 格式数据。

第 06~10 行代码为一个 for 循环语句，用于对所有工作表中的数据逐一进行筛选。

第 06 行代码中"for…in"为 for 循环，i 和 x 为循环变量，第 07~10 行缩进部分代码为循环体。data.items()方法用于将读取的所有工作表数据（data 中数据）生成可遍历的（键，值）元组数组，用此方法可以将工作簿文件中的工作表名称作为键，工作表中的数据作为值。

当进行第 1 次 for 循环时，会访问第 1 个工作表中的数据，然后将工作表名称存储在 i 循环变量中，将工作表中的数据存储在 x 循环变量中，再执行缩进部分代码（第 07~10 行代码）。执行完后开始执行第 2 次 for 循环，访问第 2 个工作表中的数据，然后将工作表名称存储在 i 循环变量中，将工作表中的数据存储在 x 循环变量中，再执行缩进部分代码（第 07~10 行代码），就这样一直循环到最后一个工作表，结束循环。

第 07 行代码：作用是将"日期"列由字符串格式转换为时间格式。代码中，x['日期']表示选择当前工作表中的"日期"列数据；pd.to_datetime（x['日期']）函数的作用是将字符串型的数据转

换为时间型数据，这样就可以用 datetime( )来对"日期"列进行处理了。括号中的内容为其参数，表示要转换格式的列数据。

第 08 行代码：作用是重新定义"日期"列中的日期时间格式为日期格式。读成 Pandas 格式后的日期变为了"2021.1.2 00:00:00"，重新定义为只有日期的格式，即重新定义后变为"1 月 2 日"。代码中 x ['日期'] 表示选择当前工作表中的"日期"列数据，dt.strftime ('%m 月%d 日') 函数用来转换日期格式。

第 09 行代码：作用是按条件筛选数据。代码中，data_sift 是新建的变量，用来存储筛选的数据；"x[（x['产品名称'] = ='胶粉'）&（x['总金额'] >= 100)]"的作用是多条件选择指定的数据，这里 x 中存储的是当前工作表中的数据。（x ['产品名称'] = ='胶粉'）用于选择"产品名称"列为"胶粉"的行数据，（x['总金额'] >= 100)] 用来选择"总金额"列大于等于 100 的行数据。"&"为逻辑运算符，表示"与"，另外其他逻辑运算符"|"表示"或"，"~"表示"非"。此行代码的意思是选择"产品名称"为"胶粉"且"总金额"大于等于 100 的订单数据。

第 10 行代码：作用是将 data_sift 中存储的数据加入到之前新建的空 data_pd 中，这样可以将所有工作表中选择的数据都添加到 data_pd 中。代码中，append( )函数用来向 DataFrame 数据中添加数据。

第 11 行代码：作用是将提取的全部数据写入新 Excel 工作簿的"胶粉统计"工作表中。代码中，data_pd 为上一行筛选的数据；to_excel（wb，sheet_name='胶粉统计'，index = False）函数为写入 Excel 数据的函数，括号中的第 1 个参数 wb 为第 4 行代码中指定的存储的新工作簿文件的变量，sheet_name='胶粉统计'参数用来将数据写入"胶粉统计"工作表（如果没有就新建此工作表），index = False 用来设置数据索引为不写入索引。

第4章 自动化操作 Excel 文档实战

xlwings 模块可以实现在 Python 中调用 Excel 数据，xlwings 模块有很好的读写性能，可以在程序运行时实时在打开的 Excel 文件中进行操作，它是一个很不错的处理 Excel 数据的模块。本章主要讲解 xlwings 的基本用法，包括用 xlwings 模块操作 Excel 文档、打开及新建工作表、读取工作表中的数据、向工作表写入数据、打印 Excel 文档等基本操作语法。另外，本章还总结了大量用 xlwings 操作 Excel 数据的案例，方便读者通过学习案例来掌握用 xlwings 操作 Excel 数据的方法。

xlwings 模块能够非常方便地读写 Excel 文档中的数据，并且能够进行单元格格式的修改，还可以和 Matplotlib 模块、Pandas 模块非常好地配合使用，可以调用 Excel 文件中 VBA 写好的程序，总之，是 Python 操作 Excel 文档非常好用的模块。本节重点讲解 xlwings 模块的常用操作。

4.1 自动打开/退出 Excel 程序

4.1.1 安装 xlwings 模块

在使用 xlwings 模块前需要先安装此模块，否则无法使用模块中的函数。Python 中，用 pip 命令来安装模块。xlwings 模块的安装方法如下。

首先在"开始菜单"下的"Windows 系统"中选择"命令提示符"命令，打开"命令提示符"窗口，然后直接输入"pip install xlwings"并按〈Enter〉键，开始安装 xlwings 模块。安装完成后会提示"Successfully installed"，如图 4-1 所示。

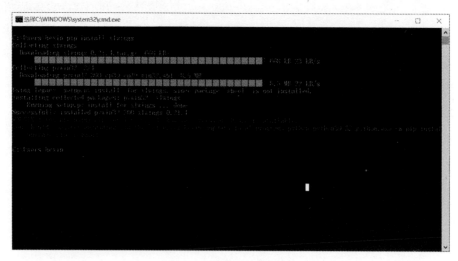

图 4-1　安装 xlwings 模块

提示：本章中案例需要用到 Pandas 模块，所以需要安装 Pandas 模块，参考第 3 章内容。

4.1.2　导入 xlwings 模块

在使用 xlwings 模块之前要在程序最前面写上下面的代码来导入 xlwings 模块，否则无法使用 xlwings 模块中的函数。

```
import xlwings as xw
```

代码的意思是导入 xlwings 模块，并指定模块的别名为 xw，即在下面的编程中 xw 就代表 xlwings。

4.1.3　自动打开 Excel 程序

在对 Excel 文档进行操作前，第一步需要先启动 Excel 程序。参数 visible 用来设置 Excel 程序窗口是否可见，如果为 True，表示可见，如果为 False，表示隐藏 Excel 程序窗口。add_book 参数用来设置启动 Excel 程序后是否新建 Excel 文档。False 表示不新建 Excel 文档，True 表示新建 Excel 文档，如下所示。

```
app = xw.App(visible = True, add_book = False)
```

4.1.4　自动退出 Excel 程序

在对 Excel 文档操作完成后，用此程序退出 Excel，如下所示。

```
App.quit()
```

4.2　Excel 文档自动化操作

4.2.1　自动新建一个 Excel 文档

新建一个 Excel 文档可以用下面的代码。wb 为新定义的变量，用来存储新 Excel 文档。变量的名称可以根据自己的需要来确定。

```
wb = app.books.add()
```

4.2.2　自动保存 Excel 文档

新建 Excel 文档后，可以给新 Excel 文档起个名称，然后保存新 Excel 文档。

```
wb.save('e:\\测试.xlsx')
```

注意：文件名需要写明路径，另外需用双斜杠。如果使用单斜杠，则需要在路径前面加 r（转义符），如 wb.save(r'e:\测试.xlsx')。

4.2.3　自动打开已存在的 Excel 文档

打开已存在的 Excel 文档时，需要写明 Excel 文档文件的路径。

```
wb = app.books.open(e:\\测试.xlsx')
```

4.2.4　自动保存已存在的 Excel 文档

保存已存在的 Excel 文档的方法如下。

```
wb.save()
```

4.2.5　自动关闭/打开/新建 Excel 文档

关闭/打开新建 Excel 文档的方法如下。

```
Wb.close()
```

4.2.6　案例：自动批量新建 Excel 新文档

在职场工作中，有时根据工作要求需要新建上百甚至上千个新工作簿，如何通过编程快速实现呢？通常结合 for 循环来实现。

下面先看一个简单的案例。批量新建 10 个 Excel 文档，命名为"财务 1""财务 2"等，并将新建的 Excel 文档保存在 E 盘的"练习"文件夹中。

代码实现：

```
01  import xlwings as xw                                #导入 xlwings 模块
02  app=xw.App(visible=True,add_book=False)             #启动 Excel 程序
03  for i in range(1,11):
04      workbook=app.books.add()                        #新建 Excel 文档
05      workbook.save(f'e:\\练习\\财务{i}.xlsx')          #保存 Excel 文档
06      workbook.close()                                #关闭 Excel 文档
07  app.quit()                                          #退出 Excel 程序
```

代码分析：

第 01 行代码：作用是导入 xlwings 模块，并指定模块的别名为 xw，即在程序中 xw 就代表 xlwings。

第 02 行代码：作用是启动 Excel 程序，并把程序存储在 app 变量中。参数 visible 用来设置程序是否可见，True 表示可见（默认），False 表示不可见；add_book 用来设置是否自动创建 Excel 文档，True 表示自动创建（默认），False 表示不创建。

第 03~06 行代码为一个 for 循环语句。第 03 行代码中的"for…in"为 for 循环，i 为变量，range()函数用于生产一系列连续的整数。range（1，11）函数中，第 1 个参数"1"为起始数（如果未设置起始数，默认起始数为 0），第 2 个数"11"为结束数。range()函数运行时，会生成从起始数开始到结束数结束的一系列数，但不包括结束数。因此此代码中就会生成"1、2、3、4、5、6、7、8、9、10"

的十个整数，不包括"11"。

for 循环运行时，会遍历 range ( ) 函数生成的整数列表。第 1 次循环时，for 循环会访问 range ( ) 生成列表中的第 1 个元素"1"，并将"1"存在 i 变量中，然后运行 for 循环中的缩进部分代码，即第 04~06 行代码；之后开始第 2 次循环，for 循环访问 range ( ) 生成的列表中的第 2 个元素"2"，并将"2"存在 i 变量中，然后运行 for 循环中的缩进部分代码，即第 04~06 行代码；如此反复循环，直到循环完成后，跳出 for 循环，执行第 07 行代码。

第 04 行代码：作用是新建一个 Excel 文档。workbook 为新定义的变量。

第 05 行代码：作用将新建的 Excel 文档保存。其中"e:\\练习"是新建 Excel 文档的保存路径，意思是 E 盘中的"练习"文件夹。"财务{i}.xlsx"为 Excel 文档的文件名，可以根据实际需求更改。其中的"财务"和".xlsx"是文件名中的固定部分，而"{i}"则是可变部分，运行时会被替换为 i 的实际值。第 1 次 for 循环时 i 的值为 1，因此文件名就为"财务 1.xlsx"，最后一次循环时为"10"，文件名就为"财务 10.xlsx"；f 的作用是将不同类型的数据拼接成字符串。即以 f 开头时，字符串中大括号内的数据无须转换数据类型就能被拼接成字符串。

第 06 行代码：作用是关闭 Excel 文档。

第 07 行代码：作用是退出 Excel 程序。

运行的结果如图 4-2 所示。

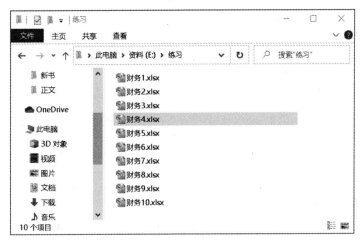

图 4-2　程序运行结果（一）

4.2.7　案例：自动批量新建不同名称的 Excel 文档

上面的例子中新建的 Excel 文档使用了有规律的文件名称，下面使用用户姓名作为 Excel 文档的名称来新建 Excel 文档。

代码实现：

```
01  import xlwings as xw                                    #导入 xlwings 模块
02  names=['张三','李小四','王大明','张鹏','何晓']              #新建 names 列表
03  app=xw.App(visible=True,add_book=False)                 #启动 Excel 程序
```

```
04  for i in range(5):
05      workbook=app.books.add()                        #新建 Excel 文档
06      workbook.save(f'e:\\练习\\{names[i]}.xlsx')      #保存 Excel 文档
07      workbook.close()                                 #关闭 Excel 文档
08  app.quit()                                           #退出 Excel 程序
```

代码分析：

第 01 行代码：作用是导入 xlwings 模块。

第 02 行代码：作用是新建一个列表 names，保存用户姓名。

第 03 行代码：作用是启动 Excel 程序。

第 04~07 行代码为一个 for 循环语句。第 04 行代码中的 range（5）函数中的"5"为参数，如果只有一个参数，参数为结束数，即 range( )函数运行时，会生成从 0 到 4 的整数列表。

第 05 行代码：作用是新建一个 Excel 文档。

第 06 行代码：作用是将新建的 Excel 文档保存。{names[i]}.xlsx 为 Excel 文档的文件名，可以根据实际需求更改。其中的".xlsx"是文件名中的固定部分，而{names[i]}则是可变部分，运行时会被替换为 i 的实际值，然后从列表 names 中取出列表元素。第 1 次 for 循环时 i 的值为 0，则 names [0]就表示从 names 列表中取第 1 个元素，即张三，因此文件名就为"张三.xlsx"。最后一次循环时 i 值为 4，此时从列表中取出第 5 个元素，文件名就为"何晓.xlsx"。

第 07 行代码：作用是关闭 Excel 文档。

第 08 行代码：作用是退出 Excel 程序。

运行的结果如图 4-3 所示。

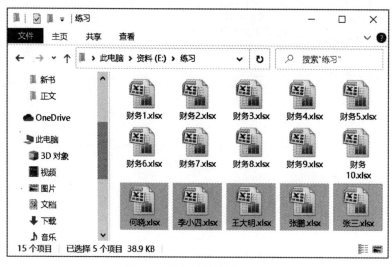

图 4-3　程序运行结果（二）

4.2.8　案例：自动批量打开文件夹中所有 Excel 文档

在工作中，有时需要对很多工作簿进行处理，处理的第一步就是打开 Excel 文档，那么如何通过编程快速批量打开 Excel 文档呢？通常结合 for 循环来实现。

下面批量打开之前案例中在 E 盘 "练习" 文件夹中新建的 15 个 Excel 文档。

代码实现：

```
01  import os                              #导入 os 模块
02  import xlwings as xw                   #导入 xlwings 模块
03  file_path='e:\\练习'                   #指定文件所在文件夹的路径
04  file_list=os.listdir(file_path)        #提取所有文件和文件夹的名称
05  app=xw.App(visible=True,add_book=False) #启动 Excel 程序
06  for i in file_list:                    #遍历列表 file_list 中的元素
07    if os.path.splitext(i)[1]=='.xlsx':  #判断文件夹下是否有 ".xlsx" 文件
08      app.books.open(file_path+'\\'+i)   #打开 ".xlsx" 文件
```

代码分析：

第 01 行代码：作用是导入 os 模块。

第 02 行代码：作用是导入 xlwings 模块，并指定模块的别名为 xw，即在程序中 xw 就代表 xlwings。

第 03 行代码：作用是指定文件所在文件夹的路径。file_path 为新定义的变量，用来存储路径。

第 04 行代码：作用是将路径下所有文件和文件夹的名称以列表的形式保存在 file_list 列表中。此行代码中使用了 os 模块中的 listdir( ) 函数，此函数用于返回指定的文件夹包含的文件或文件夹的名字的列表，如图 4-4 所示（单独输出 file_list 的结果）。这个列表不包括文件夹中的 "." 和 ".."。此函数的语法为 os. listdir（path），参数 path 为需要列出的文件的路径。

['何晓.xlsx', '张三.xlsx', '张鹏.xlsx', '李小四.xlsx', '王大明.xlsx', '财务1.xlsx', '财务10.xlsx', '财务2.xlsx', '财务3.xlsx', '财务4.xlsx', '财务5.xlsx', '财务6.xlsx', '财务7.xlsx', '财务8.xlsx', '财务9.xlsx']

图 4-4　单独输出 file_list 的结果

第 05 行代码：作用是启动 Excel 程序，并把程序存储在 app 变量中。参数 visible 用来设置程序是否可见，True 表示可见（默认），False 表示不可见；add_book 用来设置是否自动创建 Excel 文档，True 表示自动创建（默认），False 表示不创建。

第 06 ~ 08 行代码为一个 for 循环语句，用来遍历列表 file_list 中的元素，并在每次循环时将遍历的元素存储在 i 变量中。

第 07 行代码：作用是用 if 条件语句判断文件夹下是否有 ".xlsx" 文件。其中，os.path.splitext(i) [1]=='.xlsx '为条件，即判断 i 中存储的文件的扩展名是否为 ".xlsx"。这里 splitext( ) 为 os 模块中的一个函数，此函数用于分离文件名与扩展名，默认返回文件名和扩展名组成的一个元组。此函数的语法为 os.path.splitext（'path'），参数 path 为文件名路径。如果要分离 E 盘 "练习" 文件夹下的 "财务 1.xlsx" 文件，代码就可以写成 os.path.splitext(' e:\\练习\\财务 1.xlsx ')；os.path.splitext(i) 的意思就是分离 i 中存储的文件的文件名和扩展名，分离后保存在元组中，os.path.splitext(i) [1] 的意思是取出元组中的第 2 个元素，即扩展名。

第 08 行代码：作用是打开 i 中存储的 Excel 文档。其中 app.books.open( ) 为 xlwings 模块中的一个函数，用于打开 Excel 文档。"file_path+'\\'+i" 为此函数的参数，表示要打开的文件名的路径，如当 i 等于 "'财务 1.xlsx '" 时，要打开的文件就为 "' e:\\练习\\财务 1.xlsx '"，此时就会打开 "财务 1.

xlsx" 文件。

运行的结果如图 4-5 所示。

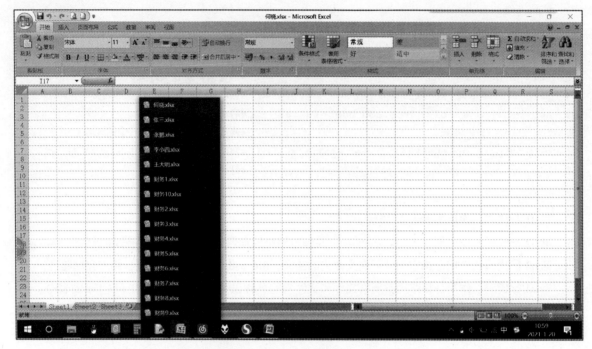

图 4-5　批量打开的 Excel 文档

4.2.9　案例：自动修改文件夹下所有 Excel 文档的名称

在日常对工作文件的处理中，如果需要批量修改一些文件的名称，通常通过 os 模块中的一些函数来实现。

下面让程序自动修改 E 盘下"练习"文件夹中所有文件的名称，将文件名中的"财务"修改为"财务报表"，如图 4-6 所示。

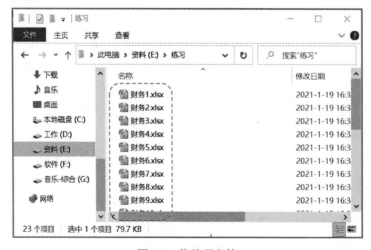

图 4-6　待处理文件

代码实现：

```
01  import os                                              #导入 os 模块
02  file_path='e:\\练习'                                   #指定修改的文件所在文件夹的路径
03  file_list=os.listdir(file_path)                        #将所有文件和文件夹的名称以列表的形式保存
04  for i in file_list:                                    #遍历列表 file_list 中的元素
05      if i.startswith('~$'):                             #判断文件名称是否有以"~$"开头的临时文件
06          continue                                       #跳过当次循环
07      new_name=i.replace('财务','财务报表')               #查找替换文件名称中的关键字
08      old_file_path=os.path.join(file_path,i)            #拼接需要重命名文件名的路径
09      new_file_path=os.path.join(file_path,new_name)     #拼接重命名后文件名的路径
10      os.rename(old_file_path,new_file_path)             #执行重命名
```

代码分析：

第 01 行代码：作用是导入 os 模块。

第 02 行代码：作用是指定文件所在文件夹的路径。file_path 为新定义的变量，用来存储路径。

第 03 行代码：作用是将路径下所有文件和文件夹的名称以列表的形式保存在 file_list 列表中。此行代码中使用了 os 模块中的 listdir( )函数，此函数用于返回指定的文件夹包含的文件或文件夹的名字的列表。此函数的语法为 os.listdir（path），参数 path 为需要列出的文件的路径。

第 04~10 行代码为一个 for 循环语句，for 循环用来遍历列表 file_list 中的元素，并在每次循环时将遍历的元素存储在 i 变量中。

第 05 行代码：作用是用 if 条件语句判断文件夹下的文件名称是否有"~$"开头。如果有就执行第 06 行代码，如果没有就执行第 07 行代码。代码中 startswith( )为一个字符串函数，用于判断字符串是否以指定的字符串开头；i.startswith（~$）的意思就是判断 i 中存储的字符串是否以"~$"开头。

第 06 行代码：作用是跳过当次 for 循环，直接进行下一次循环。

第 07 行代码：作用是查找文件和文件夹名称中的"财务"关键字，将其替换为"财务报表"，并将替换后的字符串存储在 new_name 变量中；这里 replace( )函数用于在字符串中进行查找和替换。其语法为"字符串.replace（要查找的内容，要替换为的内容）"。注意，如果参数中的引号中没有任何内容，表示空白，相当于删除。

第 08 行代码：作用是拼接需要重命名文件名的路径。这里使用了 os.path.join( )函数，此函数的作用是连接两个或更多的路径名组件。此代码中，file_path 为"'e:\\练习'"，假设 i 为"财务 1.xlsx'"，那么代码运行后就会得到"'e:\\练习\\财务 1.xlsx'"的路径，并存储在 old_file_path 变量中。

第 09 行代码：作用是拼接重命名后文件名的路径。假如 i 为"'财务 1.xlsx'"，执行此行代码后会得到"'e:\\练习\\财务报表 1.xlsx'"的路径，并存储在 new_file_path 变量中。

第 10 行代码：作用是执行重命名。代码中 rename( )是 os 模块中的函数，用于重命名文件和文件夹。此函数的语法为 os.rename(src , dst)。参数 src 为要修改的文件或文件夹名称（需要同时指定文件后文件夹路径），参数 dst 为文件或文件夹的新名称（也需要指定路径）。因此前面第 08 和 09 行代码其实是用来设定 rename( )函数的参数的。

运行的结果如图 4-7 所示。

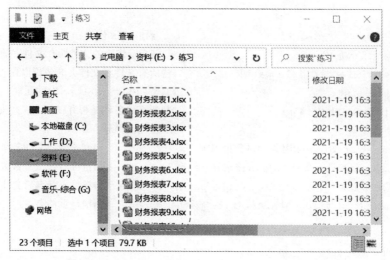

图 4-7　程序运行结果（三）

4.3　工作表的自动化操作

4.3.1　自动插入新工作表

假设要在打开的 Excel 文档中新插入一个工作表，工作表名为"销量"。

```
sht = wb.sheets.add('销量')
```

注意：代码中的 wb 为之前打开 Excel 文档或新建 Excel 文档时的变量名称。

4.3.2　自动选择已存在的工作表

如果想在打开的 Excel 文档中对已存在的"销量"工作表进行操作，需要先选中此工作表。

```
sht = wb.sheets('销量')
```

4.3.3　自动选择第 1 个工作表

如果想在打开的 Excel 文档中的第 1 个工作表中进行操作，直接选中第 1 个工作表即可。注意，0 表示第一个工作表，1 表示第 2 个工作表。

```
sht = wb.sheets[0]
```

4.3.4　自动获取 Excel 文档中工作表的个数

要想了解打开的 Excel 文档中有几个工作表，可直接对工作表数量进行计数。

```
sht = wb.sheets.count
```

4.3.5　自动删除工作表

如果想删除打开的 Excel 文档中的"销量"工作表，需要使用 delete( ) 函数。

```
wb.sheets('销量').delete()
```

4.3.6　案例：自动批量修改 Excel 文档中所有工作表的名称

在日常对 Excel 文档的处理中，如果需要批量修改一个 Excel 文档中多个工作表的名称，通常结合 replace( ) 函数（查找替换）来实现。

下面让程序自动修改 Excel 文档中所有工作表的名称，将"企业代付明细表"Excel 文档中所有工作表名称中的"工行北京"修改为"北京分行"，如图 4-8 所示。

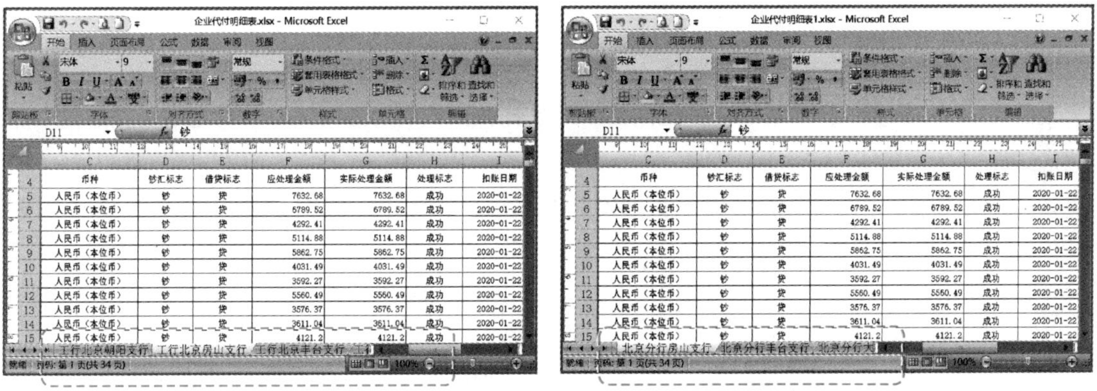

图 4-8　待处理 Excel 文档（左）和处理后的 Excel 文档（右）

代码实现：

```
01  import xlwings as xw                                        #导入 xlwings 模块
02  app=xw.App(visible=False,add_book=False)                    #启动 Excel 程序
03  workbook=app.books.open('e:\\练习\\企业代付明细表.xlsx')    #打开 Excel 文档
04  worksheets=workbook.sheets                                  #获取 Excel 文档中所有工作表
05  for i in worksheets:                                        #遍历 worksheets 序列
06  i.name=i.name.replace('工行北京','北京分行')                #重命名工作表
07  workbook.save('e:\\练习\\企业代付明细表1.xlsx')            #另存 Excel 文档
08  app.quit()                                                  #退出 Excel 程序
```

代码分析：

第 01 行代码：作用是导入 xlwings 模块，并指定模块的别名为 xw，即在程序中 xw 就代表 xlwings。

第 02 行代码：作用是启动 Excel 程序，并把程序存储在 app 变量中。参数 visible 用来设置程序是否可见，True 表示可见(默认)，False 表示不可见；add_book 用来设置是否自动创建 Excel 文档，True 表示自动创建（默认），False 表示不创建。

第 03 行代码：作用是打开 Excel 文档。app.books.open ( ) 为 xlwings 模块中的一个函数，用于打开 Excel 文档。"' e:\\练习\\企业代付明细表.xlsx '" 为此函数参数，表示要打开的文件名的路径。

第 04 行代码：作用是获取 Excel 文档中所有工作表的序列，并存储在 worksheets 中。

第 05 行代码：作用是遍历 worksheets 序列，for 循环运行时，会遍历 worksheets 序列中的每一个元素，并存储在 i 变量中。

第 06 行代码：作用是重新命名每个工作表。代码中的 i.name 用于获取工作表名的字符串，其中 i 中存储的是工作表名称，".name" 属性用于获取字符串；replace ( ) 函数用于在字符串中进行查找和替换。其语法为 "字符串.replace（要查找的内容，要替换为的内容）"。"replace ('工行北京', '北京分行')" 的意思是将工作表名字中的 "工行北京" 替换为 "北京分行"；"i.name.replace ('工行北京', '北京分行')" 表示在获取工作表名字符串后，用 replace ('工行北京', '北京分行') 函数查找字符串中的 "工行北京"，替换为 "北京分行"，完成后重新赋予 name 属性，这样就完成了工作表的重命名。

第 07 行代码：作用是将之前打开的 Excel 文档另存。代码中的 "' e：\\练习\\企业代付明细表 1.xlsx '" 为 Excel 文档另存的路径和名称。如果参数为空，则会直接保存原文件。

第 08 行代码：作用是退出 Excel 程序。

上面的案例中只查找修改了一个关键词，如果想要修改多个关键词，可以通过增加多条第 06 行代码来实现。

如下面代码所示，将 "工行北京" 修改为 "北京分行"，同时将 "房山支行" 修改为 "房山良乡分理处"。

```
01  import xlwings as xw                                       #导入 xlwings 模块
02  app=xw.App(visible=False,add_book=False)                  #启动 Excel 程序
03  workbook=app.books.open('e:\\练习\\企业代付明细表.xlsx')    #打开 Excel 文档
04  worksheets=workbook.sheets                                #获取 Excel 文档中所有工作表
05  for i in worksheets:                                      #遍历 worksheets 序列
06    i.name=i.name.replace('工行北京','北京分行')              #重命名工作表
07    i.name=i.name.replace('房山支行','房山良乡分理处')         #重命名工作表
08  workbook.save('e:\\练习\\企业代付明细表 2.xlsx')            #另存 Excel 文档
09  app.quit()                                                #退出 Excel 程序
```

上面代码中，在 for 循环中增加了一行查找替换功能的代码（第 07 行代码），这样可以实现查找替换工作表名称中多个关键词的功能。

4.3.7　案例：自动批量重命名所有 Excel 文档中指定的工作表

在日常对 Excel 文档的处理中，如果需要批量修改多个 Excel 文档中的一个或多个工作表的名称，可结合 for 循环和 replace ( ) 函数（查找替换）来实现。

下面让程序自动修改 E 盘 "练习" 文件夹下 "信用卡用户" 子文件夹中所有 Excel 文档中的工作表的名称，将 "Sheet1" 工作表名修改为 "信用卡违约用户"。

代码实现：

```
01  import os                                    #导入 os 模块
02  import xlwings as xw                         #导入 xlwings 模块
03  file_path='e:\\练习\\信用卡用户'              #指定修改的文件所在文件夹的路径
04  file_list=os.listdir(file_path)             #提取所有文件和文件夹的名称
05  app=xw.App(visible=True,add_book=False)     #启动 Excel 程序
06  for i in file_list:                         #遍历列表 file_list 中的元素
07    if i.startswith('~$'):                    #判断文件名称是否有以"~$"开头的临时文件
08      continue                                #跳过当次循环
09    workbook=app.books.open(file_path+'\\'+i)#打开 Excel 文档
10    worksheets=workbook.sheets                #获取 Excel 文档中所有工作表
11    for x in worksheets:                      #遍历 worksheets 序列中的元素
12      x.name=x.name.replace('Sheet1','信用卡违约用户')  #查找替换工作表名称
13    workbook.save()                           #保存 Excel 文档
14  app.quit()                                  #退出 Excel 程序
```

代码分析：

第 01 行代码：作用是导入 os 模块。

第 02 行代码：作用是导入 xlwings 模块，并指定模块的别名为 xw，即在程序中 xw 就代表 xlwings。

第 03 行代码：作用是指定文件所在文件夹的路径。file_path 为新定义的变量，用来存储路径。

第 04 行代码：作用是将路径下所有文件和文件夹的名称以列表的形式保存在 file_list 列表中。此行代码中使用了 os 模块中的 listdir( ) 函数，此函数用于返回指定文件夹包含的文件或文件夹的名字的列表。此函数的语法为 os.listdir(path)，参数 path 为需要列出的文件的路径。

第 05 行代码：作用是启动 Excel 程序，并把程序存储在 app 变量中。参数 visible 用来设置程序是否可见，True 表示可见（默认），False 表示不可见；add_book 用来设置是否自动创建 Excel 文档，True 表示自动创建（默认），False 表示不创建。

第 06 行代码：为一个 for 循环语句，for 循环用来遍历列表 file_list 中的元素，并在每次循环时将遍历的元素存储在 i 变量中。

第 07 行代码：作用是用 if 条件语句判断文件夹下的文件名称是否有"~$"开头的。如果有，就执行第 08 行代码；如果没有，就执行第 09 行代码。代码中 startswith( ) 为一个字符串函数，用于判断字符串是否以指定的字符串开头。i.startswith（~$）的意思就是判断 i 中存储的字符串是否以"~$"开头。

第 08 行代码：作用是跳过当次 for 循环，直接进行下一次 for 循环。

第 09 行代码：作用是打开 i 中存储的 Excel 文档。其中 app.books.open( ) 为 xlwings 模块中的一个函数，用于打开 Excel 文档。"file_path+'\\'+i"为此函数参数，表示要打开的文件名的路径。比如当 i 等于"'信用卡用户1.xlsx'"时，要打开的文件就为"'e:\\练习\\信用卡用户\\信用卡用户1.xlsx'"，此时就会打开"信用卡用户1.xlsx"文件。

第 10 行代码：作用是获取 Excel 文档中所有工作表的序列，并存储在 worksheets 中。

第 11 行代码：作用是遍历 worksheets 序列，for 循环运行时，会遍历 worksheets 序列中的每一个元

素，并存储在 x 变量中。

第 12 行代码：作用是重命名符合条件的工作表。代码中的 "x.name" 用于获取工作表名的字符串，其中 x 中存储的是工作表名称，".name" 属性用于获取字符串；replace( ) 函数用于在字符串中进行查找和替换。"replace ('Sheet1', '信用卡违约用户')" 的意思是将工作表名字中的 "Sheet1" 替换为 "信用卡违约用户"；"i.name.replace ('Sheet1', '信用卡违约用户')" 表示在获取工作表名字符串后，用 "replace ('Sheet1', '信用卡违约用户')" 函数查找字符串中的 "Sheet1"，替换为 "信用卡违约用户"，完成后重新赋予 name 属性，这样就完成了工作表的重命名。

第 13 行代码：作用是保存之前打开的 Excel 文档。

第 14 行代码：作用是退出 Excel 程序。

4.3.8 案例：自动在多个 Excel 文档中批量新建工作表

在工作中，如果需要在很多个 Excel 文档中批量新建工作表，可以结合 for 循环和 sheets.add( ) 函数来实现。

下面让程序自动在 E 盘 "练习" 文件夹下的 "信用卡用户" 子文件夹中的所有 Excel 文档中新建一个工作表 "信用卡优质客户"。

代码实现：

```
01   import os                                    #导入 os 模块
02   import xlwings as xw                         #导入 xlwings 模块
03   file_path='e:\\练习\\信用卡用户'              #指定修改的文件所在文件夹的路径
04   file_list=os.listdir(file_path)             #提取所有文件和文件夹的名称
05   app=xw.App(visible=True,add_book=False)      #启动 excel 程序
06   for i in file_list:                          #遍历列表 file_list 中的元素
07     if i.startswith('~$'):                     #判断文件名称是否有以 "~$" 开头的临时文件
08       continue                                 #跳过当次循环
09     workbook=app.books.open(file_path+'\\'+i)  #打开 Excel 文档
10   sheet_name=workbook.sheets                   #获取工作表名称
11     sheet_name_list=[]                         #新建列表
12     for x in sheet_name:                       #遍历工作表名称序列
13       sheet_name_list.append(x.name)           #将工作表名称加入列表
14     if '信用卡优质客户' not in sheet_name_list: #判断新建的工作表是否存在
15       workbook.sheets.add('信用卡优质客户')     #新建工作表
16       workbook.save()                          #保存 Excel 文档
17   app.quit()                                   #退出 Excel 程序
```

代码分析：

第 01 行代码：作用是导入 os 模块。

第 02 行代码：作用是导入 xlwings 模块，并指定模块的别名为 xw，即在程序中 xw 就代表 xlwings。

第 03 行代码：作用是指定文件所在文件夹的路径。file_path 为新定义的变量，用来存储路径。

第 04 行代码：作用是将路径下所有文件和文件夹的名称以列表的形式保存在 file_list 列表中。此行代码中使用了 os 模块中的 listdir( ) 函数，此函数用于返回指定文件夹包含的文件或文件夹的名字的

列表。此函数的语法为 os.listdir（path），参数 path 为需要列出的文件的路径。

第 05 行代码：作用是启动 Excel 程序，并把程序存储在 app 变量中。参数 visible 用来设置程序是否可见，True 表示可见（默认），False 表示不可见；add_book 用来设置是否自动创建 Excel 文档，True 表示自动创建（默认），False 表示不创建。

第 06 行代码：为一个 for 循环语句，用来遍历 file_list 列表中的元素，并在每次循环时将遍历的元素存储在 i 变量中。第 1 次循环时，将 file_list 列表中的第 1 个元素取出，存在变量 i 中，然后执行下面缩进部分代码（即第 07~16 行代码）；执行完后返回第 06 行代码，进行第 2 次循环，如此直到最后一个元素被取出，并执行缩进部分代码后，开始执行第 17 行代码。

第 07 行代码：作用是用 if 条件语句判断文件夹下的文件名称是否有 "~ $" 开头的。如果有，就执行第 08 行代码；如果没有，就执行第 09 行代码。代码中 startswith( ) 为一个字符串函数，用于判断字符串是否以指定的字符串开头。i.startswith（~ $）的意思就是判断 i 中存储的字符串是否以 "~ $" 开头。

第 08 行代码：作用是跳过当次 for 循环，直接进行下一次 for 循环。

第 09 行代码：作用是打开 i 中存储的 Excel 文档。其中 app.books.open( ) 为 xlwings 模块中的一个函数，用于打开 Excel 文档。"file_path+'\\'+i" 为此函数参数，表示要打开的文件名的路径。比如当 i 等于 "'信用卡用户 1.xlsx'" 时，要打开的文件就为 "'e:\\练习\\信用卡用户\\信用卡用户 1.xlsx'"，此时就会打开 "信用卡用户 1.xlsx" 文件。

第 10 行代码：作用是获取 Excel 文档中所有工作表的序列，并存储在 sheet_name 中。

第 11 行代码：作用是新建一个 sheet_name_list 空列表，准备存储工作表名称。

第 12 行代码：作用是遍历 sheet_name 序列，for 循环运行时，会遍历 sheet_name 序列中的每一个元素，并存储在 x 变量中。

第 13 行代码：作用是将 x 中存储的工作表名称加入到 sheet_name_list 列表中。代码中的 x.name 是工作表名称字符串。append( ) 函数用来将元素添加到列表中。

第 14 行代码：作用是判断打开的 Excel 文档中是否已经有 "信用卡优质客户" 工作表。"not in" 是检查元素是否不包含在列表中。如果 if 语句的条件成立，则执行第 15 和 16 行代码；如果条件不成立，则跳过。在 Excel 文档中已经含有要添加的工作表时，这条代码可以解决出错问题。

第 15 行代码：作用是在打开的 Excel 文档中新建工作表。"sheets.add（'优质信用卡客户'）" 的意思是新建一个工作表，并命名为 "信用卡优质客户"。

第 16 行代码：作用是保存当前 Excel 文档。

第 17 行代码：作用是退出 Excel 程序。

运行的结果如图 4-9 所示。

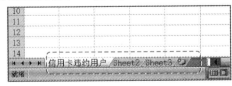 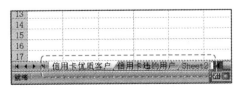

图 4-9　运行新建工作表后的结果

4.3.9　案例：自动在多个 Excel 文档中批量删除工作表

在工作中，如果需要在很多个 Excel 文档中批量删除指定的工作表，可以结合 for 循环和 delete( ) 函数来实现。

下面让程序自动删除在 E 盘"练习"文件夹下的"信用卡用户"子文件夹中所有 Excel 文档中的"信用卡违约用户"工作表。

代码实现：

```
01  import os                                  #导入 os 模块
02  import xlwings as xw                       #导入 xlwings 模块
03  file_path='e:\\练习\\信用卡用户'            #指定修改的文件所在文件夹的路径
04  file_list=os.listdir(file_path)            #提取所有文件和文件夹的名称
05  app=xw.App(visible=True,add_book=False)    #启动 Excel 程序
06  for i in file_list:                        #遍历列表 file_list 中的元素
07    if i.startswith('~$'):                   #判断文件名称是否以"~$"开头的临时文件
08      continue                               #跳过当次循环
09    workbook=app.books.open(file_path+'\\'+i) #打开 Excel 文档
10    sheet_name=workbook.sheets               #获取所有工作表名称
11    for x in sheet_name:                     #遍历工作表名称序列
12      if x.name=='信用卡违约用户':             #判断是否有要删除的工作表
13      x.delete()                             #删除工作表
14      break                                  #退出循环
15    workbook.save()                          #保存 Excel 文档
16  app.quit()                                 #退出 Excel 程序
```

代码分析：

第 01 行代码：作用是导入 os 模块。

第 02 行代码：作用是导入 xlwings 模块，并指定模块的别名为 xw，即在程序中 xw 就代表 xlwings。

第 03 行代码：作用是指定文件所在文件夹的路径。file_path 为新定义的变量，用来存储路径。

第 04 行代码：作用是将路径下所有文件和文件夹的名称以列表的形式保存在 file_list 列表中。此行代码中使用了 os 模块中的 listdir( )函数，此函数用于返回指定文件夹包含的文件或文件夹的名字的列表。此函数的语法为 os.listdir（path），参数 path 为需要列出的文件的路径。

第 05 行代码：作用是启动 Excel 程序，并把程序存储在 app 变量中。参数 visible 用来设置程序是否可见，True 表示可见（默认），False 表示不可见；add_book 用来设置是否自动创建 Excel 文档，True 表示自动创建（默认），False 表示不创建。

第 06 行代码：为一个 for 循环语句，用来遍历列表 file_list 中的元素，并在每次循环时将遍历的元素存储在 i 变量中。

第 07 行代码：作用是用 if 条件语句判断文件夹下的文件名称是否有以"~$"开头的。如果有，就执行第 08 行代码；如果没有，就执行第 09 行代码。代码中 startswith( )为一个字符串函数，用于判断字符串是否以指定的字符串开头。i.startswith('~$')的意思就是判断 i 中存储的字符串是否以

"～ $ "开头。

第 08 行代码：作用是跳过当次 for 循环，直接进行下一次 for 循环。

第 09 行代码：作用是打开 i 中存储的 Excel 文档。其中 app.books.open( ) 为 xlwings 模块中的一个函数，用于打开 Excel 文档。"file_path+'\\'+i"为此函数参数，表示要打开的文件名的路径。比如当 i 等于"'信用卡用户 1.xlsx '"时，要打开的文件就为"' e:\\练习\\信用卡用户\\信用卡用户 1.xlsx '"，此时就会打开"信用卡用户 1.xlsx"文件。

第 10 行代码：作用是获取 Excel 文档中所有工作表的序列，并存储在"sheet_name"中。

第 11 行代码：作用是遍历 sheet_name 序列，for 循环运行时，会遍历 sheet_name 序列中的每一个元素，并存储在 x 变量中。

第 12 行代码：作用是判断 x 变量中存储的工作表名称是否是"信用卡违约用户"。如果是，执行第 13 和 14 行代码；如果不是，直接执行第 15 行代码。x.name 表示工作表名称字符串。

第 13 行代码：作用是删除"信用卡违约用户"工作表。delete( ) 函数用于删除工作表。

第 14 行代码：作用是退出循环，即退出第 11 行的 for 循环。

第 15 行代码：作用是保存当前 Excel 文档。

第 16 行代码：作用是退出 Excel 程序。

运行的结果如图 4-10 所示。

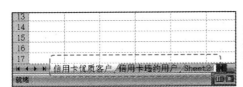 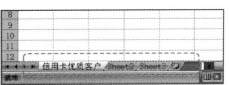

图 4-10　运行删除后的结果

4.4　自动读取工作表中数据

4.4.1　自动读取单元格中的数据

要读取某个单元格的数据时，需要将单元格坐标写在参数中，方法如下。

```
data=sht.range('A1').value
```

4.4.2　自动读取多个单元格区域中的数据

如果想读取多个单元格区域中的数据，需将单元格区域坐标写在参数中，方法如下。

```
data=sht.range('A1:B8').value          #读取 A1:B8 单元格区域中的数据
data=sht.range('A1:F1').value          #读取 A1:F1 单元格区域中的数据
```

4.4.3 自动读取整行的数据

假设想读取某行表格中的数据，如读取第 1 行的数据，方法如下。

```
data=sht.range('A1').expand('right').value        #读取 A1 单元格所在行的行数据
data=sht.range('2:2').value                        #读取第 2 行整行的行数据
```

expand( )函数的作用是扩展选择范围，其有 3 个参数：table、right、down。参数 table 表示向整个表扩展，right 表示向表的右方扩展，down 表示向表的下方扩展。

4.4.4 自动读取整列的数据

假设想读取某列表格中的数据，如读取第 B 列的数据，方法如下。

```
data=sht.range('A1').expand('down').value         #读取 A1 单元格所在行的行数据
data=sht.range('B:B').value                        #读取第 B 列整列的列数据
```

如果换为 range('B:D')，则表示 B 列到 D 列。

4.4.5 自动读全部表格的数据

读取全部表格中数据的方法如下。

```
data=sht.range('A1').expand('table').value     #读取 A1 单元格所在行的行数据
```

4.5 自动向工作表写入数据

先建立一个数据的列表 data，然后将列表中的数据写入工作表：data = ['北京', '上海', '广州', '深圳', '香港', '澳门', '台湾']。

4.5.1 自动向指定单个单元格写入数据

向指定单个单元格写入数据的方法如下。

```
sht.range('A1').value='销售金额'
```

4.5.2 自动向多个单元格横向写入数据

向多个单元格横向写入数据的方法如下。

```
sht.range('A2').value=data
sht.range('A2').value= ['北京', '上海', '广州', '深圳', '香港', '澳门', '台湾']
```

如果将 data 列表数据换成之前一节中读取的数据，就可以实现将前一节读取的数据复制到此处。

4.5.3　自动向多个单元格纵向写入数据

向多个单元格纵向写入数据的方法如下。

```
sht.range('A2').options(transpose=True).value=data
sht.range('A2').options(transpose=True).value=['北京','上海','广州','深圳','香港','澳门','台湾']
```

代码中 options（transpose=True）是设置选项，其参数 transpose=True 的意思是转换位置。

4.5.4　自动向范围内多个单元格写入数据

向范围内多个单元格写入数据的方法如下。

```
sht.range('A1').options(expand='table').value=[[1,2,3],[4,5,6]]
```

4.5.5　自动向单元格写入公式

向单元格写入公式的方法如下。

```
sht.range('B2').formula='=SUM(A1:A8)'
```

4.5.6　案例：自动将一个 **Excel** 文档的所有工作表批量复制到其他 **Excel** 文档

如果需要将某个 Excel 文档中的所有工作表复制到其他多个 Excel 文档中，可以结合 for 循环和 range（ ）函数、expand（ ）函数来实现。

下面让程序自动将 E 盘"练习"文件夹下的"企业代付明细表.xlsx" Excel 文档中所有工作表，复制到 E 盘"练习"文件夹下的"财务"子文件夹中的所有 Excel 文档中。

代码实现：

```
01  import os                                      #导入 os 模块
02  import xlwings as xw                           #导入 xlwings 模块
03  file_path='e:\\练习\\财务'                     #指定目标 Excel 文档所在文件夹的路径
04  file_list=os.listdir(file_path)               #提取所有文件和文件夹的名称
05  app=xw.App(visible=True,add_book=False)       #启动 Excel 程序
06  workbook1=app.books.open('e:\\练习\\企业代付明细表.xlsx')    #打开来源 Excel 文档
07  sheet_name1=workbook1.sheets                   #获取来源 Excel 文档内的所有工作表名称
08  for i in file_list:                            #遍历列表 file_list 中的元素
09    if os.path.splitext(i)[1]=='.xlsx' or os.path.splitext(i)[1]=='.xls':
                                                   #判断文件夹下是否有 Excel 文档
10      workbook2=app.books.open(file_path+'\\'+i)  #打开目标 Excel 文档
11      for x in sheet_name1:                       #遍历来源 Excel 文档的工作表名称序列
12        copy=x.range('A1').expand('table').value  #选取来源 Excel 文档工作表中的数据
13        name1=x.name                              #获取来源 Excel 文档中工作表的名称
14        workbook2.sheets.add(name=name1,after=len(workbook2.sheets))
```

```
                                                        #在目标 Excel 文档中新增同名工作表
15      workbook2.sheets[name1].range('A1').value=copy #将从来源 Excel 文档中
                                                        选取的工作表数据写入新增工作表
16    workbook2.save()                                  #保存目标 Excel 文档
17  app.quit()                                          #退出 Excel 程序
```

代码分析：

第 01 行代码：作用是导入 os 模块。

第 02 行代码：作用是导入 xlwings 模块，并指定模块的别名为 xw，即在程序中 xw 就代表 xlwings。

第 03 行代码：作用是指定文件所在文件夹的路径。file_path 为新定义的变量，用来存储路径。

第 04 行代码：作用是将路径下所有文件和文件夹的名称以列表的形式保存在 file_list 列表中。此行代码中使用了 os 模块中的 listdir( )函数，此函数用于返回指定文件夹包含的文件或文件夹的名字的列表。此函数的语法为 os.listdir（path），参数 path 为需要列出的文件的路径。

第 05 行代码：作用是启动 Excel 程序，并把程序存储在 app 变量中。参数 visible 用来设置程序是否可见，True 表示可见（默认），False 表示不可见；add_book 用来设置是否自动创建 Excel 文档，True 表示自动创建（默认），False 表示不创建。

第 06 行代码：作用是打开"企业代付明细表.xlsx" Excel 文档。这里要写全 Excel 文档的路径。其中 app.books.open( )为 xlwings 模块中的一个函数，用于打开 Excel 文档。

第 07 行代码：作用是获取 Excel 文档中所有工作表的序列，并存储在 sheet_name1 中。

第 08 行代码：为一个 for 循环语句，用来遍历列表 file_list 中的元素，并在每次循环时将遍历的元素存储在 i 变量中。

第 09 行代码：作用是用 if 条件语句判断文件夹下是否有".xlsx"或".xls"文件。其中，"os.path.splitext(i)［1］==’.xlsx’ or os.path.splitext(i)［1］==’.xls’"为条件，即判断 i 中存储的文件的扩展名是否为".xlsx"或".xls"。这里 splitext( )为 os 模块中的一个函数，用于分离文件名与扩展名，默认返回文件名和扩展名组成的一个元组；此函数的语法为 os.path.splitext（’path’），参数 path 为文件名路径。os.path.splitext(i)的意思就是分离 i 中存储文件的文件名和扩展名，分离后保存在元组中，os.path.splitext(i)［1］的意思是取出元组中的第 2 个元素，即扩展名。

第 10 行代码：作用是打开 i 中存储的 Excel 文档。其中"file_path+'\\'+i"为此函数参数，表示要打开的文件名的路径。比如当 i 等于"'信用卡用户 1.xlsx'"时，要打开的文件就为"' e:\\练习\\信用卡用户\\信用卡用户 1.xlsx'"，此时就会打开"信用卡用户 1.xlsx"文件。

第 11 行代码：作用是遍历 sheet_name1 序列（工作表的序列），for 循环运行时，会遍历 sheet_name1 序列中的每一个元素，并存储在 x 变量中。

第 12 行代码：作用是选取来源 Excel 文档工作表中的数据。range( )函数的作用是引用单元格，如 range('A1')为引用 A1 单元格，range('A1,C3')为引用"A1:C3"区域单元格；expand( )函数的作用是扩展选择范围，其有 3 个参数，即 table、right、down。参数 table 表示向整个表扩展，right 表示向表的右方扩展，down 表示向表的下方扩展。range('A1').expand('table')的意思是选取整个表格，range('A1').expand('right')的意思是选取第 1 行，range('A1').expand('down')的意思是选取第 1 列。value 表示表格数据。

第 13 行代码：作用是获取来源 Excel 文档中工作表的名称字符串。x.name 表示工作表名称字符串。

第 14 行代码：作用是在目标 Excel 文档中新增同名工作表。sheets.add( ) 的作用是新建工作表，name、after 为它的参数。

第 15 行代码：作用是将从来源 Excel 文档中选取的工作表数据写入目标 Excel 文档的新增工作表中。sheets[name1] 的作用是新建名称为 name1（即 x.name）的工作表。range(' A1 ') 表示从 A1 单元格写入。

第 16 行代码：作用是保存目标 Excel 文档。

第 17 行代码：作用是退出 Excel 程序。

4.5.7 案例：自动复制工作表中指定区域的数据到多个 Excel 文档中的指定工作表

需要将工作表中指定区域的数据复制到多个 Excel 文档的指定工作表中时，可以结合 for 循环和 range( ) 函数、expand( ) 函数来实现。

下面通过一个案例来讲解。让程序自动从 E 盘"练习"文件夹下的"企业代付明细表.xlsx" Excel 文档中，将"工行北京朝阳支行"工作表中"B2:F20"（即 B2 单元格到 F20 单元格的区域）区域的数据，复制到 E 盘"练习"文件夹中"明细账"子文件夹下所有 Excel 文档的"企业转账明细"工作表中，并从 B12 单元格开始粘贴。

代码实现：

```
01  import os                                    #导入 os 模块
02  import xlwings as xw                         #导入 xlwings 模块
03  file_path='e:\\练习\\明细账'                    #指定目标 Excel 文档所在文件夹的路径
04  file_list=os.listdir(file_path)             #提取所有文件和文件夹的名称
05  app=xw.App(visible=True,add_book=False)     #启动 Excel 程序
06  workbook1=app.books.open('e:\\练习\\企业代付明细表.xlsx')  #打开来源 Excel 文档
07  sheet_name1=workbook1.sheets ['工行北京朝阳支行']
                                                #获取来源 Excel 文档内的所有工作表名称
08  copy1=sheet_name1.range('B2,F20').value
                                                #读取来源 Excel 文档中要复制的工作表数据
09  for i in file_list:                         #遍历列表 file_list 中的元素
10    if os.path.splitext(i)[1]=='.xlsx' or os.path.splitext(i)[1]=='.xls':
                                                #判断文件夹下是否有 Excel 文档
11      workbook2=app.books.open(file_path+'\\'+i)    #打开目标 Excel 文档
12      sheet_name2=workbook2.sheets            #获取目标 Excel 文档内的所有工作表名称
13      for x in sheet_name2:                   #遍历 sheet_name2 序列中的元素
14        if x.name=='企业转账明细':              #判断是否有"企业转账明细"工作表
15          workbook2.sheets['企业转账明细'].range('B12').value=copy1
                                                #将从来源 Excel 文档中选取的工作表数据写入新增工作表
16          workbook2.save()                    #保存目标 Excel 文档
17          break                               #退出循环
18      workbook2.colse()                       #关闭目标 Excel 文档
```

| 19 | workbook1.colse() | #关闭来源 Excel 文档 |
| 20 | app.quit() | #退出 Excel 程序 |

代码分析：

第 01 行代码：作用是导入 os 模块。

第 02 行代码：作用是导入 xlwings 模块，并指定模块的别名为 xw，即在程序中 xw 就代表 xlwings。

第 03 行代码：作用是指定文件所在文件夹的路径。file_path 为新定义的变量，用来存储路径。

第 04 行代码：作用是将路径下所有文件和文件夹的名称以列表的形式保存在 file_list 列表中。此行代码中使用了 os 模块中的 listdir( )函数，此函数用于返回指定文件夹包含的文件或文件夹的名字的列表。此函数的语法为 os.listdir(path)，参数 path 为需要列出的文件的路径。

第 05 行代码：作用是启动 Excel 程序，并把程序存储在 app 变量中。参数 visible 用来设置程序是否可见，True 表示可见(默认)，False 表示不可见；add_book 用来设置是否自动创建 Excel 文档，True 表示自动创建（默认），False 表示不创建。

第 06 行代码：作用是打开"企业代付明细表.xlsx" Excel 文档。这里要写全 Excel 文档的路径。其中 app.books.open( )为 xlwings 模块中的一个函数，用于打开 Excel 文档。

第 07 行代码：作用是获取来源 Excel 文档中的 "'工行北京朝阳支行'" 工作表。

第 08 行代码：作用是选取来源 Excel 文档工作表中的数据。range( )函数的作用是引用单元格，range('B2,F20')为引用 "B2:F20" 区域单元格；value 表示表格数据。

第 09 行代码：为一个 for 循环语句，用来遍历列表 file_list 中的元素，并在每次循环时将遍历的元素存储在 i 变量中。

第 10 行代码：作用是用 if 条件语句判断文件夹下是否有 ".xlsx" 或 ".xls" 文件。其中， "os.path.splitext(i)[1] = ='.xlsx' or os.path.splitext(i)[1] = ='.xls'" 为条件，即判断 i 中存储的文件的扩展名是否为 ".xlsx" 或 ".xls"。这里 splitext( ) 为 os 模块中的一个函数，用于分离文件名与扩展名，默认返回文件名和扩展名组成的一个元组；此函数的语法为 os.path.splitext('path')，参数 path 为文件名路径。os.path.splitext(i)的意思就是分离 i 中存储的文件的文件名和扩展名，分离后保存在元组，os.path.splitext(i)[1]的意思是取出元组中的第 2 个元素，即扩展名。

第 11 行代码：作用是打开 i 中存储的 Excel 文档。其中 "file_path+'\\'+i" 为 open( ) 函数参数，表示要打开的文件名的路径。比如当 i 等于 "'信用卡用户1.xlsx'" 时，要打开的文件就为"'e:\\练习\\信用卡用户\\信用卡用户1.xlsx'"，此时就会打开"信用卡用户1.xlsx"文件。

第 12 行代码：作用是获取 Excel 文档中所有工作表的序列，并存储在 sheet_name2 中。

第 13 行代码：作用是遍历 sheet_name2 序列（工作表的序列），for 循环运行时，会遍历 sheet_name2 序列中的每一个元素，并存储在 x 变量中。

第 14 行代码：作用是用 if 语句判断目标 Excel 文档中是否有"企业转账明细" Excel 文档。If 语句的条件用于判断工作表名称字符串（x.name）是否是 "'企业转账明细'"。如果是，执行第 15~17 行代码；如果不是，则继续执行 for 循环。

第 15 行代码：作用是将从来源 Excel 文档中选取的工作表数据写入目标 Excel 文档内"企业转账明细"工作表中从"B12"开始的单元格。其中，"copy1"为之前选取的来源 Excel 文档的数据。

第 16 行代码：作用是保存目标 Excel 文档。

第 17 行代码：作用是退出循环，即退出第 13 行的 for 循环。

第 18 行代码：作用是关闭目标 Excel 文档。

第 19 行代码：作用是关闭来源 Excel 文档。

第 20 行代码：作用是退出 Excel 程序。

运行的结果如图 4-11 所示。

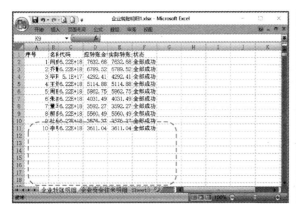 

图 4-11　运行复制后的结果

4.6　删除工作表数据的自动化操作

4.6.1　自动删除指定单元格中的数据

删除指定单元格中数据的方法如下。

```
sht.range('A1').clear()
```

4.6.2　自动删除工作表中的全部数据

删除工作表全部数据的方法如下。

```
sht.clear()
```

4.7　自动获取工作表数据区行数和列数

1. 自动获取工作表数据区行数

获取工作表数据区行数的方法如下。

```
sht.used_range.last_cell.row
```

2. 自动获取工作表数据区列数

获取工作表数据区列数的方法如下。

```
sht.used_range.last_cell.column
```

如果想把列数转换为表格中的字母，可以使用 chr（）函数将整数转换为对应的字符（根据 ASCII 码表转换）。具体为 chr（34+列数），比如第 1 列为 chr（64+1），转换为字符后变为 A。

4.8 自动打印 Excel 文档

4.8.1 打印 Excel 文档

1. 打印 Excel 文档中的所有工作表

打印 Excel 文档中所有工作表的方法如下。

```
wb.api.PrintOut()
```

2. 打印 Excel 文档中的指定工作表

打印 Excel 文档中"1 月销量"工作表的方法如下。

```
wb.sheets['1 月销量'].api.PrintOut()
```

4.8.2 案例：批量打印 Excel 文档中的所有工作表

银行每月初都要打印出所有对公账户的"余额对账单"，客户对账后将回折联交回给银行。以前手工打印比较费时，下面用 Python 来自动批量打印文件夹中所有银行余额对账单 Excel 文档中的所有工作表。

具体操作：让 Python 程序自动批量打印 E 盘"练习\\银行数据\\单据"文件夹中所有 Excel 文档的所有工作表。

代码实现：

```
01  import os                                    #导入 os 模块
02  import xlwings as xw                          #导入 xlwings 模块
03  file_path='e:\\练习\\银行数据\\单据'            #指定要处理的文件夹的路径
04  file_list=os.listdir(file_path)              #提取所有文件和文件夹的名称
05  app=xw.App(visible=True,add_book=False)      #启动 Excel 程序
06  for i in file_list:                          #遍历列表 file_list 中的元素
07      if i.startswith('~$'):                   #判断文件名称是否有以"~$"开头的临时文件
08          continue                             #跳过当次循环
09      wb=app.books.open(file_path+'\\'+i)      #打开 Excel 文档
10      wb.api.PrintOut()                        #打印 Excel 文档
11      wb.close()                               #关闭 Excel 文档
12  app.quit()                                   #退出 Excel 程序
```

代码分析：

第 01 行代码：作用是导入 os 模块。

第 02 行代码：作用是导入 xlwings 模块，并指定模块的别名为 xw，即在程序中 xw 就代表 xlwings。

第 03 行代码：作用是指定文件所在文件夹的路径。file_path 为新定义的变量，用来存储路径。

第 04 行代码：作用是将路径下所有文件和文件夹的名称以列表的形式保存在 file_list 列表中。此行代码中使用了 os 模块中的 listdir( ) 函数，此函数用于返回指定文件夹包含的文件或文件夹的名字的列表。此函数的语法为 os.listdir(path)，参数 path 为需要列出的文件的路径。

第 05 行代码：作用是启动 Excel 程序，并把程序存储在 app 变量中。参数 visible 用来设置程序是否可见，True 表示可见（默认），False 表示不可见；add_book 用来设置是否自动创建 Excel 文档，True 表示自动创建（默认），False 表示不创建。

第 06 行代码：为一个 for 循环语句，用来遍历 file_list 列表中的元素，并在每次循环时将遍历的元素存储在 i 变量中。第 1 次循环时，将 file_list 列表中的第 1 个元素取出，存在变量 i 中，然后执行下面缩进部分代码（即第 07~10 行代码）；执行完后返回第 06 行代码，进行第 2 次循环，如此直到最后一个元素被取出，并执行缩进部分代码后，开始执行第 11 行代码。

第 07 行代码：作用是用 if 条件语句判断文件夹下的文件名称是否有以 "~$" 开头的。如果有，就执行第 08 行代码；如果没有，就执行第 09 行代码。代码中 startswith( ) 为一个字符串函数，用于判断字符串是否以指定的字符串开头。i.startswith（~$）的意思就是判断 i 中存储的字符串是否以 "~$" 开头。

第 08 行代码：作用是跳过当次 for 循环，直接进行下一次 for 循环。

第 09 行代码：作用是打开 i 中存储的 Excel 文档。其中 app.books.open( ) 为 xlwings 模块中的一个函数，用于打开 Excel 文档。"file_path+'\\'+i" 为此函数的参数，表示要打开的文件名的路径。比如当 i 等于 "余额对账单 1.xlsx" 时，要打开的文件就为 "e:\\练习\\银行数据\\单据\\余额对账单 1.xlsx'"，就会打开 "余额对账单 1.xlsx" 文件。

第 10 行代码：作用是打印 Excel 文档中的所有工作表。此代码中使用了 PrintOut( ) 函数，作用是打印输出。此函数的格式为 PrintOut(From, To, Copies, Preview, ActivePrinter, PrintToFile, Collate, PrTo-FileName, IgnorePrintAreas)，此函数参数较多，所有参数均可选。使用适当的参数指定打印机、份数、逐份打印以及是否需要打印预览。PrintOut( ) 函数的参数见表 4-1。

表 4-1　PrintOut( ) 函数的参数

参　　数	功　　能
from	指定开始打印的页码。如果忽略，则从头开始打印
to	指定最后打印的页码。如果忽略，则打印到最后一页
copies	指定要打印的份数。如果忽略，则只打印 1 份
preview	指定打印前是否要预览打印效果。设置为 True 则进入打印预览；设置为 False（默认值）则直接打印
activeprinter	设置当前打印机的名称
printtofile	设置为 True，将打印到文件。如果没有指定参数 PrToFileName，将提示用户输入要输出的文件名

(续)

参　　数	功　　能
collate	设置为 True 将逐份打印
prtofilename	在参数 PrintToFile 设置为 True 时指定想要打印到文件的名称
ignoreprintareas	设置为 True 将忽略打印区域，打印整份文档

第 11 行代码：作用是关闭打开的工作簿。

第 12 行代码：作用是退出 Excel 程序。

4.8.3　案例：批量自动打印所有 Excel 文档中的指定工作表

上一案例中，打印的是 Excel 文档中所有工作表，如果只想打印所有 Excel 文档中某一个工作表，就需要分别打开每一个 Excel 文档中的指定工作表，然后再打印。

具体操作为，让 Python 程序自动批量打印 E 盘 "练习\\ 银行数据\\ 信用卡" 文件夹中所有 Excel 文档中的 "信用卡违约用户" 工作表。

代码实现：

```
01  import os                                    #导入 os 模块
02  import xlwings as xw                          #导入 xlwings 模块
03  file_path='e:\\练习\\银行数据\\信用卡'         #指定要处理的文件所在文件夹的路径
04  file_list=os.listdir(file_path)              #提取所有文件和文件夹的名称
05  app=xw.App(visible=True,add_book=False)      #启动 Excel 程序
06  for i in file_list:                          #遍历列表 file_list 中的元素
07    if i.startswith('~$'):                     #判断文件名称是否有以 "~ $" 开头的临时文件
08        continue                               #跳过当次循环
09    wb=app.books.open(file_path+'\\'+i)        #打开 Excel 文档
10    sht=wb.sheets('信用卡违约用户')             #打开 "信用卡违约用户" 工作表
11    sht.api.PrintOut()                          #打印工作表
12    wb.close()                                  #关闭打开的工作表
13  app.quit()                                    #退出 Excel 程序
```

代码分析：

第 01 行代码：作用是导入 os 模块。

第 02 行代码：作用是导入 xlwings 模块，并指定模块的别名为 xw，即在程序中 xw 就代表 xlwings。

第 03 行代码：作用是指定文件所在文件夹的路径。file_path 为新定义的变量，用来存储路径。

第 04 行代码：作用是将路径下所有文件和文件夹的名称以列表的形式保存在 file_list 列表中。此行代码中使用了 os 模块中的 listdir( ) 函数，此函数用于返回指定文件夹包含的文件或文件夹的名字的列表。此函数的语法为 os.listdir(path)，参数 path 为需要列出的文件的路径。

第 05 行代码：作用是启动 Excel 程序，并把程序存储在 app 变量中。参数 visible 用来设置程序是否可见，True 表示可见（默认），False 表示不可见；add_book 用来设置是否自动创建 Excel 文档，True 表示自动创建（默认），False 表示不创建。

第06行代码：为一个 for 循环语句，用来遍历 file_list 列表中的元素，并在每次循环时将遍历的元素存储在 i 变量中。第 1 次循环时，将 file_list 列表中的第 1 个元素取出，存在变量 i 中，然后执行下面缩进部分代码（即第 07~12 行代码）；执行完后返回第 06 行代码，进行第 2 次循环，如此直到最后一个元素被取出，并执行缩进部分代码后，开始执行第 13 行代码。

第07行代码：作用是用 if 条件语句判断文件夹下的文件名称是否有以"~$"开头的。如果有，就执行第 08 行代码；如果没有，就执行第 09 行代码。代码中 startswith( ) 为一个字符串函数，用于判断字符串是否以指定的字符串开头。i.startswith('~$') 的意思就是判断 i 中存储的字符串是否以"~$"开头。

第08行代码：作用是跳过当次 for 循环，直接进行下一次 for 循环。

第09行代码：作用是打开 i 中存储的 Excel 文档。其中 app.books.open( ) 为 xlwings 模块中的一个函数，用于打开 Excel 文档。"file_path+'\\'+i" 为此函数的参数，表示要打开的文件名的路径。比如当 i 等于"'信用卡用户1.xlsx'"时，要打开的文件就为"'e:\\练习\\信用卡用户\\信用卡用户1.xlsx'"，就会打开"信用卡用户1.xlsx"文件。

第10行代码：作用是打开当前 Excel 文档中的"信用卡违约用户"工作表，并存储在 sht 变量中。

第11行代码：作用是打印 Excel 文档中指定的工作表。此代码中使用了 PrintOut( ) 函数，作用是打印输出。

第12行代码：作用是关闭打开的 Excel 文档。

第13行代码：作用是退出 Excel 程序。

4.9 Excel 表格自动化操作综合案例

4.9.1 综合案例：自动将多个 Excel 文档中的工作表合并到一个 Excel 新文档中

工作中，如想将多个 Excel 文档中的工作表合并到一个 Excel 文档中，可以结合 for 循环和 range( ) 函数、count( ) 函数来实现等。

下面通过一个案例来讲解，让程序自动在 E 盘"练习"文件夹中"信用卡用户"子文件夹下，将所有 Excel 文档中工作表合并到一个新的 Excel 文档中。

代码实现：

```
01 import os                                    #导入 os 模块
02 import xlwings as xw                         #导入 xlwings 模块
03 file_path='e:\\练习\\信用卡用户'            #指定源 Excel 文档所在文件夹的路径
04 app=xw.App(visible=True,add_book=False)      #启动 Excel 程序
05 for root,dirs,files in os.walk(file_path):   #遍历文件夹下的所有文件
06     for x in range(len(files)):              #遍历文件夹下的所有文件名个数
07         workbook=app.books.open(file_path+'\\'+files[x]) #打开文件夹下的 Excel 文档
08         sheet_count=workbook.sheets.count    #读取源 Excel 文档中的工作表个数
09         if x==0:                             #判断是否是第一个 Excel 文档
10             workbook.save(file_path+'\\'+'用户汇总.xlsx') #将打开的 Excel 文档另存
```

```
11          workbook.close()                        #关闭 Excel 文档
12      else:                                       #条件不成立
13          new_workbook=app.books.open(file_path+'\\'+'用户汇总.xlsx')
                                                    #打开 Excel 文档
14          for s in range(sheet_count):            #遍历工作表个数
15              sheet_name=workbook.sheets[s]#读取源 Excel 文档中的工作表
16              nrow=sheet_name.used_range.last_cell.row    #定义源工作表最后一行
17              ncol=sheet_name.used_range.last_cell.column    #定义源工作表最后一列
18              new_row=new_workbook.sheets[s].range('A65536').end('up').row
                                                    #定义新 Excel 文档最后一行
19              new_workbook.sheets[s].range('A'+str(new_row+1)).value=sheet_name.
    range((2,1),(nrow,ncol)).value                  #将源 Excel 文档内容复制到新 Excel 文档
20              sheet_name.autofit()                #根据数据内容自动调整新工作表行高和列宽
21              new_workbook.save(file_path+'\\'+'用户汇总.xlsx')  #保存新建的文档
22              new_workbook.close()                #关闭新建的 Excel 文档
23          workbook.close()                        #关闭 Excel 文档
24  app.quit()                                      #退出 Excel 程序
```

代码分析：

第 01 行代码：作用是导入 os 模块。

第 02 行代码：作用是导入 xlwings 模块，并指定模块的别名为 xw，即在程序中 xw 就代表 xlwings。

第 03 行代码：作用是指定文件所在文件夹的路径。file_path 为新定义的变量，用来存储路径。

第 04 行代码：作用是启动 Excel 程序，并把程序存储在 app 变量中。参数 visible 用来设置程序是否可见，True 表示可见（默认），False 表示不可见；add_book 用来设置是否自动创建 Excel 文档，True 表示自动创建（默认），False 表示不创建。

第 05 行代码：作用是遍历文件夹下的所有文件。代码中 os.walk() 用于返回一个生成器（generator），即返回一个由文件夹路径、文件夹名、文件名组成的三元组。当用 for 循环遍历此三元组时，可以将文件夹的路径、文件夹名、文件名分别存储在三个变量 root、dirs、files 中。root 变量中存储的是当前正在遍历的这个文件夹本身的路径地址；dirs 变量中存储的是该文件夹中所有目录的名字（不包括子目录），有多个以列表返回；files 变量中存储的是该文件夹中所有的文件（不包括子目录），有多个以列表返回。

第 06 行代码：作用是遍历文件夹下的所有文件名个数。len(files) 的作用是返回所有文件名的个数，range(len(files)) 的意思是生成一系列整数，如果 len(files) 等于 5，即文件名总共 5 个，则 range(5)会生成 0、1、2、3、4 五个整数列表。这行代码为后面按顺序打开每个文件做好了准备。

第 07 行代码：作用是打开要合并的 Excel 文档。其中 "file_path+'\\'+files[x]" 为 open() 函数的参数，表示要打开的文件名的路径。比如当 x 等于 0 时，要打开的文件就为 E 盘 "练习" 中 "信用卡用户" 文件夹下的第 1 个 Excel 文档。files[x]的意思是从 files 列表中取元素，当 x=0 时，取列表中第 1 个元素（列表中存储的是文件名）。

第 08 行代码：作用是读取源 Excel 文档中的工作表个数。sheets.count 的作用是返回工作表个数。

第 09 行代码：作用是判断是否是第一个 Excel 文档。这里用 if 条件语句通过 x 是否等于 0 来判断。

如果 x = 0，说明打开的是第 1 个 Excel 文档。如果 if 条件成立，执行第 10 和 11 行代码；如果条件不成立，则执行第 12 行代码。

第 10 行代码：作用是将 Excel 文档另存为"用户汇总.xlsx"，如果打开的 Excel 文档是文件夹中的第 1 个 Excel 文档，则将此 Excel 文档另存，已准备要合并的工作表合并到"用户汇总.xlsx" Excel 文档中。

第 11 行代码：作用是关闭 Excel 文档。

第 12 行代码：作用是当 if 条件不成立时（即打开的不是第 1 个 Excel 文档时），执行 else 下面缩进部分代码（即第 13~21 行代码）。

第 13 行代码：作用是打开保存合并数据的 Excel 文档"用户汇总.xlsx"。

第 14 行代码：作用是遍历工作表的个数，用于之后逐个读取工作表数据。

第 15 行代码：作用是读取源 Excel 文档中的工作表，sheets[s] 表示第 s 个工作表，如果 s 等于 1，就表示第 2 个工作表。

第 16 行代码：作用是定义源工作表最后一行。sheet_name.used_range.last_cell.row 代码中的 used_range 表示当前工作表已经使用的单元格组成的矩形区域，last_cell.row 表示最后一行。

第 17 行代码：作用是定义源工作表的最后一列。代码中的 last_cell.column 表示最后一列。

第 18 行代码：作用是定义新 Excel 文档（"用户汇总.xlsx" Excel 文档）的最后一行。代码中的 sheets[s] 表示相应工作表，如 s = 2 表示第 3 个工作表。"range('A65536').end('up').row"代码的表示 A 列从 65536 位置的单元格起向上查找，直到找到最后一个非空单元格为止，并显示其行号。

第 19 行代码：作用是将源 Excel 文档内容复制到新 Excel 文档中。new_workbook.sheets[s] 表示新 Excel 文档的第 s 个工作表，str（new_row+1）表示新 Excel 文档最后一行加 1 行，str() 函数用来将括号中的内容转换为字符串格式。如果新 Excel 文档的最后一行为第 15 行，则('A '+str(new_row+1) 表示 A16 行。等号右边为读取的源 Excel 文档相应工作表的数据，（2,1）表示第 2 行第 1 列的单元格，(nrow,ncol) 表示最后一行和最后一列相交的单元格，"range((2,1),(nrow,ncol)).value"表示从 A2 单元格开始到最后一行和最后一列相交的单元格间的数据。

第 20 行代码：作用是根据数据内容自动调整新工作表行高和列宽。autofit() 函数用于自动调整整个工作表的列宽和行高。该函数的参数为 axis = None/rows/columns 等。其中 axis = None 或省略表示自动调整行高和列宽；axis = rows 或 axis = r 表示自动调整行高；axis = columns 或 axis = c 表示自动调整列宽。

第 21 行代码：作用是保存"用户汇总.xlsx" Excel 文档。

第 22 行代码：作用是关闭"用户汇总.xlsx" Excel 文档。

第 23 行代码：作用是关闭源 Excel 文档。

第 24 行代码：作用是退出 Excel 程序。

4.9.2　综合案例：自动批量对多个 Excel 文档的工作表进行格式排版

工作中，如需要对很多个 Excel 文档中的工作表进行格式排版，可以结合 for 循环、api.Font 函数、NumberFormat 函数来实现等。

用 **Python** 让办公快速实现自动化

下面通过一个案例来讲解。让程序自动在 E 盘 "练习" 文件夹的 "信用卡用户" 子文件夹下，对所有 Excel 文档中的工作表统一进行格式排版。

代码实现：

```
01  import os                                          #导入 os 模块
02  import xlwings as xw                               #导入 xlwings 模块
03  file_path='e:\\练习\\排版'                          #指定修改的文件所在文件夹的路径
04  file_list=os.listdir(file_path)                    #提取所有文件和文件夹的名称
05  app=xw.App(visible=True,add_book=False)            #启动 Excel 程序
06  for x in file_list:                                #遍历列表 file_list 中的元素
07    if x.startswith('~$'):                           #判断文件名称是否有以 "~$" 开头的临时文件
08      continue                                       #跳过当次循环
09    wb=app.books.open(file_path+'\\'+x)              #打开 Excel 文档
10    for i in wb.sheets:                              #遍历工作表名称序列
11      i.range('A1:A8').api.NumberFormat='hh:mm'          #设置所选单元格格式
12      i.range('B:B').api.NumberFormat='yyyy-mm-dd'       #设置 B 列单元格格式
13      i.range('D:E').api.NumberFormat='#,##0.00'         #设置 D、E 列单元格格式
14      i.range('C:C').api.NumberFormat='@'                #设置 C 列单元格格式为文本
15      i.range('1:1').api.Font.Name='黑体'                #设置第 1 行单元格字体
16      i.range('A1:J1').api.Font.Size=16                  #设置所选单元格字号
17      i.range('A1:J1').api.Font.Bold=True                #设置所选单元格字体加粗
18      i.range('A1:J1').api.HorizontalAlignment=-4108     #设置单元格水平对齐为居中
19      i.range('A1:J1').api.VerticalAlignment=-4107       #设置单元格垂直对齐为靠下
20      i.range('A2').expand('down').api.HorizontalAlignment=-4131   #设置对齐方式
21      i.range('1:1').api.Font.Color=xw.utils.rgb_to_int((255,0,0)) #设置字体颜色
22      i.range('A1:J1').color=xw.utils.rgb_to_int((0,0,255))  #设置单元格填充颜色
23      i.range('A2').expand('table').api.Font.Name='宋体'     #设置所选单元格字体
24      i.range('A1').expand('table').column_width=12          #设置所选单元格列宽
25      i.range('A1').expand('table').row_height=20            #设置所选单元格行高
26      for y in range(7,13):                                  #遍历 range 生成的列表
27        i.range('A1').expand('table').api.Borders(y).LineStyle = 1  #设置边框线型
28        i.range('A1').expand('table').api.Borders(y).Weight = 3     #设置线条粗细
29      i.range('A22').formula = '=sum(A2:A11)'            #在 A22 单元格插入公式
30      i.api.Columns(3).Insert()                          #在第 3 列插入一列
31      i.range('A8').api.EntireColumn.Delete()            #删除 A8 所在的列
32      i.api.Rows(3).Insert()                             #在第 3 行插入一行
33      i.range('H2').api.EntireRow.Delete()               #删除 H2 所在的行
34      i.autofit()                                        #自动设置工作表的行高列宽
35    wb.save()                                            #保存 Excel 文档
36    wb.close()                                           #关闭打开的 Excel 文档
37  app.quit()                                             #退出 Excel 程序
```

代码分析：

第 01 行代码：作用是导入 os 模块。

第 02 行代码：作用是导入 xlwings 模块，并指定模块的别名为 xw，即在程序中 xw 就代表 xlwings。

第 03 行代码：作用是指定文件所在文件夹的路径。file_path 为新定义的变量，用来存储路径。

第 04 行代码：作用是将路径下所有文件和文件夹的名称以列表的形式保存在 file_list 列表中。此行代码中使用了 os 模块中的 listdir( ) 函数，此函数用于返回指定文件夹包含的文件或文件夹的名字的列表。此函数的语法为 os.listdir(path)，参数 path 为需要列出的文件的路径。

第 05 行代码：作用是启动 Excel 程序，并把程序存储在 app 变量中。参数 visible 用来设置程序是否可见，True 表示可见（默认），False 表示不可见；add_book 用来设置是否自动创建 Excel 文档，True 表示自动创建（默认），False 表示不创建。

第 06 行代码：为一个 for 循环语句，用来遍历 file_list 列表中的元素，并在每次循环时将遍历的元素存储在 x 变量中。第 1 次循环时，将 file_list 列表中的第 1 个元素取出，存在变量 x 中，然后执行下面缩进部分代码（即第 07~35 行代码）；执行完后返回第 06 行代码，进行第 2 次循环，如此直到最后一个元素被取出，并执行缩进部分代码后，开始执行第 36 行代码。

第 07 行代码：作用是用 if 条件语句判断文件夹下的文件名称是否有以 "~$" 开头的。如果有，就执行第 08 行代码；如果没有，就执行第 09 行代码。代码中 startswith( ) 为一个字符串函数，用于判断字符串是否以指定的字符串开头。x.startswith（~$）的意思就是判断 x 中存储的字符串是否以 "~$" 开头。

第 08 行代码：作用是跳过当次 for 循环，直接进行下一次 for 循环。

第 09 行代码：作用是打开 x 中存储的 Excel 文档。其中 app.books.open( ) 为 xlwings 模块中的一个函数，用于打开 Excel 文档。"file_path+' \ '+x" 为此函数的参数，表示要打开的文件名的路径。比如当 i 等于 "科目余额表.xlsx" 时，要打开的文件就为 "e:\\练习\\排版\\科目余额表.xlsx'"，就会打开 "科目余额表.xlsx" 文件。

第 10 行代码：作用是遍历 wb.sheets 序列。wb.sheets 序列为当前 Excel 文档中所有工作表的名称序列。for 循环运行时，会遍历 wb.sheets 序列中的每一个元素，并存储在 i 变量中，然后执行下面缩进部分代码（第 11~33 行代码）。循环完成后才会执行第 34 行代码。

第 11 行代码：作用是设置 "A1:A8" 单元格区域数字格式，代码中的 range('A1:A8') 表示选择 "A1:A8" 单元格区域，"'hh:mm'" 为自定义格式，表示 "小时:分钟"，即将单元格格式设置为 "小时:分钟" 格式。

常用的数字格式符号见表 4-2。

表 4-2 数字格式符号

格 式 类 型	符　　号
数值	0
数值（两位小数位）	0.00
数值（两位小数位且用千分位）	#,##0.00
百分比	0%
百分比（两位小数位）	0.00%
科学计数	0.00E+00

（续）

格 式 类 型	符　号
货币（千分位）	¥#, ##0
货币（千分位+两位小数位）	¥#, ##0.00
日期（年月）	yyyy"年"m"月"
日期（月日）	m"月"d"日"
日期（年月日）	yyyy-m-d
日期（年月日）	yyyy"年"m"月"d"日"
日期+时间	yyyy-m-d h:mm
时间	h:mm
时间	h:mm AM/PM
文本	@

第 12 行代码：作用是设置 B 列单元格数字格式为"年-月-日"格式。代码中 range('B:B')表示选择 B 列单元格，如果要选择 D 列则修改为 range('D:D')。'yyyy-mm-dd'表示数字格式为"年-月-日"格式。

第 13 行代码：作用是设置 D 列和 E 列单元格数字格式为数值包括千分位，保留 2 位小数。代码中 range('D:E')表示选择 D 列和 E 列单元格。

第 14 行代码：作用是设置 C 列单元格数字格式为文本。

第 15 行代码：作用是设置第 1 行单元格字体为黑体。代码中 range('1:1')表示第 1 行单元格，如选择第 3 行单元格则为 range('3:3')。api.Font.Name 的作用是设置字体。

第 16 行代码：作用是设置"A1:J1"单元格字体大小（字号）为 16 号字。api.Font.Size 的作用是设置字号。

第 17 行代码：作用是设置"A1:J1"单元格字体加粗。

第 18 行代码：作用是设置"A1:J1"单元格水平对齐方式为水平居中。代码中 api.HorizontalAlignment 表示水平对齐方式，-4108 表示水平居中。另外还有其他对齐方式，见表 4-3。

表 4-3　对齐方式

代　　码		对 齐 方 式
水平对齐方式	-4108	水平居中
	-4131	靠左
	-4152	靠右
垂直对齐方式	-4108	垂直居中（默认）
	-4160	靠上
	-4107	靠下
	-4130	自动换行对齐

第 19 行代码：作用是设置"A1:J1"单元格垂直对齐方式为靠下。代码中 api.VerticalAlignment 表示垂直对齐方式，-4107 表示靠下。

第 20 行代码：作用是设置 A2 单元格开始扩展到右下角的表格区域（即正文部分），水平对齐方式为靠左。

第 21 行代码：作用是设置第 1 行单元格字体颜色为红色。代码中 api.Font.Color 表示设置字体颜色，xw.utils.rgb_to_int((255,0,0)) 为具体颜色选择，"255,0,0" 表示红色，如果想设置为蓝色就将 "255,0,0" 修改为 "0,0,255"。

第 22 行代码：作用是设置 "A1:J1" 区域单元格填充颜色为蓝色。如果想设置为绿色，则将 "0,0,255" 修改为 "0,255,0" 即可。

第 23 行代码：作用是设置 A2 单元格开始扩展到右下角的表格区域字体为宋体，即设置正文部分的字体。代码中 expand('table') 函数的作用是扩展选择范围，它的参数还可以设置为 right 或 down。table 表示向整个表扩展，即选择整个表格，right 表示向表的右方扩展，即选择一行，down 表示向表的下方扩展，即选择一列。

第 24 行代码：作用是设置 A1 开始扩展到右下角的表格区域（即整个表格）的列宽为 12。代码中 column_width 的作用是设置列宽。

第 25 行代码：作用是设置表格行高为 20。代码中 row_height 的作用是设置行高。

第 26 行代码：作用是用 for 循环遍历 range(7,13) 生成的列表，生成的列表为 [7,8,9,10,11,12]。range() 函数的作用是生成一系列整数的列表。它的参数中，第 1 个参数为起始数，第 2 个参数为结束数（结束数不包括在内），第 3 个参数为步长，省略默认步长为 1。如果只有一个参数，则是结束数，默认起始数为 0。如 range (7) 生成的列表为 [0,1,2,3,4,5,6]。

当 for 循环第一次循环时，从生成的 [7,8,9,10,11,12] 列表中取出 7，存在变量 y 中，然后执行下面缩进部分代码（第 27、28 行代码）。执行完后，重新执行第 26 行代码，进行第 2 次循环。一直循环到最后一个数，缩进部分代码执行完成后，结束循环，开始执行第 29 行代码。

第 27 行代码：作用是设置边框线条类型。代码中 Borders(y).LineStyle 的作用是设置边框线型，如果 y=7，则 Borders(7) 为设置左边框；LineStyle=1 的作用是设置线型为直线。设置边框和线型的代码见表 4-4。

表 4-4　设置边框和线型

代　　码	设置边框	代　　码	设置线型
Borders （7）	左边框	LineStyle =1	直线
Borders （8）	顶部边框	LineStyle =2	虚线
Borders （9）	底部边框	LineStyle =4	点画线
Borders （10）	右边框	LineStyle =5	双点画线
Borders （11）	内部垂直边线		
Borders （12）	内部水平边线		

第 28 行代码：作用是设置边框粗细。Borders(y).Weight 表示设置边框粗细，如果 y=7，则 Borders(7).Weight 为设置左边框的粗细。

第 29 行代码：作用是在 A22 单元格插入公式 "=sum(A2:A11)"。代码中 formula 的作用是插入公式，等号右边为要插入的公式。

第 30 行代码：作用是在第 3 列插入一列，原来的第 3 列右移（也可以用列的字母表示）。代码中 api.Columns(3).Insert() 表示插入列，3 表示第 3 列。

第 31 行代码：作用是删除 A8 所在的列。代码中 api.EntireColumn.Delete() 的作用是删除列。

第 32 行代码：作用是在第 3 行插入一行，原来的第 3 行下移。代码中的 api.Rows(3).Insert() 作用是插入行，3 表示第 3 行。

第 33 行代码：作用是删除 A8 单元格所在的行。代码中 api.EntireRow.Delete() 的作用是删除行。

第 34 行代码：作用是根据数据内容自动调整工作表行高和列宽。

autofit() 函数用于自动调整整个工作表的列宽和行高。该函数的参数为 axis = None/rows/columns 等，其中 axis = None 或省略表示自动调整行高和列宽；axis = rows 或 axis = r 表示自动调整行高；axis = columns 或 axis = c 表示自动调整列宽。

第 35 行代码：作用是保存当前 Excel 文档。

第 36 行代码：作用是关闭当前 Excel 文档。

第 37 行代码：作用是退出 Excel 程序。

代码套用说明：在实际使用中，如果想设置哪个格式，直接将相应代码拿出来应用即可。如果是设置指定的单元格，则将第 10 行的 for 循环删除，直接使用第 11~33 行的代码。去掉第 10 行代码后，要将第 11~33 行缩进去掉，同时将代码中的 i 修改为 "wb.sheets['销售数据']"，这里的 "销售数据" 为要处理的工作表名称。

4.9.3　综合案例：自动将 Excel 文档中的指定工作表进行汇总并拆分保存到多个 Excel 文件中

在工作中，常常需要对一个工作表中的某一列进行筛选汇总，然后将筛选的数据拆分保存到新的工作表中，如图 4-12 所示。

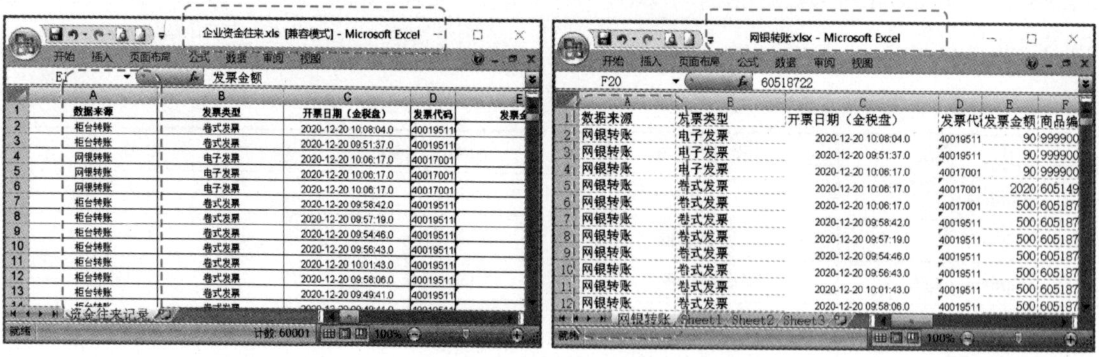

图 4-12　工作表拆分前后

下面通过一个案例来讲解。让程序自动在 E 盘中 "练习" 文件夹下的 "企业资金往来.xls" Excel 文档中，对 "资金往来记录" 工作表中按 "数据来源" 进行拆分，然后将拆分后的数据保存到新的工作表中。

代码实现：

```
01   import xlwings as xw                                              #导入 xlwings 模块
02   import pandas as Pd                                               #导入 pandas 模块
03   app=xw.App(visible=True,add_book=False)                           #启动 Excel 程序
04   workbook=app.books.open('e:\\练习\\企业资金往来.xls')               #打开待处理 Excel 文档
05   sheet_name=workbook.sheets['资金往来记录']                          #打开"资金往来记录"工作表
06   list_value=sheet_name.range('A1').options(pd.DataFrame,header=1,index=False,
     expand='table').value        #将表格内容读取成 pandas 的 DataFrame 形式
07   data=list_value.groupby('数据来源')                                #按"数据来源"列将数据分组
08   for name,group in data:                                           #遍历分组后的数据
09     new_workbook=xw.books.add()                                     #新建 Excel 文档
10     new_sheet_name=workbook.sheets.add(name)                        #用 name 名新建工作表
11     new_sheet_name['A1'].options(index=False).value=group     #复制分组数据
12     new_workbook.save(f'e:\\练习\\拆分\\{name}.xlsx')                 #保存 Excel 文档
13     new_workbook.close()                                            #关闭新建的 Excel 文档
14   workbook.close()                                                  #关闭 Excel 文档
15   app.quit()                                                        #退出 Excel 程序
```

代码分析：

第 01 行代码：作用是导入 xlwings 模块，并指定模块的别名为 xw，即在程序中 xw 就代表 xlwings。

第 02 行代码：作用是导入 pandas 模块，并指定模块的别名为 pd。

第 03 行代码：作用是启动 Excel 程序，并把程序存储在 app 变量中。参数 visible 用来设置程序是否可见，True 表示可见（默认），False 表示不可见；add_book 用来设置是否自动创建 Excel 文档，True 表示自动创建（默认），False 表示不创建。

第 04 行代码：作用是打开"企业资金往来.xls" Excel 文档。这里要写全 Excel 文档的路径。

第 05 行代码：作用是打开 Excel 文档中的"资金往来记录"工作表。

第 06 行代码：作用是将工作表中的数据内容读取成 pandas 的 DataFrame 形式。代码中 "range('A1')" 用来设置起始单元格。".options()" 函数的参数 pd.DataFrame 作用是将数据内容读取成 DataFrame 形式；header=1 参数表示使用原始数据集中的第 1 列作为列名，而不是使用自动列名；index=False 参数用于取消索引，因为 DataFrame 数据形式会默认将表格的首列作为 DataFrame 的 index（索引），因此需要表格内容的首列有固定序号列，如果表格中的首列并不是序号，则需要在函数中设置参数忽略 index；参数 expand='table' 的作用是扩展选择范围，还可以设置为 right 或 down，table 表示向整个表扩展，即选择整个表格，right 表示向表的右方扩展，即选择一行，down 表示向表的下方扩展，即选择一列。

第 07 行代码：作用是将读取的数据分组，按指定的一列，如"数据来源"列进行分组。groupby() 函数用来根据 DataFrame 本身的某一列或多列内容进行分组聚合。若按某一列聚合，则新 DataFrame 将根据某一列的内容分为不同的维度进行拆解，同时将同一维度的内容进行聚合；若按多列聚合，则新 DataFrame 具有一个层次化索引（由唯一的键对组成），例如 key1 列有 a 和 b 两个维度，按 key1 列分组聚合之后，新 DataFrame 将有两个 group（群组），如图 4-13 所示。

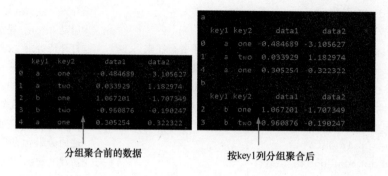

分组聚合前的数据   按key1列分组聚合后

图 4-13　groupby( )函数分组聚合结果

第 08 行代码：作用是遍历分组后的数据，然后将分组列中的分组名称保存在 name 变量中，将分组后的数据保存在 group 变量中。

第 09 行代码：作用是新建一个 Excel 文档。

第 10 行代码：作用是在新建的 Excel 文档中新建工作表。sheets.add(' name ')的意思是新建一个工作表，并命名为变量 name 存储的名称。

第 11 行代码：作用是将 group 变量中存储的分组数据复制（添加）到新建的工作表中。其中 options（index = False）的作用是取消索引。

第 12 行代码：作用是将新建的 Excel 文档保存为新的名称。其中 "e：\\练习\\拆分\\" 是新建 Excel 文档的保存路径，意思是保存在 E 盘 "练习" 文件夹中的 "拆分" 子文件夹下。｛name｝.xlsx 为 Excel 文档的文件名，可以根据实际需求更改。其中的 ".xlsx" 是文件名中的固定部分，而 ｛name｝ 则是可变部分，运行时会被替换为 name 的实际值。这里 f 的作用是将不同类型的数据拼接成字符串。即以 f 开头时，字符串中大括号（｛｝）内的数据无须转换数据类型，就能被拼接成字符串。

第 13 行代码：作用是关闭新建的 Excel 文档。

第 14 行代码：作用是关闭 Excel 文档。

第 15 行代码：作用是退出 Excel 程序。

运行的结果如图 4-14 所示。

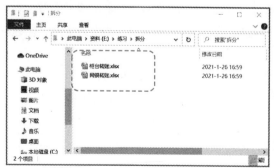

图 4-14　运行后的结果

4.9.4 综合案例：自动对 Excel 文档中所有工作表的数据进行求和统计

在日常对 Excel 文档的处理中，如果想批量自动对 Excel 报表文件中所有工作表的数据进行求和并统计到一起，可以使用 Python 程序自动处理。

下面在 E 盘 "财务" 文件夹中，批量对 Excel 文档 "现金日记账 2021.xlsx" 中所有工作表中的 "借方发生额" 列和 "贷方发生额" 列分别进行求和，并将求和结果集中写到一个新 Excel 文档的新工作表中，如图 4-15 所示。

图 4-15 对所有工作表指定列进行求和计算

代码实现：

```
01  import xlwings as xw                                    #导入 xlwings 模块
02  import pandas as pd                                     #导入 pandas 模块
03  app=xw.App(visible=True,add_book=False)                 #启动 Excel 程序
04  wb=app.books.open('e:\\财务\\现金日记账 2021.xlsx')      #打开 Excel 文档
05  new_wb=app.books.add()                                  #新建 Excel 文档
06  new_sht=new_wb.sheets.add('汇总')                       #新建"汇总"工作表
07  new_sht.range('A1:C1').value=['月份','借方总额','贷方总额']
                        #向"汇总"工作表中分别写入"月份""借方总额""贷方总额"
08  count=1                                                 #新建 count 变量，并赋值 1
09  for i in wb.sheets:                                     #遍历 Excel 文档中的工作表
10      data1=i.range('A1').options(pd.DataFrame,index=False,expand='table').value
                        #将当前工作表的数据读取为 DataFrame 形式
11      count=count+1                                       #变量 count 加 1
12      if '日期' in data1:                                 #判断工作表是否为空表
13          sum1=data1['借方发生额'].sum()                  #对"借方发生额"求和
14          sum2=data1['贷方发生额'].sum()                  #对"贷方发生额"求和
```

```
15        new_sht.range('A'+str(count)).value=i.name        #向"汇总"工作表写入数据
16        new_sht.range('B'+str(count)).value=sum1          #向"汇总"工作表写入求和数据
17        new_sht.range('C'+str(count)).value=sum2          #向"汇总"工作表写入求和数据
18 new_sht.range('B:C').api.NumberFormat='#,##0.00'          #设置 B 列和 C 列单元格格式
19 new_sht.autofit()                                         #自动调整新工作表的行高和列宽
20 new_wb.save('e:\\财务\\现金日记账 2021 求和统计.xlsx')       #保存新 Excel 文档
21 new_wb.close()                                            #关闭新 Excel 文档
22 wb.close()                                                #关闭源 Excel 文档
23 app.quit()                                                #退出 Excel 程序
```

代码分析：

第 01 行代码：作用是导入 xlwings 模块，并指定模块的别名为 xw。

第 02 行代码：作用是导入 pandas 模块，并指定模块的别名为 pd。

第 03 行代码：作用是启动 Excel 程序。代码中，app 是新定义的变量，用来存储启动的 Excel 程序。App( )方法用来启动 Excel 程序，括号中的 visible 参数用来设置 Excel 程序是否可见，True 为可见，False 为不可见；add_book 参数用来设置启动 Excel 时是否自动创建新 Excel 文档，True 为自动创建，False 为不创建。

第 04 行代码：作用是打开已有的 Excel 文档。wb 为新定义的变量，用来存储打开的 Excel 文档。app 为启动的 Excel 程序，books.open( )方法用来打开 Excel 文档，括号中的参数为要打开的 Excel 文档名称和路径。

第 05 行代码：作用是新建一个 Excel 文档。代码中，new_wb 为定义的新变量，用来存储新建的 Excel 文档；app 为启动的 Excel 程序，books.add( )方法用来新建一个 Excel 文档。

第 06 行代码：作用是在新建的 Excel 文档中新建工作表。代码中，new_sht 为新定义的变量，用来存储新建的工作表，new_wb 为第 5 行代码中新建的 Excel 文档，sheets.add('汇总')方法的作用是新建工作表，括号中的"汇总"参数为新工作表的名称。

第 07 行代码：作用是向上一行新建的"汇总"工作表的"A1:C1"区间单元格中分别写入"月份""借方总额""贷方总额"。代码中，new_sht 为上一行新建的工作表，range('A1:C1')表示"A1:C1"区间单元格，value 表示单元格数据，['月份','借方总额','贷方总额']为要写入的数据。

第 08 行代码：作用是新建变量 count，并将其值设置为 1。

第 09 行代码：作用是用 for 循环依次处理 Excel 文档中的所有工作表的数据。代码中，"for…in"为 for 循环，i 为循环变量，第 10~17 行缩进部分代码为循环体，wb.sheets 用来生成打开的 Excel 文档中所有工作表名称的列表，如图 4-16 所示。

Sheets([<Sheet [现金日记账2021.xlsx]1月>, <Sheet [现金日记账2021.xlsx]2月>, <Sheet [现金日记账2021.xlsx]3月>, ...])

图 4-16　wb.sheets 生成的列表

for 循环运行时，会遍历 wb.sheets 所生成的工作表名称的列表中的元素，并在每次循环时将遍历的元素存储在 i 循环变量中。当执行第 09 行代码时，开始第 1 次 for 循环时，for 循环会访问 wb.sheets 中的第 1 个元素"1月"，并将其存在 i 循环变量中，然后运行 for 循环中的缩进部分代码（循环体部

分），即第 10~17 行代码；执行完后，返回再次执行第 09 行代码，开始第 2 次 for 循环，访问列表中的第 2 个元素"2月"，并将其存在 i 循环变量中，然后运行 for 循环中的缩进部分代码，即第 10~17 行代码；就这样一直反复循环，直到最后一次循环完成后，结束 for 循环，开始执行第 18 行代码。

第 10 行代码：作用是将工作表中的数据读成 DataFrame 格式。代码中，data 为新定义的变量，用来保存读取的数据；range('A1') 方法用来设置起始单元格，参数'A1'表示 A1 单元格；options() 方法用来设置数据读取的类型。其参数 pd.DataFrame 的作用是将数据内容读取成 DataFrame 格式；index = False 参数用于设置索引，False 表示取消索引，True 表示将第 1 列作为索引列；expand ='table'参数用于扩展到整个表格，table 表示向整个表扩展，即选择整个表格，如果设置为 right 表示向表的右方扩展，即选择一行，down 表示向表的下方扩展，即选择一列；value 参数表示工作表数据。图 4-17 所示为读取的工作表数据。

```
           日期     摘要    经手人  项目类别   往来单位   借方发生额    贷方发生额    期末余额
0   2021-01-01   None None   期初余额  None     NaN      NaN  1430000.0
1   2021-01-02   差旅费用 None   报销支出  None     NaN   8000.0 1422000.0
2   2021-01-05   中国银行利息 None  利息支出  None     NaN  25000.0 1397000.0
3   2021-01-06   支付小五备用金 None 支付备用金  小王    NaN  300000.0 1097000.0
4   2021-01-06   购电脑一批 None   固定资产  None     NaN  10000.0 1087000.0
5   2021-01-09   付3号楼款项 None  付工程款项  None     NaN 180000.0  907000.0
6   2021-01-10   代付社保 None    代垫款项  None     NaN  50000.0  857000.0
7   2021-01-11   转入农业银行 None  账户互转  None     NaN 100000.0  757000.0
8   2021-01-13   会员费缴纳 None   其他    None     NaN   1800.0  755200.0
9   2021-01-15   销售收入  小李    收回货款  A公司  430000.0     NaN 1185200.0
10  2021-01-15   银行贷款 None   收到贷款 中国银行 900000.0     NaN 2085200.0
11  2021-01-16   往来款 None    收往来款  D公司  100000.0     NaN 2185200.0
12  2021-01-19   销售收入 None   收回货款  B公司  200000.0     NaN 2385200.0
13  2021-01-20   银行利息收入 None 利息收入  None     32.0     NaN 2385232.0
14  2021-01-22   收回小五的备用金 None 收回备用金  小五 146400.0     NaN 2531632.0
15  2021-01-25   农业银行转入 None  账户互转  None 180000.0     NaN 2711632.0
16  2021-01-28   其他收入 None   其他    None     67.0     NaN 2711699.0
17  2021-01-28   付货款 None    支付货款 H供应商    NaN 110000.0 2601699.0
18  2021-01-30   付5月份工资 None  支付工资  None     NaN 100000.0 2501699.0
```

图 4-17   data1 中存储的其中一个工作表的数据

第 11 行代码：作用是将变量 count 值增加 1，变为 2，每循环一次就增加 1。

第 12 行代码：作用是用 if 条件语句判断工作表中是否包含"日期"文本（用来判断工作表中是否是空表，空表会导致程序出错）。如果 data1 中存储的数据中包含"日期"，则执行第 13~17 行缩进部分的代码；如果不包含，则跳过缩进部分代码。

第 13 行代码：作用是对"借方发生额"列求和，并将求和结果存在 sum1 变量中。代码中，sum1 为新定义的变量，用来存储求和结果，data1['借方发生额'] 表示选择"借方发生额"，sum() 函数的功能是对数据进行求和。默认是对所选数据的每一列进行求和。如果使用 axis = 1 参数即 sum(axis = 1)，则变成对每一行数据进行求和。如果需要单独对某一列或某一行进行求和，则把求和的列或行索引出来即可，像本例中将"借方发生额"索引出来后，就只对"借方发生额"列进行求和。

第 14 行代码：作用是对"贷方发生额"列求和，并将求和结果存在 sum2 变量中。

第 15 行代码：作用是向新建的"汇总"工作表中的('A'+str(count)) 单元格写入数据。代码中，new_sht 为第 6 行代码中新建的工作表，str(count) 的意思是将变量值转换为字符串格式，如果 count = 3 则"'A '+str(count)"就等于 A3，即向 A3 单元格写入数据。这里 i.name 是要写入的数据，i.name 的意思是 i 中存储的工作表的名称。比如第一个工作表，它的名称就为"1 月"，因此就向 A3 单元格写

用 **Python** 让办公快速实现自动化

入"1月"。

第 16 行代码：作用是向相应单元格写入 sum1 中存储的求和结果。同第 15 行代码一样，这里（' B '+str(count)）也是单元格坐标。

第 17 行代码：作用同第 15 行代码类似，也是向相应单元格写入数据，写入 sum2 中存储的求和结果。

第 18 行代码：作用是将新建的"汇总"工作表的 B 列和 C 列单元格数字格式设置为"数值"格式，保留两位小数点并采用千分位格式。api.NumberFormat 函数用来设置单元格数字格式。

第 19 行代码：作用是根据数据内容自动调整新工作表行高和列宽。代码中，autofit( ) 函数的作用是自动调整工作表的行高和列宽。

第 20 行代码：作用是将第 5 行新建的 Excel 文档另存为"现金日记账 2021 求和统计.xlsx"。

第 21 行代码：作用是关闭第 5 行新建的 Excel 文档。

第 22 行代码：作用是关闭第 4 行打开的 Excel 文档。

第 23 行代码：作用是退出 Excel 程序。

4.9.5 综合案例：自动对 Excel 文档的所有工作表分别制作数据透视表

在日常对 Excel 文档的处理中，如果想对 Excel 报表文件中的单个工作表制作数据透视表，可以使用 Python 程序自动处理。

下面批量分别对 E 盘"财务"文件夹中的 Excel 文档"销售明细表.xlsx"中的所有工作表分别制作数据透视表，并将制作的数据透视表保存到一个新的文档中，如图 4-18 所示。

图 4-18 制作数据透视表

代码实现：

```
01  import xlwings as xw                        #导入 xlwings 模块
02  import pandas as pd                         #导入 pandas 模块
03  app=xw.App(visible=True,add_book=False)     #启动 Excel 程序
```

118

```
04  wb=app.books.open('e:\财务\销售明细表.xlsx')                        #打开 Excel 文档
05  new_wb=app.books.add()                                            #新建一个 Excel 文档
06  for i in wb.sheets:                                               #遍历 Excel 文档中的工作表
07    data=i.range('A1').options(pd.DataFrame,index=False,expand='table',dtype=float)
      .value                                                          #读取当前工作表的数据
08    if '店名' in data:                                               #判断工作表是否是空表
09      pivot=pd.pivot_table(data,index=['店名'],columns=['品种'],values=['数量','销售
        金额'],aggfunc={'数量':'sum','销售金额':'sum'},fill_value=0,margins=True,mar-
        gins_name='合计')                                             #制作数据透视表
10      new_sht=new_wb.sheets.add(f'{i.name}数据透视表')               #新建工作表
11      new_sht.range('A1').value=pivot                               #将制作的数据透视表写入工作表
12  new_wb.save('e:\财务\销售明细表全部数据透视表.xlsx')                #保存 Excel 文档
13  new_wb.close()                                                    #关闭新建的 Excel 文档
14  wb.close()                                                        #关闭 Excel 文档
15  app.quit()                                                        #退出 Excel 程序
```

代码分析：

第 01 行代码：作用是导入 xlwings 模块，并指定模块的别名为 xw。

第 02 行代码：作用是导入 pandas 模块，并指定模块的别名为 pd。

第 03 行代码：作用是启动 Excel 程序，代码中，app 是新定义的变量，用来存储启动的 Excel 程序。App( )方法用来启动 Excel 程序，括号中的 visible 参数用来设置 Excel 程序是否可见，True 为可见，False 为不可见；add_book 参数用来设置启动 Excel 时是否自动创建新 Excel 文档，True 为自动创建，False 为不创建。

第 04 行代码：作用是打开已有的 Excel 文档。wb 为新定义的变量，用来存储打开的 Excel 文档。app 为启动的 Excel 程序，books.open( )方法用来打开 Excel 文档，括号中的参数为要打开的 Excel 文档名称和路径。

第 05 行代码：作用是新建一个 Excel 文档。

第 06 行代码：作用是用 for 循环依次处理 Excel 文档中每个工作表的数据。代码中，"for…in" 为 for 循环，i 为循环变量，第 07~11 行缩进部分代码为循环体，wb.sheets 用来生成当前打开的 Excel 文档中所有工作表名称的列表，如图 4-19 所示。

Sheets([<Sheet [销售明细表.xlsx]1月>, <Sheet [销售明细表.xlsx]2月>, <Sheet [销售明细表.xlsx]3月>, …])

图 4-19　wb.sheets 生成的列表

for 循环运行时，会遍历 wb.sheets 所生成的工作表名称的列表中的元素，并在每次循环时将遍历的元素存储在 i 循环变量中。当执行第 06 行代码时，开始第 1 次 for 循环时，for 循环会访问 wb.sheets 中的第 1 个元素 "1 月"，并将其存在 i 循环变量中，然后运行 for 循环中的缩进部分代码（循环体部分），即第 07~11 行代码；执行完后，返回再次执行第 06 行代码，开始第 2 次 for 循环，访问列表中的第 2 个元素 "2 月"，并将其存在 i 循环变量中，然后运行 for 循环中的缩进部分代码，即第 07~11 行代码；就这样一直反复循环，直到最后一次循环完成后，结束 for 循环。

第 07 行代码：作用是将当前工作表中的数据读成 DataFrame 格式。代码中，data 为新定义的变量，用来保存读取的数据；range(' A1 ')方法用来设置起始单元格，参数' A1 '表示 A1 单元格；options( )方法用来设置数据读取的类型。其参数 pd.DataFrame 的作用是将数据内容读取成 DataFrame 格式；index=False 参数用于设置索引，False 表示取消索引，True 表示将第 1 列作为索引列；expand=' table '参数用于扩展到整个表格，table 表示向整个表扩展，即选择整个表格，如果设置为 right 表示向表的右方扩展，即选择一行，down 表示向表的下方扩展，即选择一列；value 参数表示工作表数据。

第 08 行代码：作用是用 if 条件语句判断工作表中是否包含"店名"列标题（用来判断工作表中是否是空表，空表会导致程序出错）。如果 data 中存储的数据中包含"店名"，则执行第 09~11 行缩进部分的代码；如果不包含，则跳过缩进部分代码。

第 09 行代码：作用是用读取的数据制作数据透视表。代码中，pivot 为新定义的变量，用来存储用当次循环所读取数据制作的数据透视表；pd 表示 pandas 模块；pivot_table 用于创建一个数据透视表，括号中为其参数。其中，data 为第 7 行代码读取的数据。即第 1 个参数为数据源；index=['店名']用来设置行字段，比如想查看每个分店的销售情况，就将"店名"列标题设置为 index；columns=['品种']用来设置列字段，比如要统计每个分店中各个商品的销售数据，就将"品种"列标题设置为 columns；values=['数量','销售金额']用于设置值字段，此参数可以对需要的计算数据进行筛选，比如想要对每个店铺的"数量"和"销售金额"等数据进行筛选，就将"数量"和"销售金额"列标题设置为 values；aggfunc={'数量':' sum ','销售金额':' sum '}用于设置汇总计算的方式，其中字典的键是值字段，字典的值是计算方式，当未设置 aggfunc 时，它默认 aggfunc=' mean '计算均值，另外还可以设置为 sum、count、max 等；fill_value=0 用来指定填充缺失值的内容，默认不填充；margins=True 用于显示行列的总计数据，将其设置为 True 时，表示显示，设置为 False 时，表示不显示；margins_name='合计'用于设置总计数据行的名称。

第 10 行代码：作用是在新建的 Excel 文档中新建工作表。代码中，new_sht 变量用来存储新建的工作表；new_wb 为之前新建的 Excel 文档；sheets.add(f'{i.name}数据透视表')方法的作用是新建工作表，括号中的参数为新工作表的名称，参数中 f 的作用是将不同类型的数据拼接成字符串。即以 f 开头时，字符串中大括号（{}）内的数据无须转换数据类型，就能被拼接成字符串；i.name 用来提取 i 中存储的工作表的名称。如果 i.name 为"1 月"，则新工作表的名称就为"1 月数据透视表"。

第 11 行代码：作用是将 pivot 中存储的数据透视表数据写入到新建的工作表中。代码中，new_sht 为第 10 行代码中新建的工作表，range(' A1 ')表示从 A1 单元格开始写入数据；value 表示数据；pivot 为要写入的数据。

第 12 行代码：作用是将第 5 行新建的 Excel 文档保存为"销售明细表全部数据透视表.xlsx"。save( )方法用来保存 Excel 文档，其参数用来设置 Excel 文档的名称和路径。

第 13 行代码：作用是关闭第 5 行新建的 Excel 文档。

第 14 行代码：作用是关闭第 4 行打开的 Excel 文档。

第 15 行代码：作用是退出 Excel 程序。

4.9.6 综合案例：自动对 Excel 文档中的所有工作表分别进行分类汇总

在日常对 Excel 文档的处理中，如果想自动对 Excel 报表文件中所有工作表分别进行分类汇总，并将汇总结果分别写到不同的工作表中，可以使用 Python 程序自动处理。

下面批量对 E 盘"财务"文件夹中的 Excel 文档"销售明细表 2021.xlsx"中的所有工作表的数据进行分类汇总，并将汇总后的数据分别写到新的 Excel 文档的不同工作表中，如图 4-20 所示。

分别对各个工作表进行分类汇总

将分类汇总后的数据写入
新工作簿的不同工作表中

图 4-20　对所有工作表数据进行分类汇总

代码实现：

	代码	说明
01	`import xlwings as xw`	#导入 xlwings 模块
02	`import pandas as pd`	#导入 pandas 模块
03	`app=xw.App(visible=True,add_book=False)`	#启动 Excel 程序
04	`wb=app.books.open('e:\\财务\\销售明细表 2021.xlsx')`	#打开 Excel 文档
05	`new_wb=app.books.add()`	#新建一个 Excel 文档
06	`for i in wb.sheets:`	#遍历 Excel 文档中的工作表
07	`    data1=i.range('A1').options(pd.DataFrame,index=False,expand='table').value`	
		#读取工作表的所有数据
08	`    if '产品名称' in data1:`	#判断工作表是否是空表
09	`        data2=data1.groupby('产品名称').aggregate({'销售数量':'sum','总金额':'sum'})`	
		#将读取的数据按"产品名称"列分组并求和
10	`        new_sht=new_wb.sheets.add(f'{i.name}汇总')`	#新建工作表
11	`        new_sht.range('B:B').api.NumberFormat='0'`	#设置 B 列单元格格式
12	`        new_sht.range('C:C').api.NumberFormat='#,##0.00'`	#设置 C 列单元格格式
13	`        new_sht.range('A1').expand('table').value=data2`	
		#将处理好的数据复制到新工作表
14	`        new_sht.autofit()`	#自动调整新工作表的行高和列宽
15	`new_wb.save('e:\\财务\\销售明细表 2021 月度汇总.xlsx')`	#保存 Excel 文档
16	`new_wb.close()`	#关闭新建的 Excel 文档
17	`wb.close()`	#关闭 Excel 文档
18	`app.quit()`	#退出 Excel 程序

代码分析：

第 01 行代码：作用是导入 xlwings 模块，并指定模块的别名为 xw。

第 02 行代码：作用是导入 pandas 模块，并指定模块的别名为 pd。

第 03 行代码：作用是启动 Excel 程序。代码中，app 是新定义的变量，用来存储启动的 Excel 程序；App( )方法用来启动 Excel 程序，括号中的 visible 参数用来设置 Excel 程序是否可见，True 为可见，False 为不可见；add_book 参数用来设置启动 Excel 时是否自动创建新 Excel 文档，True 为自动创建，False 为不创建。

第 04 行代码：作用是打开已有的 Excel 文档。wb 为新定义的变量，用来存储打开的 Excel 文档；app 为启动的 Excel 程序；books.open( )方法用来打开 Excel 文档，括号中的参数为要打开的 Excel 文档名称和路径。

第 05 行代码：作用是新建一个 Excel 文档。

第 06 行代码：作用是用 for 循环依次处理 Excel 文档中的所有工作表。代码中，"for…in" 为 for 循环，i 为循环变量，第 07~14 行缩进部分代码为循环体，wb.sheets 用来生成当前打开的 Excel 文档中所有工作表名称的列表，如图 4-21 所示。

Sheets([<Sheet [销售明细表2021.xlsx]1月>, <Sheet [销售明细表2021.xlsx]2月>, <Sheet [销售明细表2021.xlsx]3月>, …])

图 4-21　wb.sheets 生成的列表

for 循环运行时，会遍历 wb.sheets 所生成的工作表名称的列表中的元素，并在每次循环时将遍历的元素存储在 i 循环变量中。当执行第 06 行代码时，开始第 1 次 for 循环，for 循环会访问 wb.sheets 中的第 1 个元素 "1 月"，并将其存在 i 循环变量中，然后运行 for 循环中的缩进部分代码（循环体部分），即第 07~14 行代码；执行完后，返回再次执行第 06 行代码，开始第 2 次 for 循环，访问列表中的第 2 个元素 "2 月"，并将其存在 i 循环变量中，然后运行 for 循环中的缩进部分代码，即第 07~14 行代码；就这样一直反复循环，直到最后一次循环完成后，结束 for 循环。

第 07 行代码：作用是将工作表中的数据读成 DataFrame 格式。代码中，data1 为新定义的变量，用来保存读取的数据；range(' A1 ')方法用来设置起始单元格，参数' A1 '表示 A1 单元格；options( )方法用来设置数据读取的类型。其参数 pd.DataFrame 的作用是将数据内容读取成 DataFrame 格式；index = False 参数用于设置索引，False 表示取消索引，True 表示将第 1 列作为索引列；expand =' table '参数用于扩展到整个表格，table 表示向整个表扩展，即选择整个表格；value 参数表示工作表数据。

第 08 行代码：作用是用 if 条件语句判断工作表中是否包含 "产品名称" 列标题（用来判断工作表是否空表，空表会导致程序出错）。如果 data1 中存储的数据中包含 "产品名称"，则执行第 09 行缩进部分的代码；如果不包含，则跳过缩进部分代码，执行下一次 for 循环。

第 09 行代码：作用是将第 07 行代码中读取的数据按指定的 "产品名称" 列进行分组并求和。代码中，data2 为新定义的变量，用来存储分组求和后的数据；data1 为第 7 行代码中读取的当前工作表中的数据；groupby( )函数用来将读取的数据按 "产品名称" 列分组；aggregate( )函数可以对分组后的数据进行多种方式的统计汇总，比如对多个指定的列进行不同的运算（如求和、求最小值等）。本例中分别对 "销售数量" 和 "总金额" 列进行了求和运行。

第 10 行代码：作用是在新建的 Excel 文档中新建工作表。代码中，new_sht 为新定义的变量，用来存储新建的工作表；new_wb 为第 5 行代码中新建的 Excel 文档；sheets.add(f'{i.name}汇总')方法的作用是新建工作表，括号中的参数为新工作表的名称。参数中 f 的作用是将不同类型的数据拼接成字符串。即以 f 开头时，字符串中大括号（{}）内的数据无须转换数据类型，就能被拼接成字符串；i.name 用来提取 i 中存储的工作表的名称。如果 i.name 为 "1 月"，则新工作表的名称为 "1 月汇总"。

第 11 行代码：作用是将新建工作表的 B 列单元格数字格式设置为 "数值" 格式（小数点位数为 0）。

第 12 行代码：作用是将新建工作表的 C 列单元格数字格式设置为 "数值" 格式，保留 2 位小数点并采用千分位格式。

第 13 行代码：作用是将 data2 中存储的分组数据写入到新建的工作表中。代码中，new_sht 为第 10 行代码中新建的工作表；range(' A1 ')表示从 A1 单元格开始写入数据；expand(' table ')的作用是扩展选择范围，参数 table 表示向整个表扩展，即选择整个表格；value 表示数据；" = " 右侧为要写入的数据。

第 14 行代码：作用是根据数据内容自动调整新工作表行高和列宽。代码中，autofit( )函数的作用是自动调整工作表的行高和列宽。

第 15 行代码：作用是将第 5 行新建的 Excel 文档保存为 "销售明细表 2021 月度汇总.xlsx"。

第 16 行代码：作用是关闭第 5 行新建的 Excel 文档。

第 17 行代码：作用是关闭第 4 行打开的 Excel 文档。

第 18 行代码：作用是退出 Excel 程序。

第 5 章　自动化图表制作实战

在日常做报表的过程中，经常需要绘制图表来配合分析报表数据。而 Python 可以自动制作各种专业图表，实现图表制作自动化。本章将通过大量的实战案例，讲解利用 Python 自动制作各种图表的方法和技巧。

5.1　安装绘制图表的模块

在 Python 当中，用于绘制图表的模块主要包括 Matplotlib 模块、Pyecharts 模块等，要使用这些模块绘制图表，首先要安装这些模块，下面讲解如何安装这些模块。

5.1.1　安装 Matplotlib 模块

安装 Matplotlib 模块时，首先打开"命令提示符"窗口，然后直接输入"pip install matplotlib"后按〈Enter〉键，开始安装 Matplotlib 模块，如图 5-1 所示。

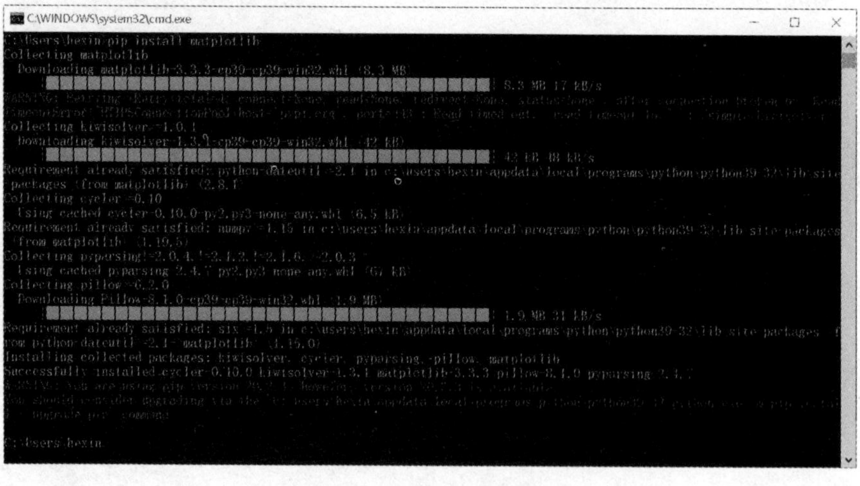

图 5-1　安装 Matplotlib 模块

5.1.2　安装 Pyecharts 模块

Pyecharts 模块的安装方法类似，首先打开"命令提示符"窗口，然后直接输入"pip install pyecharts"后按〈Enter〉键，开始安装 Pyecharts 模块。安装完成后同样会提示"Successfully installed"，如图 5-2 所示。

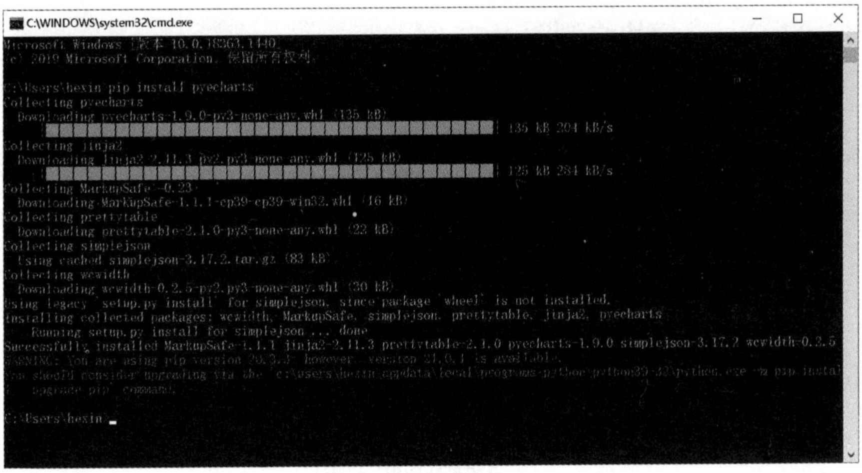

图 5-2　安装 Pyecharts 模块

5.2　图表制作流程

5.2.1　利用 Matplotlib 模块绘制图表的流程

利用 Matplotlib 模块绘制图表的流程如图 5-3 所示。

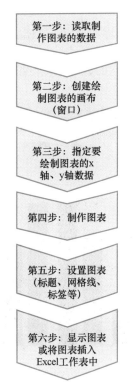

图 5-3　利用 Matplotlib 模块绘制图表的流程

5.2.2 利用 Pyecharts 模块绘制图表的流程

利用 Pyecharts 模块绘制图表的流程如图 5-4 所示。

图 5-4 利用 Pyecharts 模块绘制图表的流程

5.2.3 Pyecharts 模块制作图表程序代码编写格式

在编写图表的程序代码时，需要按一定的格式要求来编写，下面先介绍 Pyecharts 模块制作图表程序代码的基本格式组成。

以图 5-5 所示的柱状图表（直角坐标系图表）为例，其代码如下所示。

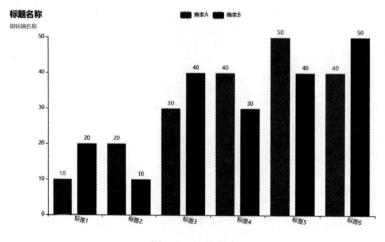

图 5-5 柱状图表

```
01  from pyecharts import options as opts          #导入 Pyecharts 模块中的 Options 类
02  from pyecharts.charts import Bar                #导入 Pyecharts 模块中的 Bar 类
03  x=['标签 1', '标签 2', '标签 3', '标签 4', '标签 5', '标签 6']    #指定图表的 x 轴数据
04  y1=[10, 20, 30, 40, 50, 40]                     #指定图表的第 1 个 y 轴数据
05  y2=[20, 10, 40, 30, 40, 50]                     #指定图表的第 2 个 y 轴数据
06  b = Bar()                                       #指定 b 为折线图的方法
07  b.add_xaxis(x)                                  #添加 x 轴数据制作图表
08  b.add_yaxis('商家 A', y1)                        #添加第一个 y 轴数据制作图表
09  b.add_yaxis('商家 B', y2)                        # 添加第二个 y 轴数据制作图表
10  b.set_global_opts(
          xaxis_opts=opts.AxisOpts(axislabel_opts=opts.LabelOpts(rotate=-15)),
          title_opts=opts.TitleOpts(title='标题名称', subtitle='副标题名称'),
      )                                             #设置图表标题等参数
11  b.render(path='e:\\柱形图.html')                 #输出制作好的图表
```

上面编写的图表程序代码主要分为下面几个部分：

1）第一部分（第 01 和 02 行代码）：导入需要的模块和子模块。

2）第二部分（第 03~05 行代码）：指定制作图表的数据。

这些数据要分别以列表的形式提供。其中第 03 行代码为 x 轴数据，第 04 行代码为 y1 轴数据，第 05 行代码为 y2 轴数据。

3）第三部分（第 06~09 行代码）：添加 x 轴和 y 轴数据制作图表。

其中第 06 行代码为指定图表函数（程序中指定 b 为 Bar( )方法）；第 07 行代码为添加 x 轴数据，x 轴数据作为图表的标签项。代码中 add_xaxis( )函数用来添加 x 轴数据，将 x 轴数据列表作为参数直接放在函数参数中即可；第 08 行代码为添加第 1 个 y 轴数据，第 09 行代码为添加第 2 个 y 轴数据。如果需要给多组数据同时制作图表进行比较，可以分别给每组数据增加一个 y 轴。

4）第四部分（第 10 行代码）：设置图表，一般通过全局配置项和系统配置项来设置图表。

5）第五部分（第 11 行代码）：输出图表文件，通常输出的图表文件为 ".html" 格式网页文件（可以用浏览器打开，然后另存为 PNG 图片格式）。

上面制作的柱状图表为一个直角坐标系的图表，下面来讲解非直角坐标系图表的程序代码格式。

以图 5-6 所示的饼图为例，其代码如下所示。

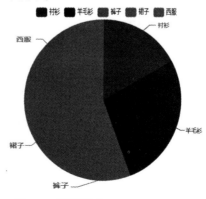

图 5-6 饼图图表

```
01  from pyecharts import options as opts       #导入 Pyecharts 模块中的 Options 类
02  from pyecharts.charts importPie             #导入 Pyecharts 模块中的 Bar 类
03  x=['衬衫','羊毛衫','裤子','裙子','西服']       #指定图表的标签项数据
04  y=[200,325,160,200, 300]                    #指定图表的数值项(占比)数据
05  data = [ list(z) for z in zip(x, y)]         #将图表数据组合为列表
06  p = Pie()                                    #指定 p 为饼图的方法
07  p.add ('销量占比',data)                       #添加数据制作图表
08  p.set_global_opts(title_opts=opts.TitleOpts(title='销量占比分析'))   #设置图表
09  p.render(path=' e:\\饼图.html ')             #输出图表
```

上面程序代码中，同样分为五个部分：

1）第一部分（第01~02行代码）：导入需要的模块和子模块。

2）第二部分（第03~05行代码）：指定制作图表的数据，并将数据组合为列表。

3）第三部分（第06~07行代码）：添加数据制作图表。

4）第四部分（第08行代码）：设置图表，一般通过全局配置项和系统配置项来设置图表。

5）第五部分（第09行代码）：输出图表文件，通常输出的图表文件为".html"格式网页文件（可以用浏览器打开，然后另存为 PNG 图片格式）。

直角坐标系图表和非直角坐标系图表的不同点：饼图添加数据制作图表的部分，不像柱状图，不需要分别添加 x 轴数据和 y 轴数据；制作饼图时，要将标签项数据和数值项数据先组成一个新数据列表，再添加给 add( )函数。

5.3 图表绘制自动化综合案例

5.3.1 综合案例：自动制作销售额占比分析饼图

饼图通常用来描述比例、构成等信息，如某企业各类产品销售额的占比情况、某单位各类人员的组成、各组成部分的构成情况等。

下面用公司各类产品销售额做一个饼图，来显示各类产品的销售额占比情况。图 5-7 所示为利用 E 盘"财务"文件夹下"销售额明细.xlsx" Excel 文档中的数据制作的饼图图表。

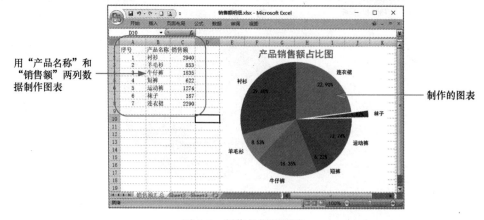

图 5-7　制作的饼图图表

代码实现：

如下所示为将销售数据制作为饼图图表的程序代码。

```
01  import pandas as pd                                          #导入 Pandas 模块
02  import matplotlib.pyplot as plt                             #导入 Matplotlib 模块
03  import xlwings as xw                                         #导入 xlwings 模块
04  df=pd.read_excel('e:\\财务\\销售额明细.xlsx',sheet_name='销售额汇总')
                                                                 #读取制作图表的数据
05  x=df['产品名称']                #指定数据中的"产品名称"列作为各类别的标签
06  y=df['销售额']                  #指定数据中的"销售额"列作为计算列表的占比
07  fig=plt.figure()                                             #创建一个绘图画布
08  plt.rcParams['font.sans-serif']=['SimHei']                  #解决中文显示乱码的问题
09  plt.rcParams['axes.unicode_minus']=False                    #解决负号无法正常显示的问题
10  plt.pie(y,labels=x,labeldistance=1.1,autopct='%.2f%%',pctdistance=0.8,startangle=90,
    radius=1.0, explode=[0,0,0,0,0,0.3,0])                       #制作饼图图表
11  plt.title('产品销售额占比图',fontdict={'color':'red','size':18},loc='center')
                                                                 #为图表添加标题
12  app=xw.App(visible=True)                                     #打开 Excel 程序
13  wb=app.books.open('e:\\财务\\销售额明细.xlsx')              #打开 Excel 文档
14  sht=wb.sheets('销售额汇总')                                  #选择"销售额汇总"工作表
15  sht.pictures.add(fig,name='销售额占比图表',update=True,left=200)
                                                                 #在工作表中插入绘制的图表
16  wb.save()                                                    #保存 Excel 文档
17  wb.close()                                                   #关闭打开的 Excel 文档
18  app.quit()                                                   #退出 Excel 程序
```

代码分析：

第 01 行代码：作用是导入 Pandas 模块，并指定模块的别名为 pd。

第 02 行代码：作用是导入 Matplotlib 模块中的 pyplot 子模块，并指定模块的别名为 plt。

第 03 行代码：作用是导入 xlwings 模块，并指定模块的别名为 xw。

第 04 行代码：作用是读取 Excel 文档中的数据。代码中 read_excel( ) 函数的作用是读取 Excel 文档中的数据，括号中为其参数，其中第 1 个参数为所读 Excel 文档的名称和路径，sheet_name ='销售额汇总'表示所读取的工作表，如果想读取所有工作表，就将 sheet_name 的值设置为 None。

第 05 行代码：作用是指定数据中的"产品名称"列作为各类别的标签。代码中，x 为新定义的变量，用于存储选择的"产品名称"列数据；df['产品名称']用来选择上一行代码中所读取的"产品名称"列数据。

第 06 行代码：作用是指定数据中的"销售额"列作为计算列表的占比。代码中，y 为新定义的变量，用于存储选择的"销售额"列数据；df['销售额']用来选择上一行代码中所读取的"销售额"列数据。

第 07 行代码：作用是创建一个绘图画布。代码中 figure( ) 函数的作用是创建绘图画布。

第 08 行代码：作用是为图表中的中文文本设置默认字体，以避免中文显示乱码的问题。

用 Python 让办公快速实现自动化

第 09 行代码：作用是解决坐标值为负数时无法正常显示负号的问题。

第 10 行代码：作用是根据指定的数据制作饼图。代码中 pie( ) 函数的作用是制作饼图，括号中为其参数，各参数的用法参考表 5-1 所示。参数 explode 用来指定突出显示的部分，它的值为一个列表，一般占比中有几个产品，列表就有几个元素，列表的元素中 0 表示不突出，0.3 表示突出 30%。

pie( ) 函数的语法如下。

pie(x, explode = None, labels = None, colors = None, autopct = None, pctdistance = 0.6, shadow = False, labeldistance = 1.1, startangle = None, radius = None, counterclock = True, wedgeprops = None, textprops = None, center = (0, 0), frame = False)。

表 5-1　pie( ) 函数参数功能

参　　数	功　　能
x	指定绘图的数据
explode	指定饼图某些部分的突出显示，即设置饼块相对于饼圆半径的偏移距离，取值为小数。默认值为 None
labels	为饼图添加标签说明，类似于图例说明。默认值为 None
colors	指定饼图的填充颜色。颜色会循环使用。默认值为 None 时，使用当前色彩循环
autopct	自动添加百分比显示，可以采用格式化的方法显示，也可以设置为 None 或字符串或可调用对象。默认值为 None。如果值为格式字符串，标签将被格式化。如果值为函数，将被直接调用
pctdistance	设置百分比标签与圆心的距离。默认值为 0.6，autopct 不为 None 时该参数生效
shadow	设置是否添加饼图的阴影效果。默认值为 False
labeldistance	设置各扇形标签（图例）与圆心的距离，默认值为 1.1。如果设置为 None，标签不会显示，但是图例可以使用标签
startangle	设置饼图的初始摆放角度。默认值为 0，即从 x 轴开始，角度逆时针旋转
radius	设置饼图的半径大小。默认值为 1.0
counterclock	设置是否让饼图按逆时针顺序呈现。默认值为 True
wedgeprops	设置饼图内外边界的属性，如边界线的粗细、颜色等。默认值为 None
textprops	设置饼图中文本的属性，如字体大小、颜色等；默认值为 None
center	指定饼图的中心点位置，默认为原点（0,0）
frame	设置是否要显示饼图背后的图框，如果设置为 True，需要同时控制图框 x 轴、y 轴的范围和饼图的中心位置。默认为 False
rotatelabels	设置饼图外标签是否按饼块角度旋转。默认为 False

第 11 行代码：作用是为图表添加标题。代码中 title( ) 函数用来设置图表的标题。括号中为其参数，各个参数的功能见表 5-2。title( ) 函数的语法如下。

title(label, fontdict = None, loc = None, pad = None, y = None)。

表 5-2　title( ) 函数参数功能

参　　数	功　　能
label	标题文本内容
fontdict	一个字典，用来控制标题文本的字体、字号和颜色

（续）

参　　数	功　　能
loc	图表标题的显示位置，默认为'center'（水平居中），样式还包括'left'（水平居左），'right'（水平居右）
pad	图表标题离图表坐标系顶部的距离，默认为 None
y	图表标题的垂直位置，默认为 None，自动确定

第 12 行代码：作用是启动 Excel 程序。代码中，app 为新定义的变量，用来存储 Excel 程序；xw 表示 xlwings 模块；App（visible＝True）方法的作用是启动 Excel 程序，括号中为其参数，visible 参数用来设置程序是否可见，True 表示可见（默认），False 表示不可见。

第 13 行代码：作用是打开 E 盘"财务"文件夹下的"销售额明细.xlsx" Excel 文档文件。代码中，wb 为新定义的变量，用来存储打开的 Excel 文档；app 表示启动的 Excel 程序；books.open（'e:\\财务\\销售额明细.xlsx'）方法用来打开 Excel 文档，括号中为要打开的 Excel 文档的文件名和路径。

第 14 行代码：作用是选择"销售额汇总"工作表。代码中，sht 为新定义的变量，用来存储所选择的工作表；wb 为上一行代码中启动的 Excel 程序；sheets（'销售额汇总'）用来选择工作表，括号中的参数为所选择的工作表的名称。

第 15 行代码：作用是在工作表中插入图片。代码中 pictures.add（）函数用于插入图片。括号中为其参数，各个参数的功能见表 5-3。pictures.add（）函数的语法如下。

add（image，link_to_file＝False，save_with_document＝True，left＝0，top＝0，width＝None，height＝None，name＝None，update＝False）。

表 5-3　pictures.add（）函数参数功能

参　　数	功　　能
image	要插入的图片文件
link_to_file	要链接的文件
save_with_document	将图片与文档一起保存
left	图片左上角相对于文档左上角的位置（以磅为单位）
top	图片左上角相对于文档顶部的位置（以磅为单位）
width	图片的宽度，以磅为单位（输入-1 可保留现有文件的宽度）
height	图片的高度，以磅为单位（输入-1 可保留现有文件的高度）
name	设置图表的名称
update	移动和缩放图表，True 为允许，False 为不允许

第 16 行代码：作用是保存第 13 行代码中打开的 Excel 文档文件。

第 17 行代码：作用是关闭第 13 行代码中打开的 Excel 文档文件。

第 18 行代码：作用是退出 Excel 程序。

5.3.2　综合案例：自动制作公司产品销量对比柱状图

柱形图用于显示一段时间内的数据变化或显示各项之间的比较情况。下面用柱状图显示公司各种产品销量情况对比，如图 5-8 所示为利用 E 盘"财务"文件夹下"产品销售表.xlsx"Excel 文档中的数据制作的柱状图表。

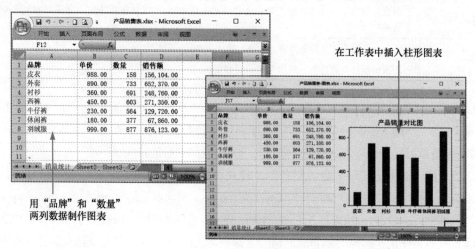

图 5-8 制作的柱状图表

代码实现：

如下所示为将产品销量制作为柱状图表的程序代码。

```
01  import pandas as pd                                    #导入 Pandas 模块
02  import matplotlib.pyplot as plt                        #导入 Matplotlib 模块
03  import xlwings as xw                                   #导入 xlwings 模块
04  df=pd.read_excel('e:\\财务\\产品销售表.xlsx',sheet_name='销量统计')
                                                           #读取制作图表的数据
05  x=df['品牌']                                           #指定"品牌"列数据作为 x 轴的标签
06  y=df['数量']                                           #指定"数量"列数据作为 y 轴的标签
07  fig=plt.figure(figsize=(4,3))                          #创建一个绘图画布
08  plt.rcParams['font.sans-serif']=['SimHei']            #解决中文显示乱码的问题
09  plt.rcParams['axes.unicode_minus']=False              #解决负号无法正常显示的问题
10  plt.bar(x,y,width=0.5,align='center',color='blue')         #制作柱状图表
11  plt.title(label='产品销量对比图',fontdict={'color':'blue','size':14},loc='center')
                                                           #为图表添加标题
12  app=xw.App(visible=True)                               #打开 Excel 程序
13  wb=app.books.open('e:\\财务\\产品销售表.xlsx')          #打开 Excel 文档
14  sht=wb.sheets('销量统计')                              #新建一个工作表
15  sht.pictures.add(fig,name='图表 1',update=True,left=200)   #在工作表中插入图表
16  wb.save('e:\\财务\\产品销售表-图表.xlsx')               #另存 Excel 文档
17  wb.close()                                             #关闭打开的 Excel 文档
18  app.quit()                                             #退出 Excel 程序
```

代码分析：

第 01 行代码：作用是导入 Pandas 模块，并指定模块的别名为 pd。

第 02 行代码：作用是导入 Matplotlib 模块中的 pyplot 子模块，并指定模块的别名为 plt。

第 03 行代码：作用是导入 xlwings 模块，并指定模块的别名为 xw。

第 04 行代码：作用是读取 Excel 文档中的数据。代码中 read_excel( ) 函数的作用是读取 Excel 文档中的数据，括号中为其参数，第 1 个参数为所读 Excel 文档的名称和路径，sheet_name = '销售统计' 参数用于指定所读取的工作表名称。

第 05 行代码：作用是指定数据中的"品牌"列作为 x 轴的标签。代码中，x 为新定义的变量，用于存储选择的"品牌"列数据；df['品牌'] 用来选择数据中的"品牌"列数据。

第 06 行代码：作用是指定数据中"数量"列作为 y 轴标签。代码中，y 为新定义的变量，用于存储选择的"数量"列数据；df['数量'] 用来选择数据中的"数量"列数据。

第 07 行代码：作用是创建一个绘图画布。代码中 figure( ) 函数的作用是创建绘图画布。其参数 figsize = (4,3) 用来设置画布大小，(4,3) 为画布宽度和高度，单位为英寸（1 英寸为 2.54 厘米）。

第 08 行代码：作用是为图表中的中文文本设置默认字体，以避免中文显示乱码的问题。

第 09 行代码：作用是解决坐标值为负数时无法正常显示负号的问题。

第 10 行代码：作用是制作柱状图表。代码中，plt 表示 Matplotlib 模块；bar( ) 函数用来制作柱状图。括号中的 "x,y,width = 0.5,align = ' center ',color = ' blue '" 为其参数，x 和 y 为柱状图坐标轴的值；width = 0.5 用来设置柱形的宽度，align = ' center ' 参数用来设置柱形的位置与 y 坐标的关系（center 为中心），color = ' blue ' 参数用来设置柱形的填充颜色。

第 11 行代码：作用是为图表添加标题。代码中 title( ) 函数用来设置图表的标题。括号中的 label = '产品销量对比' 参数用来设置标题文本内容，fontdict = {' color ':' blue ',' size ':14} 参数用来设置标题文本的字体、字号、颜色，loc = ' center ' 参数用来设置图表标题的显示位置。

第 12 行代码：作用是启动 Excel 程序。代码中，app 为新定义的变量，用来存储 Excel 程序；xw 表示 xlwings 模块；App（visible = True）方法的作用是启动 Excel 程序，括号中为其参数，visible 参数用来设置程序是否可见，True 表示可见（默认），False 表示不可见。

第 13 行代码：作用是打开已有的 Excel 文档文件。wb 为新定义的变量，用来存储打开的 Excel 文档文件；app 为启动的 Excel 程序；books.open( ) 方法用来打开 Excel 文档文件，括号中的参数为要打开的 Excel 文档文件名称和路径。

第 14 行代码：作用是选择工作表。代码中，sht 为新定义的变量，用来存储所选择的工作表；wb 为启动的 Excel 程序；sheets（'销量统计'）方法用来选择一个工作表，括号中的参数为所选工作表的名称。

第 15 行代码：作用是将创建的图表插入工作表中。代码中 pictures.add( ) 函数用于插入图片，括号中的 fig 参数为前面创建的图表画布。name = '图表 1 ' 用来设置所插入的图表的名称。update = True 用来设置是否可以移动图表，True 表示可以移动。left = 200 用来设置图表左上角相对于文档左上角的位置（以磅为单位）。

第 16 行代码：作用是另存 Excel 文档文件，括号中参数为所存 Excel 文档的名称和路径。

第 17 行代码：作用是关闭 Excel 文档文件。

第 18 行代码：作用是退出 Excel 程序。

5.3.3 综合案例：自动制作公司各月销售分析折线图

折线图用于显示数据变化趋势以及变化幅度，可以直观地反映这种变化以及各组数据之间的差别。下面用折线图显示公司每月销量变化情况，图 5-9 所示为利用 E 盘 "财务" 文件夹下 "公司销售数据表.xlsx" Excel 文档中的数据制作的折线图表。

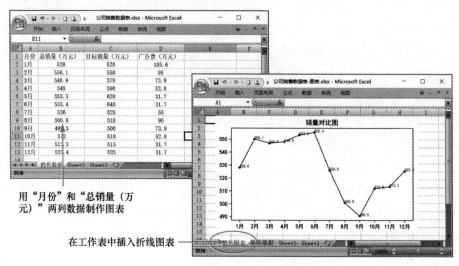

用 "月份" 和 "总销量（万元）" 两列数据制作图表

在工作表中插入折线图表

图 5-9　制作的折线图表

代码实现：

如下所示为将产品销量制作为折线图表的程序代码。

```
01  import pandas as pd                              #导入 Pandas 模块
02  import matplotlib.pyplot as plt                  #导入 Matplotlib 模块
03  import xlwings as xw                             #导入 xlwings 模块
04  df=pd.read_excel('e:\\财务\\公司销售数据表.xlsx',sheet_name='销售数据')
                                                     #读取制作图表的数据
05  x=df['月份']                                     #指定 "月份" 列数据作为 x 轴的标签
06  y=df['总销量(万元)']                             #指定 "总销量" 列数据作为 y 轴标签
07  fig=plt.figure(figsize=(6,3))                    #创建一个绘图画布
08  plt.rcParams['font.sans-serif']=['SimHei']       #解决中文显示乱码的问题
09  plt.rcParams['axes.unicode_minus']=False         #解决负号无法正常显示的问题
10  plt.plot(x,y,linewidth=1,linestyle='solid',marker='o',markersize=3,color='blue')
                                                     #制作折线图表
11  plt.title(label='销量对比图',fontdict={'color':'black','size':12},loc='center')
                                                     #为图表添加标题
12  for a,b in zip(x,y):                             #生成数据元组组成的列表
13    plt.text(a,b,b,fontdict={'family':'KaiTi','color':'red','size':7})
                                                     #为图表添加设置数据标签
14  app=xw.App(visible=True)                         #打开 Excel 程序
```

```
15  wb=app.books.open('e:\财务\公司销售数据表.xlsx')              #打开 Excel 文档
16  sht=wb.sheets.add('销售图表')                                #新建一个工作表
17  sht.pictures.add(fig,name='图 1',update=True,left=20)       #在工作表中插入绘制的图表
18  wb.save('e:\财务\公司销售数据表-图表.xlsx')                   #另存 Excel 文档
19  wb.close()                                                  #关闭打开的 Excel 文档
20  app.quit()                                                  #退出 Excel 程序
```

代码分析：

第 01 行代码：作用是导入 Pandas 模块，并指定模块的别名为 pd。

第 02 行代码：作用是导入 Matplotlib 模块中的 pyplot 子模块，并指定模块的别名为 plt。

第 03 行代码：作用是导入 xlwings 模块，并指定模块的别名为 xw。

第 04 行代码：作用是读取 Excel 文档中的数据。代码中 read_excel( ) 函数的作用是读取 Excel 文档中的数据，括号中为其参数，第 1 个参数为所读 Excel 文档的名称和路径，sheet_name ='销售数据'参数指定所读取的工作表名称。

第 05 行代码：作用是指定数据中的"月份"列作为 x 轴标签。代码中，x 为新定义的变量，用于存储选择的"月份"列数据，df['月份']用来选择数据中的"月份"列数据。

第 06 行代码：作用是指定数据中的"总销量（万元）"列作为计算列表的占比。代码中，y 为新定义的变量，用于存储选择的"总销量（万元）"列数据，df['数量']用来选择数据中的"总销量（万元）"列数据。

第 07 行代码：作用是创建一个绘图画布。代码中 figure( ) 函数的作用是创建绘图画布。其参数 figsize=(6,3)用来设置画布大小，(6,3) 为画布宽度和高度，单位为英寸（1 英寸为 2.54 厘米）。

第 08 行代码：作用是为图表中的中文文本设置默认字体，以避免中文显示乱码的问题。

第 09 行代码：作用是解决坐标值为负数时无法正常显示负号的问题。

第 10 行代码：作用是制作柱状图表。代码中，plt 表示 Matplotlib 模块；plot( ) 函数用来制作折线图。括号中的 x 和 y 参数为折线图坐标轴的值；linewidth=1 参数用来设置折线的粗细，linestyle=' solid '参数用于设置折线的线型为实线（dashed 为虚线）；marker=' o '参数设置折线数据标记点为圆点（s 为正方形，＊为五角星）；markersize=3 参数设置标记点大小；color=' blue '参数用来设置柱形的填充颜色。

第 11 行代码：作用是为图表添加标题。代码中 title( ) 函数用来设置图表的标题。括号中 label ='销量对比图'参数用来设置标题文本内容；fontdict={' color ':' black ',' size ':12}参数用来设置标题文本的字体、字号、颜色；loc=' center '用来设置图表标题的显示位置。

第 12 行代码：作用是生成数据元组组成的列表，为数据标签提供数据。代码中，"for…in" 为 for 循环，a 和 b 为设置的两个循环变量；zip(x,y)用于将 x 轴数据和 y 轴数据对应的数值打包成一个元组，然后返回由这些元组组成的列表。for 循环会遍历 zip( ) 函数生成的列表中的元素，并将每个元素存储在 a 和 b 循环变量中。for 循环运行第 1 次时，会访问 zip( ) 函数生成的列表中的第 1 个元素（1月，528），并将"1 月"存储在 a 变量中，将 528 存储在 b 变量中，接着执行循环体部分代码（即第 13 行代码），完成后开始第 2 次循环，访问列表中的第 2 个元素。就这样一直循环到最后一个元素，循环结束，开始执行第 14 行代码。

第 13 行代码：作用是为折线添加设置数据标签。代码中，plt.text 函数用来设置数据标签，括号

中的第 1 个参数 x＝a 用来设置数据标签的 x 轴坐标，y＝b 参数用来设置数据标签的 y 轴坐标，s＝b 参数用来设置数据标签的文本内容，当 a 中存储值为 "1 月" 时，x 轴坐标为 "1 月"，对应的 y 轴坐标就为 528，数据标签的文本内容为 528。fontdict =｛' family '：' KaiTi '，' color '：' red '，' size '：7｝参数用来设置数据标签的字体、字号、颜色。

第 14 行代码：作用是启动 Excel 程序。代码中，app 为新定义的变量，用来存储 Excel 程序；xw 表示 xlwings 模块；App（visible＝True）方法的作用是启动 Excel 程序，括号中为其参数，"visible" 参数用来设置程序是否可见，True 表示可见（默认），False 表示不可见。

第 15 行代码：作用是打开已有的 Excel 文档文件。wb 为新定义的变量，用来存储打开的 Excel 文档文件；app 为启动的 Excel 程序；books.open（）方法用来打开 Excel 文档文件，括号中的参数为要打开的 Excel 文档文件名称和路径。

第 16 行代码：作用是新建一个工作表。代码中，sht 为新定义的变量，用来存储新建的工作表；wb 为启动的 Excel 程序；sheets.add（'销量图表'）方法用来新建一个工作表，括号中的参数用来设置新工作表的名称。

第 17 行代码：作用是将创建的图表插入工作表中。代码中 pictures.add（）函数用于插入图片，括号中 fig 参数为前面创建的图表画布，name＝'图 1 '用来设置所插入的图表的名称，update＝True 用来设置是否可以移动图表（True 表示可以移动），left＝20 用来设置图表左上角相对于文档左上角的位置（以磅为单位）。

第 18 行代码：作用是另存 Excel 文档文件，括号中参数为所存 Excel 文档的名称和路径。

第 19 行代码：作用是关闭 Excel 文档文件。

第 20 行代码：作用是退出 Excel 程序。

5.3.4　综合案例：自动制作公司销售目标进度分析仪表盘图

仪表盘图通常用来描述比例、占比等信息，如某企业某一类产品销售额完成的占比情况等。

下面用公司销售目标完成率制作一个仪表盘图，用来显示公司年度销售任务完成情况。图 5-10 所示为根据公司销售完成率数据制作的仪表盘图表。

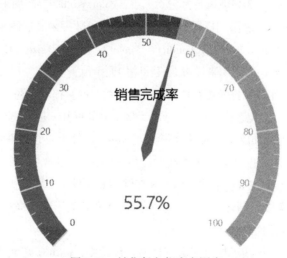

图 5-10　销售任务仪表盘图表

代码实现：

如下所示为将销售目标制作为仪表盘图表的程序代码。

```
01  from pyecharts import options as opts          #导入Pyecharts模块中的Options
02  from pyecharts.charts import Gauge             #导入Pyecharts模块中的Gauge
03  rate=0.557                                     #指定销售任务进度率
04  g = Gauge()                                    #指定g为仪表盘方法
05  g.add("",[('销售完成率',rate*100)],axisline_opts=opts.AxisLineOpts(linestyle_opts=
    opts.LineStyleOpts(color=[(rate,'#37a2da'), (1,'#d2cfd5')], width=30)), title_label_opts
    =opts.LabelOpts(font_size=18,color='black',font_family='Microsoft YaHei'),detail_label
    _opts=opts.LabelOpts(formatter='{value}%',font_size=23, color='red'))
                                                   #制作仪表盘图表
06  g.render(path='e:\财务\仪表盘图表.html')       #将图表保存为"仪表盘图表.html"文件
```

代码分析：

第01行代码：作用是导入Pyecharts模块中的Options，并指定模块的别名为opts。

第02行代码：作用是导入Pyecharts模块中charts子模块中的Gauge。

第03行代码：作用是新定义的变量rate，并将销售任务进度率（完成的销售额/销售目标额）保存到变量中。

第04行代码：作用是指定g为仪表盘方法。

第05行代码：作用是根据指定的数据制作仪表盘图表。代码中add()函数的作用是添加图表的数据和设置各种配置项。代码中""用来设置仪表盘上面的标签，引号中没有内容表示不添加标签，如果想添加标签，在引号中加入标签内容即可；[('销售完成率',rate * 100)]参数用来设置仪表盘内部的标签和百分比数字；axisline_opts＝opts.AxisLineOpts()参数用来设置仪表盘的颜色、宽度等参数，仪表盘的颜色用一个多维列表来设置。(1,"#d2cfd5")参数中1表示设置颜色结束的位置，仪表盘起始位置为0，中间位置为0.5，结束位置为1,"#d2cfd5"为十六进制颜色代码，width＝30参数用来设置仪表盘宽度；title_label_opts＝opts.LabelOpts()参数用来设置仪表盘内部文字标签的字号、字体、颜色等；detail_label_opts＝opts.LabelOpts()参数用来设置百分比数字标签的字号、颜色及格式，如果想去掉数字标签的"%"，将参数中的'{value}%'修改为'{value}'即可。

第06行代码：作用是将图表保存成网页格式文件。render()函数的作用是保存图表，默认将会在根目录下生成一个render.html的文件。此函数可以用path参数设置文件保存位置。代码中将图表保存为E盘"财务"文件夹下的"仪表盘图表.html"文件。

提示：用浏览器打开此图表文件，可先在文件上右击鼠标，从"打开方式"菜单中选择浏览器来打开，然后在打开的图表上右击鼠标，选择"图片另存为"命令，可以将图表另存为PNG格式图片。

5.3.5 综合案例：自动制作公司现金流量分析组合图

折线图主要用于显示数据变化的趋势和变化幅度，而面积图则是一种随时间变化而改变范围的图表，主要强调数量与时间的关系。

下面用公司现金流量表数据制作一个折线图和面积图的组合图，用来显示公司财务状况及现金流量情况。图 5-11 所示为利用 E 盘 "财务" 文件夹下 "现金流量表.xlsx" Excel 文档中的数据制作的折线图和面积图的组合图表。

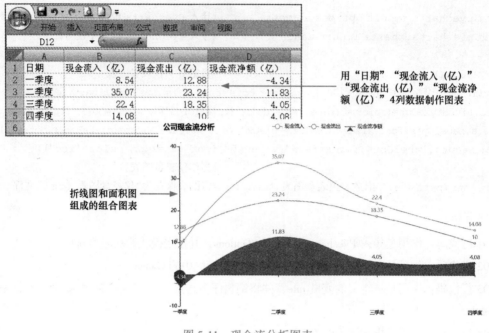

图 5-11　现金流分析图表

代码实现：

如下所示为将公司现金流量数据制作为面积图和折线图组合图表的程序代码。

```
01  import pandas as pd                          #导入 Pandas 模块
02  from pyecharts import options as opts        #导入 Pyecharts 模块中的 Options
03  from pyecharts.charts importLine             #导入 Pyecharts 模块中的 Line
04  df=pd.read_excel('e:\\财务\\现金流量表.xlsx',sheet_name =0)    #读取制作图表的数据
05  df_list = df.values.tolist()                 #将 DataFrame 格式数据转换为列表
06  x=[]                                         #新建列表 x 作为 x 轴数据
07  y1=[]                                        #新建列表 y1 作为第 1 个 y 轴数据
08  y2=[]                                        #新建列表 y2 作为第 2 个 y 轴数据
09  y3=[]                                        #新建列表 y3 作为第 3 个 y 轴数据
10  for data in df_list:                         #遍历数据列表 df_list
11    x.append(data[0])                          #将 data 中的第 1 个元素加入列表 x
12    y1.append(data[1])                         #将 data 中的第 2 个元素加入列表 y1
13    y2.append(data[2])                         #将 data 中的第 3 个元素加入列表 y2
14    y3.append('%.2f'%data[3])                  #将 data 中的第 4 个元素加入列表 y3
15  l= Line()                                    #指定 l 为折线图的方法
16  l.add_xaxis(x)                               #添加折线图 x 轴数据
17  l.add_yaxis('现金流入', y1,color= '#FF1493',is_smooth=True)
                                                 #添加第 1 个折线 y 轴数据
18  l.add_yaxis('现金流出', y2,color='#00BFFF',is_smooth=True)
```

```
                                                    #添加第 2 个折线 y 轴数据
19  l.add_yaxis('现金流净额', y3,color='#FFA500', is_smooth=True,areastyle_opts=opts.
    AreaStyleOpts(opacity=0.5),symbol='arrow',markpoint_opts=opts.MarkPointOpts
    (data=[opts.MarkPointItem(type_='min')]))    #添加第 3 个折线面积图 y 轴数据
20  l.set_global_opts(title_opts=opts.TitleOpts(title='公司现金流分析',pos_left='5%'),
    xaxis_opts=opts.AxisOpts(axistick_opts=opts.AxisTickOpts(is_align_with_label
    =True),is_scale=False,boundary_gap=False))   #设置图表的标题及位置
21  l.render(path='e:\\财务\\折线与面积组合图.html')
                                                    #将图表保存为"折线与面积组合图.html"文件
```

代码分析：

第 01 行代码：作用是导入 Pandas 模块，并指定模块的别名为 pd。

第 02 行代码：作用是导入 Pyecharts 模块中的 Options，并指定模块的别名为 opts。

第 03 行代码：作用是导入 Pyecharts 模块中 charts 子模块中的 Line。

第 04 行代码：作用是读取 Excel 文档中的数据。代码中 read_excel( ) 函数的作用是读取 Excel 文档中的数据，括号中为其参数，其中第 1 个参数为所读 Excel 文档的名称和路径；sheet_name = 0 表示读取第 1 个工作表，如果想读取所有工作表，就将 sheet_name 的值设置为 "None"。

第 05 行代码：作用是将 DataFrame 格式数据转换为列表。代码中 tolist( ) 函数用于将矩阵（matrix）和数组（array）转化为列表（制作柱形图表时需要用列表形式的数据）；"df.values" 用于获取 DataFrame 格式数据中的数据部分。

第 06~09 行代码：作用是新建空列表，用于后面存放制作图表的数据。

第 10 行代码：作用是遍历第 05 行代码中生成的数据列表 df_list（图 5-12 所示为 "df_list" 列表中存放的数据）中的元素。

```
[['一季度', 8.54, 12.88, -4.340000000000002], ['二季度', 35.07, 23.24, 11.830000000000002],
['三季度', 22.4, 18.35, 4.049999999999997], ['四季度', 14.08, 10.0, 4.08]]
```

图 5-12 df_list 列表中存放的数据

当 for 循环第 1 次循环时，将 df_list 列表中的第 1 个元素 "['一季度', 8.54, 12.88, -4.340000000000002]" 存放在 data 变量中，然后执行下面缩进部分的代码（第 11~14 行代码）。接着运行第 10 行代码，执行第 2 次循环；当执行最后一次循环时，将最后一个元素存放在 data 变量中，然后执行缩进部分代码，完成后结束循环，执行非缩进部分代码。

第 11 行代码：作用是将 data 变量中保存的元素列表中的第 1 个元素添加到列表 x 中。

第 12 行代码：作用是将 data 变量中保存的元素列表中的第 2 个元素添加到列表 y1 中。

第 13 行代码：作用是将 data 变量中保存的元素列表中的第 3 个元素添加到列表 y2 中。

第 14 行代码：作用是将 data 变量中保存的元素列表中的第 4 个元素保留两位小数后添加到列表 y3 中。

第 15 行代码：作用是指定 l 为折线图的方法。

第 16 行代码：作用是添加折线图 x 轴数据，即将数据中的 "日期" 列数据添加为 x 轴数据。

第 17 行代码：作用是添加折线图的第 1 个 y 轴数据，即将数据中的"现金流入（亿）"列数据添加为第 1 个 y 轴数据。代码中的参数"现金流入"为设置的图例名称；color ='#FF1493'用来设置折线面积图颜色；is_smooth = True 用来设置折线是否用平滑曲线，True 表示用。

第 18 行代码：作用是添加折线图的第 2 个 y 轴数据，即将数据中的"现金流出（亿）"列数据添加为第 2 个 y 轴数据。代码中的参数"现金流出"为设置的图例名称；color ="#00BFFF'用来设置折线面积图颜色；is_smooth = True 用来设置折线是否用平滑曲线，True 表示用。

第 19 行代码：作用是添加折线面积图的 y 轴数据，即将数据中的"现金流净额（亿）"列数据添加为第 3 个 y 轴数据。代码中的参数"现金流净额（亿）"为设置的图例名称；color ="#FFA500'用来设置折线面积图颜色；is_smooth = True 用来设置折线是否用平滑曲线；areastyle_opts = opts.AreaStyleOpts（opacity = 0.5）用来设置折线面积填充，opacity = 0.5 用来设置不透明度；symbol = 'arrow'用来设置折线转折点形状，arrow 表示箭头，还可以设置成其他形状（如圆形 circle）；markpoint_opts = opts.MarkPointOpts（data = [opts.MarkPointItem（type_=' min '）]）用来设置标记点，type_=' min '表示对最小值进行标记。

第 20 行代码：作用是设置柱形图的标题及位置。set_global_opts（）函数用来设置全局配置，opts.TitleOpts（）用来设置图表的名称。其中，title ='公司现金流分析'用来设置图表名称，pos_left =' 5%'用来设置图表名称位置，即距离最左侧的距离。还可以用 pos_top 来设置距离顶部的距离；xaxis_opts = opts.AxisOpts（axistick_opts = opts.AxisTickOpts（is_align_with_label = True），is_scale = False，boundary_gap = False）用来设置坐标轴。其参数 AxisTickOpts（）用来设置坐标轴刻度，is_scale = False 用来设置是否包含零刻度，boundary_gap = False 用来设置坐标轴两边是否留白，图 5-13 所示为留白和不留白的区别。

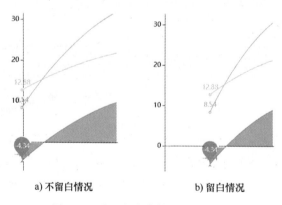

图 5-13　是否留白参数设置对比

第 21 行代码：作用是将图表保存成网页格式文件。render（）函数的作用是保存图表，默认会在根目录下生成一个 render.html 的文件。此函数可以用 path 参数设置文件保存位置。代码中将图表保存到 E 盘"财务"文件夹下的"折线与面积组合图.html"文件中。

第6章　自动化操作 Word 文档实战

python-docx 是用于创建可修改微软 Word 文档的一个 Python 模块，提供全套的 Word 文档操作，是最常用的 Word 操作工具。本章将重点讲解利用 python-docx 模块操作 Word 文档的方法，并通过实战案例来帮助大家学习。

6.1　自动打开/退出 Word 程序

6.1.1　安装 python-docx 模块

在使用 python-docx 模块前需要先安装此模块，否则无法使用模块中的函数。Python 中，用 pip 命令安装模块，python-docx 模块的安装方法如下。

首先在"开始菜单"的"Windows 系统"中选择"命令提示符"命令，打开"命令提示符"窗口，然后直接输入"pip install python-docx"并按〈Enter〉键，开始安装 python-docx 模块。安装完成后会提示"Successfully installed"，如图 6-1 所示。

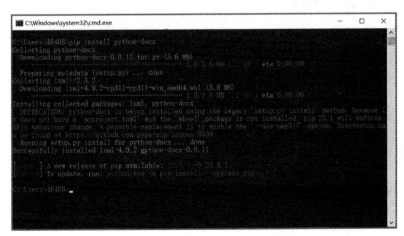

图 6-1　安装 python-docx 模块

6.1.2　导入 python-docx 模块

在使用 python-docx 模块之前要在程序最前面写上下面的代码来导入 python-docx 模块，否则无法使用 python-docx 模块中的函数。

```
from docx import Document
```

代码的意思是导入 python-docx 模块中的 Document 子模块。

6.1.3　自动新建 Word 文档

在对 Word 文档进行操作前，第一步要先新建 Word 文档。新建 Word 文档的代码如下所示。

```
document = Document()                    #新建一个 Word 文档
```

代码中 document 为新定义的变量，用来存储新建的 Word 文档，在编程过程中可以用 document 代表新建的 Word 文档。Document( )函数用来新建/打开 Word 文档，当括号中没有参数时，为新建 Word 文档。

6.1.4　自动打开 Word 文档

如果需要打开已有的 Word 文档进行编辑，用如下的代码实现。

```
document = Document('e:\办公自动化\通知.docx')      #打开一个 Word 文档
```

代码中 document 为新定义的变量，用来存储打开的 Word 文档，在编程过程中可以用 document 代表新建的 Word 文档；Document( )函数用来新建/打开 Word 文档，括号中为要打开的 Word 文档名称和路径。

6.1.5　自动读取 Word 文档

在打开 Word 文档后，可以读取 Word 文档中的段落（paragraphs）、段落内容（paragraphs［0］.text）、所有行（runs）、行中的内容（runs.text）、所有表格（tables）等，读取 Word 文档时用如下代码。

```
document = Document('e:\办公自动化\通知.docx')      #打开一个 Word 文档
document.paragraphs                               #读取所有段落
document.paragraphs[0].text                       #读取第 1 段中的内容
document.paragraphs[1].text                       #读取第 2 段中的内容
document.paragraphs[0].runs                       #读取第 1 段中所有行
document.paragraphs[0].runs[0].text               #读取第 1 段中第 1 行的内容
document.tables                                   #读取所有表格
table.rows                                        #获取表格所有行
```

6.1.6　自动保存 Word 文档

在对 Word 文档进行编辑后，可以自动保存 Word 文档，用如下的代码实现。

```
document.save ('e:\办公自动化案例\通知.docx')        #保存 Word 文档
```

代码中 document 为上一节定义的变量，存储的是"通知.docx"文档，save( )函数用来保存 Word 文档，括号中为所保存的 Word 文档名称和路径。

6.2　自动添加标题

在 Word 文档中添加标题时，默认情况下添加的标题是最高一级的，即一级标题，通过参数 level 设定，范围是 1~9。如果 level 设置为 0，则添加的标题为段落标题。

添加标题的方法如下。

```
document.add_heading('一级标题')              # 添加一级标题
document.add_heading('二级标题', level=2)      # 添加二级标题
document.add_heading('段落标题', level=0)      # 添加段落标题
```

代码中 document 为之前定义的存储 Word 文档的变量；add_heading( )函数用来添加标题，其第 1 个参数为标题名称，要用单引号，第 2 个参数 level＝2 用来设置标题级别，2 表示二级标题。

如图 6-2 所示为自动添加的各级标题。

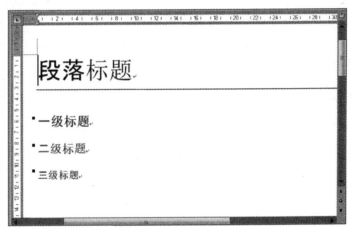

图 6-2　自动添加的各级标题

6.3　段落自动化操作

段落的自动化操作主要包括添加段落、向段落追加文本内容、指定位置插入新段落、设置段落项目符号和编号、设置段落对齐方式、设置段落缩进和行间距、设置段落字体格式、删除段落等内容，本节将详细讲解这些自动化操作的方法。

6.3.1　自动添加段落

段落是正文的基础，在 Word 文档中添加段落时，使用 add_paragraph( )函数来实现。

添加段落的方法如下。

```
document.add_paragraph('添加一处段落')                    # 添加段落
paragraph= document.add_paragraph('添加一处段落')    # 添加段落
paragraph.insert_paragraph_before("在 paragraph 段落之前添加段落")
                                          #在 paragraph0 段落之前插入新段落
```

代码中 document 为之前定义的存储 Word 文档的变量；add_ paragraph ( ) 函数用来添加段落，其参数为段落的内容；paragraph 为新定义的变量，用来存储添加的段落；insert_paragraph_before ( ) 函数用来在一个段落之前插入新段落，括号中的参数为要添加段落的内容。

6.3.2 自动向段落中追加文本内容

如果需要向一个段落中追加一些文本内容，可以使用下面的方法。

```
run1 =paragraph.add_run('糖尿病患者趋向年轻化。')
                               #在 paragraph0 段落中追加文本内容
```

代码中 run1 为新定义的变量，用来存储追加的文本；paragraph 为之前定义的存储段落的变量；add_run ( ) 函数的作用是向 Word 文档的已有段落中追加文本内容。

6.3.3 自动在指定位置插入新段落

在 Word 文档中指定的段落位置插入新段落的方法如下。

```
paragraph1= document.paragraphs[1]          # 获取第 2 个段落
paragraph1.insert_paragraph_before("宇宙是很奇妙的")
                                    #在第 2 个段落之前插入新段落
```

paragraph1 为新定义的变量，用存储新添加的段落；paragraphs［1］的作用是获取文档中的段落，其参数"［1］"表示所要获取的段落的序号，"1"表示第二个段落。

6.3.4 自动设置段落项目符号和编号

设置段落的项目符号和编号，可以使用 style 函数进行设置。段落项目符号和编号主要应用两种样式类型：List Bullet（项目符号）和 List Number（列表编号）。段落项目符号和编号的设置方法如下。

```
document.add_heading('人类征服太空的步骤')              #添加标题
document.add_paragraph('第一步,发射太空探测器。',style= List Bullet)
document.add_paragraph('第二步,建造太空实验室。',style= List Bullet)
document.add_paragraph('第三步,建立太空基地。',style= List Bullet)
document.add_heading('人类征服太空的步骤')              #添加标题
document.add_paragraph('第一步,发射太空探测器。',style= List Number)
document.add_paragraph('第二步,建造太空实验室。',style= List Number)
document.add_paragraph('第三步,建立太空基地。',style= List Number)
```

代码中 document 为之前定义的存储 Word 文档的变量；add_heading ( ) 函数用来添加标题；add_ paragraph ( ) 函数用来添加段落，其参数为段落的内容；style= List Number 函数用来设置段落样式。

如图 6-3 所示为上述代码设置的段落项目符号和编号。

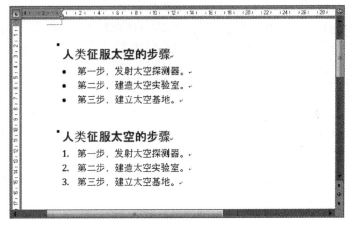

图 6-3　上述代码设置的段落项目符号和编号

6.3.5　自动设置段落的对齐方式

在 Word 文档中自动对段落的对齐方式进行设置的方法如下。

```
from docx.enum.text import WD_PARAGRAPH_ALIGNMENT
                                      #导入 docx 模块中设置对齐方式的子模块
docment2=document.paragraphs[2]       # 获取段落的位置
docment2.alignment=WD_PARAGRAPH_ALIGNMENT.CENTER
                                      #设置段落为居中对齐
```

代码中，docment2 为新定义的变量，用来存储段落的位置信息；paragraphs［2］的作用是获取文档中的段落，其参数"［2］"表示所要获取的段落的序号，"2"表示第 3 个段落；alignment 函数用来设置对齐方式，**WD_PARAGRAPH_ALIGNMENT.CENTER** 是将段落设置为居中对齐方式。

段落的对齐方式一共有 5 种，具体如下。

```
WD_PARAGRAPH_ALIGNMENT.LEFT          #左对齐
WD_PARAGRAPH_ALIGNMENT.CENTER        #居中对齐
WD_PARAGRAPH_ALIGNMENT.RIGHT         #右对齐
WD_PARAGRAPH_ALIGNMENT.JUSTIFY       #两端对齐
WD_PARAGRAPH_ALIGNMENT.DISTRIBUTE    #分散对齐
```

6.3.6　自动设置段落缩进和行间距

段落的缩进包括首行缩进、右缩进、左缩进等，缩进的长度单位为 inch（英寸）、pt（磅）或 cm（厘米）等，在 Word 文档中自动对段落进行缩进和行间距进行设置的方法如下。

```
from docx.shared import Pt           #导入 docx 模块中的单位磅子模块
pf = paragraph.paragraph_format      #创建段落格式对象
```

```
pf.left_indent = Pt(20)                    #设置左缩进
pf.right_indent = Pt(20)                   #设置右缩进
pf.first_line_indent = Pt(20)              #设置首行缩进
pf.line_spacing = Pt(10)                   #设置行间距
pf.space_before = Pt(18)                   #设置段前间距
pf.space_after= Pt(18)                     #设置段后间距
```

代码中，pf 为新定义的变量，用来存储创建的段落格式对象；paragraph 为之前定义的存储段落的变量；paragraph_format 函数用来创建段落格式对象；left_indent 函数用来设置段落左缩进；Pt（20）为长度单位（磅），即缩进 20 磅；right_indent 函数用来设置段落右缩进；first_line_indent 函数用来设置段落首行缩进；line_spacing 函数用来设置段落的行间距；space_before 函数用来设置段落前的间距；space_after 函数用来设置段落后的间距。

6.3.7　自动设置段落文字字体/字号/颜色/加粗/下画线/斜体

设置段落文字的字体格式，如字号、字体、颜色、加粗、下画线、斜体等的方法如下。

```
from docx.shared import Pt, RGBColor          #导入 docx 模块中的单位和颜色子模块
from docx.oxml.ns import qn                    #导入 docx 模块中设置中文格式的子模块
paragraph=document.add_paragraph()            #添加一个段落
run1= paragraph.add_run('数据压缩是降低数据存储空间的关键')
                                               #追加文字到段落
run1.font.size = Pt(10)                        #设置字号
run1.font.name = '微软雅黑'                     #设置字体
run1.element.rPr.rFonts.set(qn('w:eastAsia'),'微软雅黑')   #设置中文字体
run1.font.color.rgb = RGBColor(255,0,0)        #设置字体颜色
run1.font.bold = True                          #设置字体加粗
run1.font.underline = True                     #设置字体加下画线
run1.font.strike = True                        #设置字体加删除线
run1.font.shadow = True                        #设置字体阴影效果
run1.font.italic = True                        #设置字体为斜体
```

代码中 run1 为新定义的变量，用来存储追加的文本；add_run( )函数的作用是向 Word 文档的已有段落中追加文本内容；font.size 函数用来设置文本的字号，'微软雅黑'为中文字体；element.rPr.rFonts.set（qn（'w：eastAsia'），'微软雅黑'）函数用来设置中文字体；font.color.rgb 函数用来设置字体颜色，RGBColor(255,0,0)为具体的颜色，"255,0,0" 表示红色，3 个数字的取值范围为 0~255，"255,255,255" 为白色，"0,0,0" 为黑色；font.bold 函数用来设置字体加粗，font. underline 函数用来设置字体加下画线，font.strike 函数用来设置字体加删除线，font. shadow 函数用来设置字体阴影效果。

6.3.8　自动删除段落

删除段落的方法如下。

```
document.paragraphs[3].clear()                 #删除指定段落的内容
```

代码中，document 为之前定义的存储 Word 文档的变量；paragraphs［3］的作用是获取文档中的段落的位置，其参数"［3］"表示段落的位置为第 4 段落；clear( )函数用来清除段落内容。

6.3.9 案例：自动生成通知文档

前面几节讲解了段落的自动化操作，接下来结合实战案例来讲解段落的自动化操作方法。图 6-4 所示为要生成的通知文档，下面用 Python 来自动生成此文档。

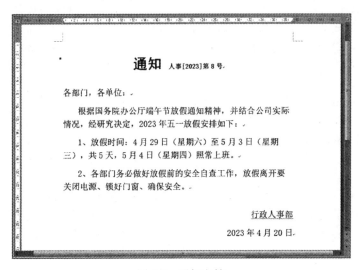

图 6-4 通知文档

代码实现：

```
01  from docx import Document                          #导入 docx 模块中的 Document 子模块
02  from docx.shared import Pt,RGBColor                #导入 docx 模块中的单位磅和颜色子模块
03  from docx.oxml.ns import qn                        #导入 docx 模块中的中文字体子模块
04  from docx.enum.text import WD_ALIGN_PARAGRAPH
                                                       #导入 docx 模块中的对齐方式子模块
05  document = Document()                              #新建一个 Word 文档
    #添加一个标题并追加文本
06  head=document.add_heading(0)                       #添加一个一级标题
07  run0=head.add_run('通知')                          #向标题中追加文本内容"通知"
08  run0.font.name='黑体'                              #设置追加文本的字体
09  run0.element.rPr.rFonts.set(qn('w:eastAsia'),'黑体')    #设置中文字体
10  run0.font.size=Pt(26)                              #设置追加文本的字号
11  run0.font.color.rgb=RGBColor(0,0,0)                #设置追加文本的颜色
12  run0.font.bold = True                              #设置追加文本加粗
    #向标题继续追加文本
13  run1=head.add_run('人事［2023］第 8 号')           #向标题中继续追加文本内容
14  run1.font.name='宋体'                              #设置追加文本的字体
15  run1.element.rPr.rFonts.set(qn('w:eastAsia'),'宋体')    #设置中文字体
16  run1.font.size=Pt(12)                              #设置追加文本的字号
```

```
17   run1.font.color.rgb=RGBColor(0,0,0)                          #设置追加文本的颜色
18   head.alignment =WD_ALIGN_PARAGRAPH.CENTER                    #设置标题文本居中对齐
     #添加一个段落
19   paragraph2=document.add_paragraph()                          #添加一个段落
20   run2= paragraph2.add_run('各部门,各单位:')                    #向新添加的段落中追加文本
21   run2.font.name = '宋体'                                       #设置追加文本的字体
22   run2.element.rPr.rFonts.set(qn('w:eastAsia'),'宋体')          #设置中文字体
23   run2.font.size = Pt(16)                                      #设置追加文本的字号
24   run2.font.color.rgb = RGBColor(0, 0, 0)                      #设置追加文本的颜色
25   pf2 = paragraph2.paragraph_format                            #创建段落格式对象
26   pf2.space_before = Pt(20)                                    #设置段前间距
     #添加一个新段落
27   paragraph3=document.add_paragraph()                          #添加一个新段落
28   run3= paragraph3.add_run('根据国务院办公厅端午节放假通知精神,并结合公司实际情况,经研究
     决定,2023 年五一放假安排如下:')                               #向段落中追加文本内容
29   run3.font.name = '宋体'                                       #设置追加文本的字体
30   run3.element.rPr.rFonts.set(qn('w:eastAsia'),'宋体')     #设置中文字体
31   run3.font.size = Pt(16)                                      #设置追加文本的字号
32   run3.font.color.rgb = RGBColor(0, 0, 0)                      #设置追加文本的颜色
33   pf3 = paragraph3.paragraph_format                            #创建段落格式对象
34   pf3.first_line_indent = Pt(28)                               #设置段落首行缩进
     #添加一个新段落
35   paragraph4=document.add_paragraph()                          #添加一个新段落
36   run4= paragraph4.add_run('1、放假时间:4 月 29 日(星期六)至 5 月 3 日(星期三),共 5 天,5 月
     4 日(星期四)照常上班。')                                      #向段落中追加文本内容
37   run4.font.name = '宋体'                                       #设置追加文本的字体
38   run4.element.rPr.rFonts.set(qn('w:eastAsia'),'宋体')      #设置中文字体
39   run4.font.size = Pt(16)                                      #设置追加文本的字号
40   run4.font.color.rgb = RGBColor(0, 0, 0)                      #设置追加文本的颜色
41   pf4 = paragraph4.paragraph_format                            #创建段落格式对象
42   pf4.first_line_indent = Pt(28)                               #设置段落首行缩进
     #添加一个新段落
43   paragraph5=document.add_paragraph()                          #添加一个新段落
44   run5= paragraph5.add_run('2、各部门务必做好放假前的安全自查工作,放假离开要关闭电源、锁
     好门窗、确保安全。')                                          #向段落中追加文本内容
45   run5.font.name = '宋体'                                       #设置追加文本的字体
46   run5.element.rPr.rFonts.set(qn('w:eastAsia'),'宋体')          #设置中文字体
47   run5.font.size = Pt(16)                                      #设置追加文本的字号
48   run5.font.color.rgb = RGBColor(0, 0, 0)                      #设置追加文本的颜色
49   pf5 = paragraph5.paragraph_format                            #创建段落格式对象
50   pf5.first_line_indent = Pt(28)                               #设置段落首行缩进
51   pf5.space_after = Pt(28)                                     #设置段后间距
     #添加一个新段落
```

```
52  paragraph6=document.add_paragraph()                          #添加一个新段落
53  run6 = paragraph6.add_run('行政人事部')                       #向段落中追加文本内容
54  run6.font.name = '宋体'                                       #设置追加文本的字体
55  run6.element.rPr.rFonts.set(qn('w:eastAsia'),'宋体')         #设置中文字体
56  run6.font.size = Pt(16)                                       #设置追加文本的字号
57  run6.font.color.rgb = RGBColor(0, 0, 0)                       #设置追加文本的颜色
58  paragraph6.alignment =WD_ALIGN_PARAGRAPH.RIGHT                #设置段落文本右对齐
    #添加一个新段落
59  paragraph7=document.add_paragraph()                          #添加一个新段落
60  run7 = paragraph7.add_run('2023 年 4 月 20 日')              #向段落中追加文本内容
61  run7.font.name = '宋体'                                       #设置追加文本的字体
62  run7.element.rPr.rFonts.set(qn('w:eastAsia'),'宋体')         #设置中文字体
63  run7.font.size = Pt(16)                                       #设置追加文本的字号
64  run7.font.color.rgb = RGBColor(0, 0, 0)                       #设置追加文本的颜色
65  paragraph7.alignment =WD_ALIGN_PARAGRAPH.RIGHT                #设置段落文本右对齐
    #保存文档
66  document.save ('e:\办公室\放假通知.docx')                    #保存文档为"放假通知.docx"
```

代码分析：

第 01~04 行代码：作用是导入 docx 模块中要用到的子模块。

第 05 行代码：作用是新建一个 Word 文档，Document( ) 函数用来新建 Word 文档，如果想打开一个已有的 Word，则在括号中加入文档的名称和路径。

第 06~18 行代码：用来添加一个标题，并对标题文字进行格式设置。其中第 06 行代码添加了一个一级标题；第 07 和 13 行代码分别向添加的标题中追加了两个文本内容，第 07~12 行对追加的"通知"文本的格式进行设置，包括字体、字号、字体颜色（"0，0，0"，表示黑色，三个数字的取值都为 0~255，不同的取值代表不同的颜色）、加粗；第 13~17 行对追加的"人事［2023］第 8 号"文本的格式进行设置，包括字体、字号、字体颜色、加粗；第 18 行代码对标题的对齐方式进行设置。

其中，head、run0、run1 为新定义的变量。add_heading（0）函数用来添加一个标题，括号中的参数用来设置标题的级别；add_run('通知')函数用来追加文本内容，括号中的参数为要追加的文本内容；font.name 函数用来设置字体；font.size 函数用来设置字号；font.color.rgb 函数用来设置字体颜色；font.bold 用来设置字体加粗，Pt（26）中的 Pt 为单位磅，26 为大小，表示 26 磅；alignment 函数用来设置对齐方式，WD_ALIGN_PARAGRAPH.CENTER 表示居中对齐。

第 19~26 行代码：用来添加一个段落，并对段落中的文字进行格式设置。其中第 19 行代码添加了一个空的段落；第 20 行代码向空的段落中追加"各部门，各单位："文本内容；第 21~26 行代码对段落中追加的文字格式进行设置，包括字体、字号、字体颜色、段前间距。

其中 add_paragraph( ) 函数用来添加一个段落，如果括号中参数为空，表示添加的是一个空段落；paragraph_format 函数用来创建格式对象，这样就可以对段落的缩进和行间距进行设置了；"space_before" 函数用来设置段前间距。

第 27~34 行代码：用来添加一个新段落，并对段落中的文字进行格式设置。代码中的 line_indent

函数用来设置首行缩进。

第 35~42 行代码：用来添加一个新段落，并对段落中的文字进行格式设置。

第 43~51 行代码：用来添加一个新段落，并对段落中的文字进行格式设置。代码中的 space_after 函数用来设置段后间距。

第 52~58 行代码：用来添加一个新段落，并对段落中的文字进行格式设置。代码中的 WD_ALIGN_PARAGRAPH.RIGHT 表示右对齐。

第 59~65 行代码：用来添加一个新段落，并对段落中的文字进行格式设置。

第 66 行代码：用来保存文档，save(' e：\办公室\放假通知.docx ')函数用于保存文档，括号中的参数为文档保存的路径和名称。

6.4 自动设置分页

6.4.1 自动设置不同段落在同一页面或分页

如果一个段落不满一页，需要分页时，可以插入一个分页符实现，方法如下。

```
document.add_page_break()          #添加分页
```

代码中 document 为之前定义的存储 Word 文档的变量；add_page_break( )函数用来添加一个分页，添加分页代码后，之后添加的段落会被放到下一页中。

如果设置段落被放在同一页面或不同页面，可以用如下方法。

```
paragraph1= document.add_paragraph('世界是很奇妙的')   #添加一个段落
paragraph1.paragraph_format.keep_together = True       #使整个段落出现在同一页面中
paragraph1.paragraph_format.keep_with_next = True
                                                       #使本段落与下一段落出现在同一页面中
paragraph1.paragraph_format. page_break_before= True
                                                       #将本段落设置在新一页的顶端
```

paragraph1 为新定义的变量，用存储新添加的段落；paragraph_format 函数用来创建段落格式对象；keep_together 函数用来使整个段落出现在同一页面中，如果不这样做，会在段落前面发出分页符，否则会在两页之间断开，可以设置为 True（有效）、False（无效）或 None（无）；keep_with_next 函数用于使本段落与下一段落出现在同一页面中，可以设置为 True、False 或 None；page_break_before 函数用于使本段出现在新的一页的顶端，如新的一章标题必须从新的一页开始，可以设置为 True、False 或 None。

6.4.2 案例：自动输入一首诗歌

前面几节讲解了自动分页等内容，接下来通过结合实战案例来讲解将不同段落通过分页放在不同页面的方法。图 6-5 所示为自动生成诗歌鉴赏文档，下面用 Python 来自动生成此文档。

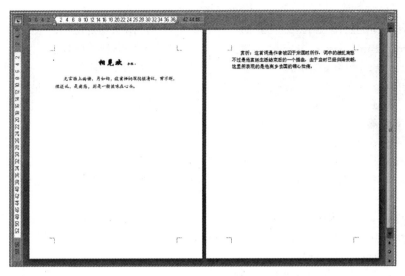

图 6-5　自动生成诗歌鉴赏文档

代码实现：

```
01  from docx import Document                               #导入docx模块中的Document子模块
02  from docx.shared import Pt,RGBColor                     #导入docx模块中的单位磅和颜色子模块
03  from docx.oxml.ns import qn                             #导入docx模块中的中文字体子模块
04  from docx.enum.text import WD_ALIGN_PARAGRAPH
                                                            #导入docx模块中的对齐方式子模块
05  document = Document()                                   #新建一个Word文档
    #添加一个标题并追加文本
06  head=document.add_heading(0)                            #添加一个一级标题
07  run0=head.add_run('相见欢')                             #向标题中追加文本内容
08  run0.font.name='华文行楷'                               #设置追加文本的字体
09  run0.element.rPr.rFonts.set(qn('w:eastAsia'),'华文行楷')    #设置中文字体
10  run0.font.size=Pt(28)                                  #设置追加文本的字号
11  run0.font.color.rgb=RGBColor(0,0,0)                    #设置追加文本的颜色
    #向标题追加第二个文本
12  run1=head.add_run('李煜')                               #向标题中继续追加文本内容
13  run1.font.name='华文楷体'                               #设置追加文本的字体
14  run1.element.rPr.rFonts.set(qn('w:eastAsia'),'华文楷体')    #设置中文字体
15  run1.font.size=Pt(11)                                  #设置追加文本的字号
16  head.alignment =WD_ALIGN_PARAGRAPH.CENTER   #设置标题文本居中对齐
    #添加一个段落
17  paragraph2=document.add_paragraph()     #添加一个段落
18  run2= paragraph2.add_run('无言独上西楼,月如钩,寂寞梧桐深院锁清秋,剪不断,理还乱,是离愁,
    别是一般滋味在心头。')     #向新添加的段落中追加文本
19  run2.font.name = '华文楷体'                             #设置追加文本的字体
20  run2.element.rPr.rFonts.set(qn('w:eastAsia'), '华文楷体')   #设置中文字体
21  run2.font.size = Pt(16)                                #设置追加文本的字号
```

```
22   pf2 = paragraph2.paragraph_format              #创建段落格式对象
23   pf2.first_line_indent = Pt(30)                 #设置段落首行缩进
24   pf2.space_before = Pt(18)                      #设置段前间距
     #添加一个分页
25   document.add_page_break()                      #添加分页
     #添加一个新段落
26   paragraph3=document.add_paragraph()            #添加一个新段落
27   run3 = paragraph3.add_run('赏析:这首词是作者被囚于宋国时所作,词中的缭乱离愁不过是他宫廷
     生活结束后的一个插曲,由于当时已经归降宋朝,这里所表现的是他离乡去国的锥心怆痛。')
                                                    #向段落中追加文本内容
28   run3.font.name = '宋体'                         #设置追加文本的字体
29   run3.element.rPr.rFonts.set(qn('w:eastAsia'), '宋体')  #设置中文字体
30   run3.font.size = Pt(16)                        #设置追加文本的字号
31   pf3 = paragraph3.paragraph_format              #创建段落格式对象
32   pf3.first_line_indent = Pt(30)                 #设置段落首行缩进
     #保存文档
33   document.save('e:\办公\诗歌鉴赏.docx')           #保存文档
```

代码分析:

第01~04行代码:作用是导入 docx 模块中要用到的子模块。

第05行代码:作用是新建一个 Word 文档,Document()函数用来新建 Word 文档。

第06~16行代码:用来添加一个标题,并对标题文字进行格式设置。其中第06行代码添加了一个一级标题;第07和12行代码分别向添加的标题中追加了两个文本内容,第07~11行对追加的"相见欢"文本的格式进行设置,包括字体、字号、字体颜色("0,0,0",表示黑色,三个数字的取值都为0~255,不同的取值代表不同的颜色);第12~15行对追加的"李煜"文本的格式进行设置,包括字体、字号;第16行代码对标题的对齐方式进行设置。

其中,head、run0、run1 为新定义的变量。add_heading(0)函数用来添加一个标题,括号中的参数用来设置标题的级别;add_run('相见欢')函数用来追加文本内容,括号中的参数为要追加的文本内容;font.name 函数用来设置字体;font.size 函数用来设置字号;font.color.rgb 函数用来设置字体颜色;font.bold 用来设置字体加粗,Pt(28)中的 Pt 为单位磅,28为大小,表示28磅;alignment 函数用来设置对齐方式,WD_ALIGN_PARAGRAPH.CENTER 表示居中对齐。

第17~24行代码:用来添加一个段落,并对段落中的文字进行格式设置。其中第17行代码添加了一个空的段落;第18行代码向空的段落中追加文本内容;第19~24行代码对段落中追加的文字格式进行设置,包括字体、字号、首行缩进、段前间距。

其中 add_paragraph()函数用来添加一个段落,如果括号中参数为空,表示添加的是一个空段落;paragraph_format 函数用来创建格式对象,这样就可以对段落的缩进和行间距进行设置了;space_before 函数用来设置段前间距;line_indent 函数用来设置首行缩进。

第25行代码:用来添加一个分页,这样后面添加段落等会放在下一页。

第26~32行代码:用来添加一个新段落,并对段落中的文字进行格式设置。

第33行代码:用来保存文档,save('e:\办公\诗歌鉴赏.docx')函数用于保存文档,括号中的参

数为文档保存的路径和名称。

6.5 表格自动化操作

表格的自动化操作包括插入表格、插入行或列、向单元格写入文本、合并单元格、设置表格的行高和列宽、设置表格对齐方式、设置表格文本字体格式、统计表格行数和列数等，本节将重点讲解这些自动化操作的方法。

6.5.1 自动插入表格

Word 文档中经常会用到表格，向 Word 文档中插入表格主要使用 add_table( )函数，如果要对表格中的单元格进行操作，可以使用 cell( )函数。下面讲解向 Word 文档中插入表格的方法。

```
table = document.add_table(rows=3,cols=2,style='Table Grid')
                                        #插入 3 行 2 列的一个表格
```

代码中，table 为新定义的变量，用来存储插入的表格；document 为之前定义的存储 Word 文档的变量；add_table( )函数的作用是插入表格，括号中的第 1 个参数 rows = 3 用来设置表格的行数，3 表示行数为 3 行。第 2 个参数 cols = 2 用来设置表格的列数，2 表示列数为 2 列。第 3 个参数 style = ' Table Grid '用来设置表格的样式，' Table Grid '为样式名称。

另外表格的样式还有 Normal Table、Light Shading、Light Shading Accent 1（数字从 1 到 6 为不同颜色的样式）、Light List、Light List Accent 1（数字从 1 到 6 为不同颜色的样式）、Light Grid、Light Grid Accent 1（数字从 1 到 6 为不同颜色的样式）、Medium Shading 1、Medium Shading 1 Accent 1（数字从 1 到 6 为不同颜色的样式）。

如图 6-6 所示为 Word 文档中插入的表格。

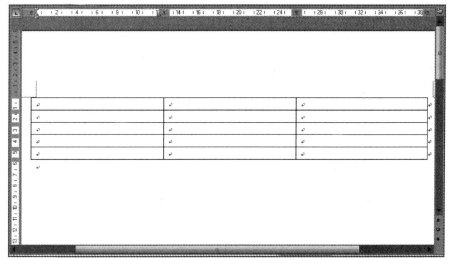

图 6-6 Word 文档中插入的表格

6.5.2　自动向表格中插入一行或一列

如果想向表格中插入一行，可以用如下方法。

```
row1 = table.add_row()                          #在表格底部添加一行
```

代码中 row1 为新定义的变量，用来存储添加的行；table 为之前定义的存储表格的变量；add_row ( )函数用来在表格最下面插入一行。

如果想向表格中插入一列，可以用如下方法。

```
column 1 = table.add_column (width=Cm(1))                #在表格右侧添加一列
```

代码中 column 1 为新定义的变量，用来存储添加的列；table 为之前定义的存储表格的变量；add_column( )函数用来在表格最右侧插入一列，参数 width=Cm(1)用来设置所插入的列的宽度。

6.5.3　自动向表格中写入文本

如果想对某一个单元格进行编辑，需要先访问这个单元格，访问单元格的方法如下。

```
cell = table.cell(0, 1)                       #访问第 1 行第 2 列的单元格
```

代码中 cell 为新定义的变量，用来存储访问的单元格；table 为之前定义的存储表格的变量；cell ( )函数的作用是访问单元格，其参数"0，1"为单元格的坐标，第 1 个参数表示行数，"0"表示第 1 行，第 2 个参数表示列数，"1"表示第 2 列。

接下来可以向所访问的单元格中写入文本内容，方法如下。

```
cell.text = '名称'                        #向单元格写入"名称"文本内容
```

代码中"cell"为之前定义的存储所访问的单元格的变量；text 的作用是写入文本内容。

在编辑 Word 文档中的表格时，也可以通过访问表格中的单个行来对表格进行操作，方法如下。

```
row = table.rows[1]                              #访问表格中的第 2 行
row.cells[0].text = '20 元'                      #向第 2 行第 1 列单元格中写入"20 元"
row.cells[1].text = '打印纸'                     #向第 2 行第 2 列单元格中写入"打印纸"
```

代码中 row 为新定义的变量，用来存储访问的单个行；table 为之前定义的存储表格的变量；rows [1]的作用是访问单个的行，其参数表示所要访问的行序号，"1"表示第 2 行；cells[0]的作用是访问表格中的单元格，其参数表示行或列序号，此处"[0]"表示第 1 列；text 的作用是写入文本内容。

在编辑 Word 文档中的表格时，也可以通过访问表格中的单个列来对表格进行操作，方法如下。

```
column = table.columns[2]                        #访问表格中的第 3 行
column.cells[0].text = '用途'                    #向第 3 列第 1 行单元格中写入"用途"
column.cells[3].text = '车费'                    #向第 3 列第 4 行单元格中写入"车费"
```

代码中 column 为新定义的变量，用来存储访问的单个列；table 为之前定义的存储表格的变量；columns[2]的作用是访问单个的列，其参数表示所要访问的列序号，"2"表示第 3 列；cells[0]的作用是访问表格中单元格，其参数表示行或列序号，此处"[0]"表示第 1 行；text 的作用是写入文本

内容。

6.5.4 自动合并表格中单元格

将 Word 文档表格中的几个单元格合并的方法如下。

```
table.cell(2,0).merge(table.cell(2,2))          #合并第 3 行第 1 列至第 3 列单元格
```

table 为之前定义的存储表格的变量；cell(2,0)表示第 3 行第 1 列的单元格，也为要合并的单元格中的起始单元格；merge( )函数的作用是合并多个单元格，括号中的参数 table.cell(2,2)为要合并的单元格的结尾单元格。

6.5.5 自动设置表格的行高

如果想设置 Word 文档中表格的某一行的行高，可以用如下方法。

```
table.rows[1].height=Cm(1)          #设置第 2 行的行高为 1 厘米
```

代码中，table 为之前定义的存储表格的变量；rows[1]表示表格的第 2 行，height 函数的作用是设置行的高度；Cm(1)为高度数值和单位，表示 1 厘米。

如果想设置 Word 文档中表格所有行的行高，可以用如下方法。

```
for i in range(len(table.rows)):          #遍历所有行
    table.rows[i].height=Cm(0.8)          #将所有行高设置为 0.8 厘米
```

代码中，"for i in range(len(table.rows)):"为一个 for 循环，用来编列表格中所有的行；i 为循环变量；range( )函数用于生成一系列连续的整数，多与 for 循环配合使用，括号中的 len(table.rows)参数为结束数，如果参数为 5，则会生成由 0，1，2，3，4 五个数组成的列表；len(table.rows)函数的作用是计算表格中的行数，括号中的参数 table.rows 表示表格中的所有行。table.rows[i]表示获取表格的行，如果 i 等于 0，则获取第 1 行，如果 i 等于 2，则获取第 3 行；height=Cm(0.8)函数的作用是设置行高，Cm(0.8)为所设置的行高的数值和单位，即将行高设置为 0.8 厘米。

6.5.6 自动设置表格的列宽

如果想设置 Word 文档中表格某一列的列宽，可以用如下方法。

```
for i in range(len(table.rows)):          #遍历所有行
    table.cell(i,0).width = Cm(0.5)          #将第 1 列的列宽设置为 0.5 厘米
```

代码中，"for i in range(len(table.rows)):"为一个 for 循环，用来编列表格中所有的行；table.cell(i,0)表示获取表格中第 1 列的单元格，如果 i 等于 0，则获取第 1 行第 1 列单元格，如果 i 等于 2，则获取的是第 3 行第 1 列的单元格；width=Cm(0.5)函数的作用是设置列宽，"Cm(0.5)"表示将列宽设置为 0.5 厘米。

6.5.7 自动设置整个表格的对齐方式

在 Word 文档中自动设置整个表格对齐方式的方法如下。

```
from docx.enum.table import WD_TABLE_ALIGNMENT
                                        #导入 docx 模块中设置表格对齐方式的子模块
table.alignment=WD_TABLE_ALIGNMENT.CENTER
                                        #设置表格为居中对齐
```

代码中，table 为之前定义的存储表格的变量；alignment 函数用来设置对齐方式，WD_TABLE_A-LIGNMENT.CENTER 表示将表格设置为居中对齐方式。

表格的对齐方式一共有 3 种，具体如下。

```
WD_TABLE_ALIGNMENT.LEFT                  #左对齐
WD_TABLE_ALIGNMENT.CENTER                #居中对齐
WD_TABLE_ALIGNMENT.RIGHT                 #右对齐
```

6.5.8　自动设置表格中文字的对齐方式

在 Word 文档中自动设置表格中文字对齐方式的方法如下。

```
from docx.enum.text import WD_ALIGN_PARAGRAPH
from docx.enum.table import WD_ALIGN_VERTICAL
                                        #导入 docx 模块中设置对齐方式的子模块
table.cell(1,1).paragraphs[0].paragraph_format.alignment
=WD_ALIGN_PARAGRAPH.LEFT                 #设置第 2 行第 2 列的单元格文本为左对齐
table.cell(1,1).vertical_alignment = WD_ALIGN_VERTICAL.CENTER
                                        #设置第 2 行第 2 列的单元格文本垂直对齐方式为居中对齐
```

代码中，table 为之前定义的存储表格的变量；cell(1,1) 表示第 2 行第 2 列单元格；paragraph_format 函数用来创建段落格式对象；alignment 函数用来设置对齐方式，WD_ALIGN_PARAGRAPH.LEFT 表示将文本设置为左对齐；vertical_alignment 函数用来设置垂直对齐方式，WD_ALIGN_VERTICAL.CENTER 表示将文本垂直对齐方式设置为居中对齐。

单元格文本的对齐方式还有如下几种。

```
WD_ALIGN_PARAGRAPH.LEFT                  #左对齐
WD_ALIGN_PARAGRAPH.CENTER                #居中对齐
WD_ALIGN_PARAGRAPH.RIGHT                 #右对齐
WD_ALIGN_VERTICAL.TOP                    #顶部对齐
WD_ALIGN_VERTICAL.CENTER                 #居中对齐
WD_ALIGN_VERTICAL.BOTTOM                 #底部对齐
```

6.5.9　自动设置整个表格的字体格式

设置整个表格字体格式的方法如下。

```
from docx.shared importPt,RGBColor      #导入 docx 模块中设置长度和颜色的子模块
from docx.enum.text import WD_PARAGRAPH_ALIGNMENT
                                        #导入 docx 模块中设置对齐方式的子模块
```

```
table.style.font.size=Pt(12)                                    #设置表格中文本的字号
table.style.font.color.rgb=RGBColor(255, 0, 0)                  #设置表格中文本的颜色
table.style.paragraph_format.alignment=WD_PARAGRAPH_ALIGNMENT.CENTER
                                                                #设置表格中文本的对齐方式
```

代码中，table 为之前定义的存储表格的变量；style 函数用来设置格式；font.size 函数用来设置文本的字号，Pt（12）表示将字号设置为 12 磅；font.color.rgb 函数用来设置文本的颜色，RGBColor（255, 0, 0）为具体的颜色，颜色由三个数字表示，每个数字的取值为 0~255，"255, 0, 0" 表示红色，"255, 255, 0" 表示绿色；paragraph_format 函数用来创建段落格式对象；alignment 函数用来设置对齐方式，WD_PARAGRAPH_ALIGNMENT.CENTER 表示将文本内容设置为居中对齐方式。

6.5.10　自动设置表格中各单元格文字格式

表格中文字样式的修改与在段落中的样式修改一样，设置表格中单元格文字格式的方法如下。

```
run=table.cell(1,2).paragraphs[0].add_run('发票')
                                            #向第 2 行第 3 列单元格中添加文本"发票"
run.font.name='黑体'                         #设置单元格中文本字体为"黑体"
run.element.rPr.rFonts.set(qn('w:eastAsia'),'黑体')  #设置中文字体
run.font.bold=True                          #设置单元格中文本加粗
run.font.size = Pt(15)                      #设置单元格中文本字号为15磅
run.font.color.rgb=RGBColor(0,0,255)        #设置单元格中文本颜色为蓝色
```

代码中 run 为新定义的变量，用来存储添加的文本；add_run（）函数的作用是向单元格中添加文本内容；font.name 函数用来设置文本的字体；"element.rPr.rFonts.set(qn('w:eastAsia'), '黑体')" 函数用来设置中文字体；font.bold 函数用来设置字体加粗，True 表示加粗；font.size 函数用来设置文本的字号，Pt（15）表示字号大小和单位为 15 磅；font.color.rgb 函数用来设置字体颜色，"RGBColor(0, 0, 255)" 为具体的颜色，"0, 0, 255" 表示蓝色，颜色的三个数字的取值范围为 0~255，"255, 255, 255" 为白色，"255, 0, 0" 为红色。

6.5.11　自动统计表格的行数和列数

如果要计算 Word 文档中表格的行或列的个数，可以使用 len（）函数实现，方法如下。

```
row_count = len(table.rows)          #统计表格中的行数
col_count = len(table.columns)       #统计表格中的列数
```

代码中 row_count 为新定义的变量，用来存储统计的行数；len（）函数的作用是获得对象的长度，其参数为对象；table.rows 表示表格的所有行；col_count 为新定义的变量，用来存储统计的列数；table.columns 表示表格的所有列。

6.5.12　案例：自动制作公司销售数据汇总表

前面几节讲解了插入表格、向单元格输入文本、合并单元格、设置行高列宽、设置对齐方式、设

用 **Python** 让办公快速实现自动化

置单元格文本字体格式等内容，接下来结合实战案例来讲解制作公司销售数据汇总表的方法。图 6-7 所示为公司季度销售数据汇总表文档，下面用 Python 来自动制作此表格。

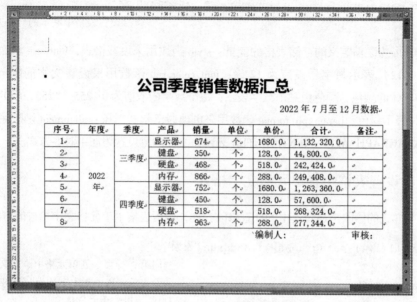

公司季度销售数据汇总

2022 年 7 月至 12 月数据

序号	年度	季度	产品	销量	单位	单价	合计	备注
1			显示器	674	个	1680.0	1,132,320.0	
2		三季度	键盘	350	个	128.0	44,800.0	
3			硬盘	468	个	518.0	242,424.0	
4	2022年		内存	866	个	288.0	249,408.0	
5			显示器	752	个	1680.0	1,263,360.0	
6		四季度	键盘	450	个	128.0	57,600.0	
7			硬盘	518	个	518.0	268,324.0	
8			内存	963	个	288.0	277,344.0	

编制人：　　　　审核：

图 6-7　制作公司销售数据汇总表

代码实现：

```
01  from docx import Document                                    #导入 docx 模块中的 Document 子模块
02  from docx.shared import Pt,Cm,RGBColor
                                                                 #导入 docx 模块中的磅、厘米和颜色子模块
03  from docx.oxml.ns import qn                                  #导入 docx 模块中的中文字体子模块
04  from docx.enum.text import WD_ALIGN_PARAGRAPH
                                                                 #导入 docx 模块中的对齐方式子模块
05  from docx.enum.table import WD_ALIGN_VERTICAL
                                                                 #导入 docx 模块中的表格垂直对齐方式子模块
06  from docx.enum.table import WD_TABLE_ALIGNMENT
                                                                 #导入 docx 模块中的表格水平对齐方式子模块
07  document = Document()                                        #新建一个 Word 文档
    #添加标题
08  head=document.add_heading(0)                                 #添加一个一级标题
09  run=head.add_run('公司季度销售数据汇总')                       #向标题中追加文本内容
10  run.font.name='微软雅黑'                                      #设置追加文本的字体
11  run.element.rPr.rFonts.set(qn('w:eastAsia'),'微软雅黑')       #设置中文字体
12  run.font.size=Pt(20)                                         #设置追加文本的字号
13  run.font.color.rgb=RGBColor(0,0,0)                           #设置追加文本的颜色
14  head.alignment =WD_ALIGN_PARAGRAPH.CENTER                    #设置标题文本居中对齐
    #添加表格说明文字
15  paragraph=document.add_paragraph()                           #添加一个段落
16  run= paragraph.add_run('2022 年 7 月至 12 月数据')  #向新添加的段落中追加文本
```

158

```
17   run.font.name='宋体'                                        #设置追加文本的字体
18   run.element.rPr.rFonts.set(qn('w:eastAsia'),'宋体')          #设置中文字体
19   run.font.size=Pt(12)                                        #设置追加文本的字号
20   paragraph.alignment =WD_ALIGN_PARAGRAPH. RIGHT              #设置追加文本右对齐
     #插入表格并添加标题行内容
21   table = document.add_table(rows=9,cols=9,style='Table Grid')    #插入一个表格
22   table.alignment=WD_TABLE_ALIGNMENT.CENTER                   #设置表格居中对齐
23   first_cells =table.rows[0].cells                           #获取表格第1行单元格
24   fields=['序号','年度','季度','产品','销量','单位','单价','合计','备注']      #创建标题列表
25   for i in range(9):                                          #用for循环遍历每个单元格
26     first_cells[i].paragraphs[0].paragraph_format.alignment=WD_ALIGN_PARAGRAPH.
CENTER                                                         #设置所选单元格文本居中对齐
27     run=first_cells[i].paragraphs[0].add_run(fields[i])      #向所选单元格追加文本内容
28     run.font.name='宋体'                                     #设置追加文本的字体
29     run.element.rPr.rFonts.set(qn('w:eastAsia'),'宋体')       #设置中文字体
30     run.font.bold=True                                       #设置追加文本加粗
31     if i==7:                                                 #判断是否为第8列的单元格
32       first_cells[i].width=Cm(2.7)                           #设置第1行第8列单元格的宽度
     #向表格第一列单元格添加数字序号
33   first_columns=table.columns[0].cells                       #获取表格第1列单元格
34   for i in range(1,9):                                       #用for循环遍历每个单元格
35     first_columns[i].paragraphs[0].paragraph_format.alignment =WD_ALIGN_PARA-
GRAPH.CENTER                                                   #设置所选单元格文本居中对齐
36     run=first_columns[i].paragraphs[0].add_run(str(i))       #向所选单元格追加文本内容
37     run.font.name='宋体'                                     #设置所追加文本的字体
38     run.element.rPr.rFonts.set(qn('w:eastAsia'),'宋体')       #设置中文字体
     #向表格第4~8列单元格添加文本内容
39   data=[['显示器','键盘','硬盘','内存','显示器','键盘','硬盘','内存'],
        ['674','350','468','866','752','450','518','963'],
        ['个','个','个','个','个','个','个','个'],
        ['1680.0','128.0','518.0','288.0','1680.0','128.0','518.0','288.0'],
        ['1,132,320.0','44,800.0','242,424.0','249,408.0','1,263,360.0','57,600.0
','268,324.0','277,344.0']]                                   #创建表格文本列表
40   for x in range(3,8):                                       #用for循环遍历表格第4~8列
41     columns=table.columns[x].cells                           #获取表格第x列单元格
42     data1=data[x-3]                                          #获取第x列单元格的文本列表
43     for i in range(1,9):                                     #用for循环遍历第x列的每一个单元格
44       columns[i].paragraphs[0].paragraph_format.alignment=WD_ALIGN_PARAGRAPH.
CENTER                                                         #设置所选单元格文本居中对齐
45       run=columns[i].paragraphs[0].add_run(data1[i-1])
                                                               #向所选单元格追加文本内容
46       run.font.name='宋体'                                   #设置追加文本的字体
47       run.element.rPr.rFonts.set(qn('w:eastAsia'),'宋体')     #设置中文字体
48       if x>=6:                                               #判断是否为第7~9列的单元格
```

```
49        columns[i].paragraphs[0].paragraph_format.alignment = WD_ALIGN_
PARAGRAPH.LEFT                        #设置所选单元格文本左对齐
#合并单元格并添加文本内容
50  table.cell(1,1).merge(table.cell(8,1))          #合并单元格
51  table.cell(1,1).text="                    #向第2行第2列单元格写入空文本
52  table.cell(1,1).paragraphs[0].paragraph_format.alignment=WD_ALIGN_PARAGRAPH.
CENTER                        #设置第2行第2列单元格文本水平居中对齐
53  table.cell(1,1).vertical_alignment=WD_ALIGN_VERTICAL.CENTER
                              #设置第2行第2列单元格文本垂直居中对齐
54  run=table.cell(1,1).paragraphs[0].add_run('2022年')    #向所选单元格追加文本内容
55  run.font.name='宋体'                          #设置追加文本的字体
56  run.element.rPr.rFonts.set(qn('w:eastAsia'),'宋体')    #设置中文字体
#合并单元格并添加文本内容
57  table.cell(1,2).merge(table.cell(4,2))                #合并单元格
58  table.cell(1,2).text="              #向第2行第3列单元格写入空文本
59  table.cell(1,2).paragraphs[0].paragraph_format.alignment=WD_ALIGN_PARAGRAPH.
CENTER                        #设置第2行第3列单元格文本水平居中对齐
60  table.cell(1,2).vertical_alignment=WD_ALIGN_VERTICAL.CENTER
#设置第2行第3列单元格文本垂直居中对齐
61  run=table.cell(1,2).paragraphs[0].add_run('三季度')  #向所选单元格追加文本内容
62  run.font.name ='宋体'              #设置追加文本的字体
63  run.element.rPr.rFonts.set(qn('w:eastAsia'),'宋体')        #设置中文字体
#合并单元格并添加文本内容
64  table.cell(5,2).merge(table.cell(8,2))                #合并单元格
65  table.cell(5,2).text="          #向第6行第3列单元格写入空文本
66  table.cell(5,2).paragraphs[0].paragraph_format.alignment=WD_ALIGN_PARAGRAPH.
CENTER                        #设置第6行第3列单元格文本水平居中对齐
67  table.cell(5,2).vertical_alignment=WD_ALIGN_VERTICAL.CENTER
                              #设置第6行第3列单元格文本垂直居中对齐
68  run=table.cell(5,2).paragraphs[0].add_run('四季度')  #向所选单元格追加文本内容
69  run.font.name='宋体'                  #设置所追加文本的字体
70  run.element.rPr.rFonts.set(qn('w:eastAsia'),'宋体')        #设置中文字体
#添加表格下文本
71  paragraph = document.add_paragraph()                  #添加一个新段落
72  run= paragraph.add_run('编制人:            审核:            ')
#向新段落中追加文本内容
73  run.font.name='宋体'                          #设置追加文本的字体
74  run.element.rPr.rFonts.set(qn('w:eastAsia'),'宋体')      #设置中文字体
75  run.font.size=Pt(12)                          #设置追加文本的字号
76  paragraph.alignment = WD_ALIGN_PARAGRAPH.RIGHT        #设置段落右对齐
77  try:                                          #捕获并处理异常
78    document.save('e:\办公\公司销售数据汇总.docx')          #保存文档
79  except:                                      #捕获并处理异常
80    print('文档被占用,请关闭后重试!')                      #输出错误提示
```

代码分析：

第 01~06 行代码：作用是导入 docx 模块中要用到的子模块。

第 07 行代码：作用是新建一个 Word 文档，Document( ) 函数用来新建 Word 文档。

第 08~14 行代码：用来添加一个标题，并对标题文字进行格式设置。其中第 08 行代码添加了一个一级标题；第 09 代码分别向添加的标题中追加了文本内容；第 10~13 行对追加的"公司季度销售数据汇总"文本的格式进行设置，包括字体、字号、字体颜色（"0,0,0"表示黑色，三个数字的取值都为 0~255，不同的取值代表不同的颜色）；第 14 行代码将标题的对齐方式设置为了居中对齐。

其中，head 和 run 为新定义的变量。add_heading(0) 函数用来添加一个标题，括号中的参数用来设置标题的级别；add_run（'公司季度销售数据汇总'）函数用来追加文本内容，括号中的参数为要追加的文本内容；font.name 函数用来设置字体；font.size 函数用来设置字号；font.color.rgb 函数用来设置字体颜色；font.bold 用来设置字体加粗，Pt(20) 中的 Pt 为单位磅，20 为大小，表示 20 磅；alignment 函数用来设置对齐方式，WD_ALIGN_PARAGRAPH.CENTER 表示居中对齐。

第 15~20 行代码：用来添加一个段落，并对段落中的文字进行格式设置。其中第 15 行代码添加了一个空的段落；第 16 行代码向空的段落中追加文本内容；第 17~19 行代码对段落中追加的文字格式进行设置，包括字体、字号；第 20 行代码将段落对齐方式设置为右对齐。

其中 add_paragraph( ) 函数用来添加一个段落，如果括号中参数为空，表示添加的是一个空段落；WD_ALIGN_PARAGRAPH.RIGHT 表示右对齐。

第 21~22 行代码：用来插入一个 9 行 9 列的表格，并设置表格居中对齐。table 为新定义的变量，用来存储表格；add_table( ) 函数用来插入表格，括号中第 1 个参数 rows = 9 用来设置表格行数为 9 行，第 2 个参数 cols = 9 用来设置表格列数为 9 列，第 3 个参数 style = ' Table Grid '用来设置表格样式；alignment = WD_TABLE_ALIGNMENT.CENTER 用来将表格设置为居中对齐。

第 23~32 行代码：用来向表格第 1 行所有单元格中写入文本内容。第 23 行代码用来获取表格第 1 行的所有单元格，rows[0] 表示第 1 行；第 24 行代码创建了一个由标题内容组成的列表。

第 25~32 行代码：用一个 for 循环来实现自动填写第 1 行所有单元格的内容。range(9) 用来生成从 0 到 8 的整数列表，这样在第 1 次 for 循环时会将第 1 个数"0"存储在循环变量 i 中，最后一次循环会将最后一个数"8"存储在变量 i 中。for 循环每循环一次，就会执行一遍第 26~32 行代码。

第 26 行代码：用来设置所选单元格文本居中对齐。first_cells[i] 表示第 1 行中具体单元格，当第一次 for 循环时，i 中存储的是 0，first_cells[0] 表示第 1 行中第 1 个单元格；paragraph_format.alignment 用来设置文本对齐方式，WD_ALIGN_PARAGRAPH.CENTER 表示居中对齐。

第 27 行代码：用来向所选单元格追加文本内容。run 为新定义的变量，用来存储追加的文本内容；add_run(fields[i]) 函数用来追加文本内容，括号中的参数为要追加的文本内容，fields[i] 表示获得列表中第 n 个元素，当 i 为 0 时，表示获得列表第 1 个元素，即"序号"，这样就将"序号"追加到第 1 个单元格中了。

第 28~30 行代码：用来设置向每个单元格所追加的文本的字体格式。

第 31~32 行代码：用一个 if 语句判断所处理的是否为第 1 行第 8 个单元格，如果不是就跳过第 32 行代码，继续循环；如果是，就执行第 32 行代码。第 32 行代码用来设置第 1 行第 8 个单元格的宽度，width = Cm(2.7) 用来设置单元格宽度为 2.7 厘米。

第33~38行代码：用来向表格第1列所有单元格中写入文本内容。第33行代码用来获取表格第1列的所有单元格，columns[0]表示第1列；第34行代码用一个for循环来实现自动填写第1列所有单元格的内容。range(1,9)用来生成从1到8的整数列表，这样在第一次for循环时会将第1个数"1"存储在循环变量i中，for循环每循环一次，就会执行一遍第35~38行代码。

第35行代码：用来设置所选单元格文本居中对齐。first_columns[i]表示第1列中具体单元格，当第1次for循环时，i中存储的是1，first_columns[1]表示第1列中第2个单元格，paragraph_format.alignment用来设置文本对齐方式，WD_ALIGN_PARAGRAPH.CENTER表示居中对齐。

第36行代码：用来向所选单元格追加文本内容。add_run（str(i)）函数用来追加文本内容，括号中的参数为要追加的文本内容。str(i)表示将i变量存储的数字转换为字符串格式，当i为1时，表示向单元格中写入"1"。

第37~38行代码：用来设置向每个单元格所追加的文本的字体格式。

第39~49行代码：用来向表格第4~8列的所有单元格中写入文本内容。第39行代码创建了一个含有表格文本内容的数据列表，把每一列中单元格的内容组成的列表作为数据列表的一个元素。

第40~49行代码：通过将两个for循环嵌套在一起来实现获取表格中第4~8列中的所有单元格。第40行代码的for循环来实现获取某一列所有的单元格，它每循环一次会获取第4~8列中某一列的所有单元格，range(3,8)用来生成从3到7的整数列表，第40行的for循环每循环一次会执行一遍第41~49行的代码。

第41行代码：作用是获取表格的第x列（第4~8列中一列）所有单元格，columns[x]表示具体的列，当x存储的值为3时，columns[3]表示第4列。

第42行代码：作用是获取第x列单元格文本内容的列表，当第1次for循环时，x变量存储的值为3，因此data[x-3]就等于data[0]，即得到data列表的第1个元素。

第43~49行代码：为另一个for循环（下面称为第2个for循环），它嵌套在第40行的for循环中（下面称为第1个for循环）。第2个for循环用来获取所选列的每一个单元格。对于这个嵌套for循环来说，当第1个for循环循环一次时，第2个for循环也循环一遍（即8次）。

第44行代码：作用是设置所选单元格文本居中对齐，当i中存储的数为1时，columns[i]表示第2行的单元格，如果此时第1个for循环中的x的值为3，则表示设置的是第4列第2行的单元格。

第45行代码：作用是向所选单元格追加文本内容。add_run(data1[i-1])函数用来追加文本内容。当i中存储的数为1时，data1[i-1]变为data1[0]，表示取列表中第1个元素，即"显示器"。

第46~47行代码：用来设置追加文本的字体。

第48~49行代码：用来设置表格第7、8列单元格的对齐方式为左对齐。

第50~56行代码：用来合并单元格，然后向合并后的单元格中写入文本内容，并设置其字体格式和对齐方式。vertical_alignment函数用来设置垂直对齐方式。

第57~63行代码：用来合并单元格，然后向合并后的单元格中写入文本内容，并设置其字体格式和对齐方式。

第64~70行代码：用来合并单元格，然后向合并后的单元格中写入文本内容，并设置其字体格式和对齐方式。

第71~76行代码：用来添加一个新段落，并设置其字体格式和对齐方式。

第 77~80 行代码：用来存储文档，同时捕获并处理异常，输出错误提示。"try except"函数用来捕获并处理程序运行时出现的异常。它的执行流程是首先执行 try 中的代码，如果执行过程中出现异常，接着会执行 except 中的代码。

第 78 行代码：用来保存文档。save（'e:\办公\公司销售数据汇总.docx'）函数用于保存文档，括号中的参数为文档保存的路径和名称。

6.6　图片自动化操作

图片的自动化操作包括插入图片、设置图片对齐方式、删除图片等，下面将重点讲解这些自动化操作的方法。

6.6.1　自动插入单个图片

如果想在 Word 文档中插入图片，可以使用 add_picture( )函数来添加。添加图片的方法如下。

```
from docx.shared import Cm                    #导入 docx 模块中的单位 Cm 子模块
document.add_picture('e:\图片.png',width=Cm(10) , height = Cm(7))
                                             #插入图片并设置尺寸
```

代码中 document 为之前定义的存储新建的 Word 文档的变量；add_picture( )函数的参数中，第 1 个参数为要添加的图片的名称和路径。第 2 个参数 width＝Cm(10)用来设置图片的宽度，Cm(10)表示将图片的宽度设置为 10 厘米。第 3 个参数 height = Cm(7)用来设置图片的高度，Cm(7)表示将图片的高度设置为 7 厘米。

add_picture( )函数的参数中，如果只设置了一个 width（宽度）参数或 height（高度）参数，将会使用所设置的这个参数（如宽度）来计算另一个参数（如高度）缩放的值。

6.6.2　自动在一行插入多个图片

如果想在 Word 文档的一行中插入多个图片，可以结合 add_run( )函数来实现。在一行中添加多个图片的方法如下。

```
paragraph=document.add_paragraph()           #添加一个段落
run=paragraph.add_run()                      #向段落中追加文本(空文本)
run.add_picture('e:\图片1.jpg',width=Cm(7))   #插入图片
run.add_picture('e:\图片2.jpg',width=Cm(7))   #插入第2个图片
```

代码中 paragraph 为新定义的变量，用来存储段落内容，document 为之前定义的存储新建 Word 文档的变量，add_paragraph( )函数用来添加一个段落；run 为新定义的变量，用于存储追加的文本内容，add_run( )函数用来向段落中追加文本内容，括号中为要追加的文本内容；add_picture( )函数的作用是向 Word 文档中添加图片，括号中的参数为要添加的图片的名称和路径，width＝Cm(7)用来设置图片的宽度；用来设置图片所在段落的对齐方式为居中对齐。

向文档中插入多个图片的效果如图 6-8 所示。

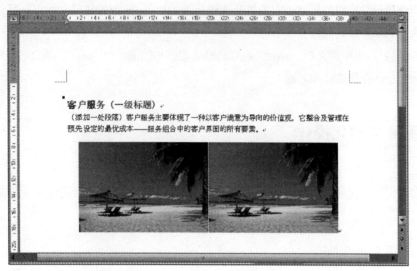

图 6-8　向文档中插入多个图片

6.6.3　自动设置图片对齐方式

在 Word 文档中插入图片，本质上仍然是在段落中添加图片，图片相当于单独一个段落。所以可以用设置段落对齐的方式来设置图片的对齐方式。图片对齐方式设置方法如下。

```
from docx.enum.text import WD_PARAGRAPH_ALIGNMENT
                                    #导入 docx 模块中的对齐方式子模块
picture=document.paragraphs[2]      # 获取图片的位置(即图片在第几段路)
picture.alignment=WD_PARAGRAPH_ALIGNMENT.CENTER
                                    #设置图片所在段落居中
```

代码中，picture 为新定义的变量，用来存储图片的位置信息；paragraphs[2]的作用是获取文档中的段落，其参数"[2]"表示所要获取的段落的序号，2 表示第 3 个段落；alignment 函数用来设置段落的对齐方式，**WD_PARAGRAPH_ALIGNMENT.CENTER** 为居中对齐方式。

段落的对齐方式一共有 5 种，具体如下。

```
WD_PARAGRAPH_ALIGNMENT.LEFT              #左对齐
WD_PARAGRAPH_ALIGNMENT.CENTER            #居中对齐
WD_PARAGRAPH_ALIGNMENT.RIGHT             #右对齐
WD_PARAGRAPH_ALIGNMENT.JUSTIFY           #两端对齐
WD_PARAGRAPH_ALIGNMENT.DISTRIBUTE        #分散对齐
```

6.6.4　自动删除图片

由于图片相当于单独一个段落，所以可以通过删除段落的方式来删除图片，删除图片的方法如下。

```
document.paragraphs[4].clear()          #删除指定图片
```

代码中，document 为之前定义的存储 Word 文档的变量；paragraphs[4]的作用是获取文档中的图片的位置，其参数"[4]"表示图片的位置为第 5 段落；clear()函数用来清除图片。

6.6.5　案例：自动制作 7 月淘宝销售数据分析图表

前面几节讲解了插入图片、设置图片对齐方式、删除图片等内容，接下来结合实战案例来讲解图片自动化操作的方法。图 6-9 所示为淘宝销售数据分析图表，下面用 Python 来自动制作此汇总图表。

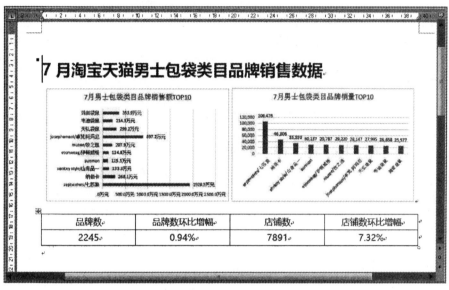

图 6-9　淘宝销售数据分析图表

代码实现：

```
01  from docx import Document                #导入 docx 模块中的 Document 子模块
02  from docx.shared import Pt,Cm,RGBColor
                                             #导入 docx 模块中的磅、厘米和颜色子模块
03  from docx.oxml.ns import qn              #导入 docx 模块中的中文字体子模块
04  from docx.enum.text import WD_ALIGN_PARAGRAPH
                                             #导入 docx 模块中的对齐方式子模块
05  from docx.enum.table import WD_ALIGN_VERTICAL
                                             #导入 docx 模块中的表格垂直对齐方式子模块
06  from docx.enum.table import WD_TABLE_ALIGNMENT
                                             #导入 docx 模块中的表格水平对齐方式子模块
07  document = Document()                    #新建一个 Word 文档
    #添加标题
08  head=document.add_heading(0)             #添加一个一级标题
09  run=head.add_run('7 月淘宝天猫男士包袋类目品牌销售数据')
```

```
      #向标题中追加文本内容
10    run.font.name='微软雅黑'                                      #设置追加文本的字体
11    run.element.rPr.rFonts.set(qn('w:eastAsia'),'微软雅黑')        #设置中文字体
12    run.font.size=Pt(18)                                         #设置追加文本的字号
13    run.font.color.rgb=RGBColor(0,110,200)                       #设置追加文本的颜色
14    run.font.bold = True                                         #设置追加文本加粗
15    head.alignment =WD_ALIGN_PARAGRAPH.LEFT                      #设置标题文本左对齐
      #插入数据图表图片
16    paragraph=document.add_paragraph()                           #添加一个段落
17    run= paragraph.add_run()                                     #向新添加的段落中追加空文本
18    run.add_picture('e:\销售数据图表1.png',width=Cm(7.5))          #插入图片1
19    run.add_picture('e:\销售数据图表2.png',width=Cm(7.5))          #插入图片2
20    paragraph.alignment =WD_ALIGN_PARAGRAPH.CENTER               #设置图片居中对齐
      #插入数据表格
21    table = document.add_table(rows=2, cols=4,style='Table Grid')  #插入一个表格
22    table.alignment=WD_TABLE_ALIGNMENT.CENTER                    #设置表格居中对齐
      #向表格单元格中添加文本内容
23    data=[['品牌数','品牌数环比增幅','店铺数','店铺数环比增幅'],
          ['2245','0.94%','7891','7.32%']]                        #创建表格文本列表
24    for x in range(2):                                           #用 for 循环遍历所有行
25      rowss=table.rows[x].cells                                  #获取表格第 x 行单元格
26      data1=data[x]                                              #获取第 x 行单元格文本列表
27      for i in range(4):                                         #用 for 循环遍历第 x 行每一个单元格
28        rowss[i].paragraphs[0].paragraph_format.alignment =WD_ALIGN_PARAGRAPH.
CENTER                                                             #设置所选单元格文本水平居中对齐
29        rowss[i].vertical_alignment=WD_ALIGN_VERTICAL.CENTER
                                                                   #设置所选单元格文本垂直居中对齐
30        run=rowss[i].paragraphs[0].add_run(data1[i])
      #向所选单元格追加文本内容
31        run.font.size=Pt(10)                                     #设置追加文本的字号
32        run.font.name='微软雅黑'                                  #设置追加文本的字体
33        run.element.rPr.rFonts.set(qn('w:eastAsia'),'微软雅黑')   #设置中文字体
34        run.font.color.rgb=RGBColor(0,110,200)                   #设置追加文本的颜色
35    try:                                                         #捕获并处理异常
36      document.save ('e:\办公\销售数据分析图表.docx')               #保存文档
37    except:                                                      #捕获并处理异常
38      print('文档被占用,请关闭后重试! ')                           #输出错误提示
```

代码分析:

第 01~06 行代码:作用是导入 docx 模块中要用到的子模块。

第 07 行代码:作用是新建一个 Word 文档。Document( )函数用来新建 Word 文档。

第 08~15 行代码:用来添加一个标题,并对标题文字进行格式设置。其中第 08 行代码添加了一个一级标题;第 09 代码分别向添加的标题中追加了文本内容。

第 10~14 行代码对追加的 "7 月淘宝天猫男士包袋类目品牌销售数据" 文本的格式进行了设置，包括字体、字号、字体颜色（"0，110，200" 表示蓝色，三个数字的取值都为 0~255，不同的取值代表不同的颜色）；第 15 行代码将标题的对齐方式设置为左对齐。

其中，head、run 为新定义的变量。add_heading（0）函数用来添加一个标题，括号中的参数用来设置标题的级别；add_run('7 月淘宝天猫男士包袋类目品牌销售数据')函数用来追加文本内容，括号中的参数为要追加的文本内容；font.name 函数用来设置字体；font.size 函数用来设置字号；font.color.rgb 函数用来设置字体颜色；font.bold 用来设置字体加粗，Pt（18）表示将字号设置为 18 磅；alignment 函数用来设置对齐方式，WD_ALIGN_PARAGRAPH.LEFT 表示左对齐。

第 16~20 行代码：用来向文档中插入两张图片，并对图片对齐方式进行设置。其中第 16 行代码添加了一个空的段落；第 17 行代码向段落中追加空的文本；第 18~19 行代码插入两张图片；第 20 行代码将图片对齐方式设置为居中对齐。

其中 add_paragraph（）函数用来添加一个段落，如果括号中参数为空，表示添加的是一个空段落；add_run（）函数用来向段落中追加文本，如果括号中参数为空，表示没有追加文本；add_picture（'e:\销售数据图表 1.png'，width=Cm（7.5））函数表示向段落中插入图片，括号中的第 1 个参数为所插入图片的名称和路径，第 2 个参数用来设置图片的宽度；WD_ALIGN_PARAGRAPH.CENTER 表示居中对齐。

第 21~22 行代码：用来插入一个 2 行 4 列的表格，并设置表格居中对齐。table 为新定义的变量，用来存储表格；add_table（）函数用来插入表格，括号中第 1 个参数 rows=2 用来设置表格行数为 2 行，第 2 个参数 cols=4 用来设置表格列数为 4 列，第 3 个参数 style='Table Grid'用来设置表格样式；alignment=WD_TABLE_ALIGNMENT.CENTER 用来将表格设置为居中对齐。

第 23~34 行代码：用来向表格所有单元格中写入文本内容。第 23 行代码创建了一个含有表格文本内容的数据列表，把每一行中单元格的内容组成的列表作为数据列表的一个元素。

第 24~34 行代码：通过将两个 for 循环嵌套在一起来实现获取表格中的所有单元格。第 24 行代码的 for 循环实现获取某一行所有的单元格，它每循环一次会获取表格中某一行的所有单元格；range（2）用来生成从 0 和 1 的整数列表，第 24 行代码的 for 循环每循环一次会执行一遍第 25~34 行的代码。

第 25 行代码：作用是获取表格第 x 行的所有单元格。rowss[x]表示具体的行，当 x 存储的值为 0 时，rowss[0]表示第 1 行。

第 26 行代码：作用是获取第 x 行单元格文本内容的列表。当第 1 次 for 循环时，x 变量存储的值为 0，因此 data[x]就等于 data[0]，即得到 data 列表的第 1 个元素。

第 27~34 行代码：为另一个 for 循环（下面称为第 2 个 for 循环），它嵌套在第 24 行的 for 循环中（下面称为第 1 个 for 循环）。第 2 个 for 循环用来获取所选行的每一个单元格。对于这个嵌套 for 循环来说，当第 1 个 for 循环循环一次时，第 2 个 for 循环也循环一遍（即 4 次）。

第 28 行代码：作用是设置所选单元格文本水平居中对齐。当 i 中存储的数为 1 时，rowss[i]表示第 2 列的单元格，如果此时第 1 个 for 循环中的 x 的值为 0，则表示设置的是第 1 行第 2 列的单元格。

第 29 行代码：作用是设置所选单元格文本垂直居中对齐。vertical_alignment 函数用来设置垂直对齐方式。

第 30 行代码：作用是向所选单元格追加文本内容。add_run（data1[i]）函数用来追加文本内容。

当 i 中存储的数为 0 时，data1[i] 等于 data1[0]，表示取列表中第 1 个元素，即 "品牌数" 或 "2245"。

第 31~34 行代码：作用是设置所追加文本的字体格式，包括字号、字体和颜色。

第 35~38 行代码：用来存储文档，同时捕获并处理异常，同时输出错误提示。"try except" 函数用来捕获并处理程序运行时出现的异常。它的执行流程是首先执行 try 中的代码，如果执行过程中出现异常，接着会执行 except 中的代码。

第 36 行代码：用来保存文档。save('e:\办公\销售数据分析图表.docx') 函数用于保存文档，括号中的参数为文档保存的路径和名称。

6.7　自动设置页面布局

在排版时，常用的页面设置包括设置纸张方向、页边距等，下面将详细讲解这些排版的设置方法。

6.7.1　自动设置纸张方向

如果想自动设置页面的纸张方向，可以用如下方法。

```
from docx.enum.section import WD_ORIENT, WD_SECTION
                                             #导入 docx 模块中的设置页面子模块
sections = document.sections                 #获取所有页面引用的对象
section = sections[0]                         #获取指定页面的对象
new_width, new_height = section.page_height, section.page_width
                                             #获取页面的宽和高
section.orientation = WD_ORIENT.LANDSCAPE    #设置页面方向为横向
section.page_width = new_width               #设置页面的宽度
section.page_height = new_height             #设置页面的高度
```

代码中，sections 为新定义的变量，用来存储获取的页面对象；document.sections 函数用于获取所有页面引用的对象；section 为新定义的变量，用来存储获取的指定页面的对象；new_width 和 new_height 为新定义的变量，用来存储页面的宽度和高度，section.page_height 表示页面的高度，section.page_width 表示页面的宽度；orientation 函数用来设置页面的方向，WD_ORIENT.LANDSCAPE 表示页面方向为横向；如果想设置为纵向可以使用 "WD_ORIENT. PORTRAIT" 函数。

6.7.2　自动设置页边距

如果想自动设置页面的页边距，可以用如下方法。

```
from docx.enum.section import WD_ORIENT, WD_SECTION
                                             #导入 docx 模块中设置页面的子模块
sections = document.sections                 #获取所有页面引用的对象
```

```
section = sections[0]              #获取指定页面的对象
section.top_margin = Cm(3)         #设置上边距
section.bottom_margin = Cm(2)      #设置下边距
section.left_margin = Cm(2.54)     #设置左边距
section.right_margin = Cm(2.54)    #设置右边距
```

代码中，sections 为新定义的变量，用来存储获取的页面对象；document.sections 函数用于获取所有页面引用的对象；section 为新定义的变量，用来存储获取的指定页面的对象，sections[0]函数用来获取第 1 个页面的对象；top_margin 函数用来设置上边距，bottom_margin 函数用来设置下边距，left_margin 函数用来设置左边距，right _margin 函数用来设置右边距。

6.7.3 案例：批量设置多个 Word 文档的页面布局

前面几节讲解了设置页面方向、设置页边距等内容，接下来结合实战案例来讲解批量设置多个文档的页面布局的方法。图 6-10 所示为批量处理 Word 文档前后的对比图。

待处理的Word文档 　　　　　　　　　　　处理完成后的Word文档

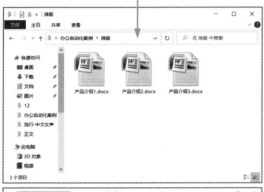
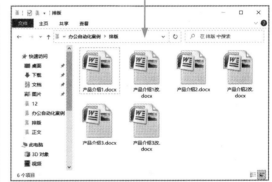
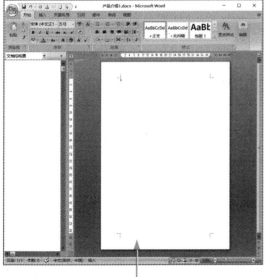

待处理的Word文档 　　　　　　　　　　　处理完成后的Word文档

图 6-10　批量处理 Word 文档前后的对比图

代码实现：

```
01  from docx import Document                              #导入 docx 模块中的 Document 子模块
02  from docx.shared importCm                              #导入 docx 模块中的厘米子模块
03  from docx.enum.section import WD_ORIENT                #导入 docx 模块中的设置页面子模块
04  import os                                             #导入 os 模块
    #提取要处理的所有文档的文件名
05  file_path='e:\\办公\\排版'                              #指定修改的文件所在文件夹的路径
06  file_list=os.listdir(file_path)                       #提取所有文件的名称
    #依次打开要处理的 Word 文档
07  for i in file_list:                                   #用 for 循环遍历列表 file_list 中的元素
08    if i.startswith('~$'):                              #判断文件名称是否有以"~$"开头的临时文件
09        continue                                        #跳过当次循环
10    document = Document(file_path+'\\'+i)                    #打开指定 Word 文档
    #设置打开的 Word 文档的页面为横向
11    sections = document.sections                              #获取所有页面引用的对象
12    section = sections[0]                                     #获取指定页面的对象
13    new_width, new_height = section.page_height, section.page_width
                                                             #获取页面的宽和高
14    section.orientation = WD_ORIENT.LANDSCAPE                 #设置页面方向为横向
15    section.page_width = new_width                            #设置页面的宽度
16    section.page_height = new_height                          #设置页面的高度
    #设置打开的 Word 文档的页面的页边距
17    section.top_margin = Cm(2.5)                              #设置页面上边距
18    section.bottom_margin = Cm(2)                             #设置页面下边距
19    section.left_margin = Cm(3)                               #设置页面左边距
20    section.right_margin = Cm(1.5)                            #设置页面右边距
    #保存处理完的 Word 文档
21    filename=os.path.splitext(i)[0]                          #获取文件名称字符串
22    document.save (f'e:\办公\排版\{filename}改.docx')         #保存文档
```

代码分析：

第 01~04 行代码：作用是导入 docx 模块中要用到的子模块和 os 模块。

第 05 行代码：作用是指定文件所在文件夹的路径。file_path 为新定义的变量，用来存储路径。

第 06 行代码：作用是将路径下所有文件和文件夹的名称以列表的形式存在新定义的 **file_list** 变量中。此代码中使用了 os 模块中的 listdir( )函数，此函数用于返回指定文件夹包含的文件或文件夹的名字的列表。图 6-11 所示为 file_list 中存储的数据。

['产品介绍1.docx', '产品介绍2.docx', '产品介绍3.docx']

图 6-11 file_list 中存储的数据

第 07~22 行代码：为一个 for 循环，用来逐个处理文件夹下的所有 Word 文档。

第 07 行代码：为一个 for 循环语句，"for…in" 为 for 循环，i 为循环变量，第 08~22 行缩进部分代码为循环体。当第 1 次 for 循环时，会访问 file_list 列表中的第 1 个元素（产品介绍 1.xlsx），并将其存在 i 循环变量中，然后运行 for 循环中的缩进部分代码（循环体部分），即第 08~22 行代码；执行完后，返回执行第 07 行代码，开始第 2 次 for 循环，访问列表中的第 2 个元素（产品介绍 2.xlsx），并将其存在 i 循环变量中，然后运行 for 循环中的缩进部分代码，即第 08~22 行代码；就这样一直反复循环，直到最后一次循环完成后，结束 for 循环。

第 08 行代码：作用是用 if 条件语句判断文件夹下的文件名称是否有以"~$"开头的文件（此文件为临时文件，执行时会出错）。如果有，执行第 09 行代码；如果没有，就执行第 10 行代码。代码中 startswith( ) 为一个字符串函数，用于判断字符串是否以指定的字符串开头。i.startswith(~ $) 的意思就是判断 i 中存储的字符串是否以"~$"开头。

第 09 行代码：作用是跳过本次 for 循环，直接进行下一次 for 循环。

第 10 行代码：作用是打开一个 Word 文档。Document（file_path+'\\'+i）函数用来打开 Word 文档，括号中的参数为要打开的 Word 文档的路径和名称。参数 file_path 中存储的是 Word 文档的路径，i 中存储的是 Word 文档的名称。比如当 i 的值为"产品介绍 1.docx"时，"file_path+'\\'+i"就为"e:\\办公\\排版\\产品介绍 1.docx"，为了防止"\"产生歧义，Python 用"\\"表示"\"。

第 11~16 行代码：作用是设置 Word 文档的页面方向。sections 为新定义的变量，用来存储获取的页面对象；document.sections 函数用于获取所有页面引用的对象；section 为新定义的变量，用来存储获取的指定页面的对象，sections[0] 函数用来获取第 1 个页面的对象；new_width 和 new_height 为新定义的变量，用来存储页面的宽度和高度，section.page_heigh 表示页面的高度，section.page_width 表示页面的宽度；orientation 函数用来设置页面的方向，WD_ORIENT.LANDSCAPE 表示页面方向为横向；如果想设置为纵向，则使用 WD_ORIENT. PORTRAIT 函数。

第 17~20 行代码：作用是设置 Word 文档的页边距。top_margin 函数用来设置上边距，bottom_margin"函数用来设置下边距，left_margin 函数用来设置左边距，right _margin 函数用来设置右边距。

第 21 行代码：作用是分离文件名和扩展名。filename 为新定义的变量，用来存储分离后的文件名字符串；os.path.splitext(i)[0] 函数为 os 模块的函数，用来分离文件名和扩展名，括号中的 i 为要分离的文件全名。如果 i 存储的为"产品介绍 1.docx"，则分离成"产品介绍 1"和".docx"，分离后会生成一个由文件名和扩展名组成的元组（如"('产品介绍 1', '.docx')"），"[0]"表示获取该元组中的第 1 个元素，即文件名字符串。

第 22 行代码：作用是保存 Word 文件。代码中的 save(f' e:\办公\排版\\{filename}改.docx') 方法用来保存 Word 文档。括号中的"f' e:\办公\排版\\{filename}改.docx'"为要保存的 Word 文档的路径和名称。filename 为上一行代码中新定义的变量，即存储的分离的文件名字符串，如果 file_name 中存储的为"产品介绍 1"，则新的 Word 文档的名称就为"e:\办公\产品介绍 1 改.docx"。这里 f 的作用是将不同类型的数据拼接成字符串。即以 f 开头时，字符串中大括号（{}）内的数据无须转换数据类型，就能被拼接成字符串。

6.8　页眉/页脚自动化操作

页眉是出现在每个页面上边距区域中的文本，与文本主体分开，并且通常传达上下文信息，如文

用 **Python** 让办公快速实现自动化

档标题、作者、创建日期或页码。文档中的页眉在页面之间是相同的，内容上只有很小的差异，如更改部分标题或页码。

6.8.1 自动设置页眉顶端距离和页脚底端距离

设置页眉顶端距离和页脚底端距离的方法如下。

```
document.sections[0].header_distance = Cm(1.5)      #设置页眉顶端距离
document.sections[0].footer_distance = Cm(1.75)     #设置页脚底端距离
```

代码中，document.sections[0]函数用来获取第 1 个页面的对象；header_distance 函数用来设置页眉顶端距离，Cm（1.5）表示设置的距离为 1.5 厘米；footer_distance 函数用来设置页脚底端距离。

6.8.2 自动添加页眉并设置页眉字体格式

添加页面的页眉，然后设置页眉字体格式的方法如下。

```
header=document.sections[0].header                     #获取第 1 个页面的页眉
paragraph1=header.paragraphs[0]                        #获取页眉的文字段落
text=paragraph1.add_run('第一章　工具使用')              #在页眉段落中追加文本内容
text.font.size = Pt(10)                                #设置页眉文本字号
text.bold = True                                       #设置页眉文本加粗
text.font.name ='宋体'                                 #设置页眉文本字体为宋体
text.element.rPr.rFonts.set(qn('w:eastAsia'),'宋体')    #设置中文字体
paragraph1.alignment=WD_ALIGN_PARAGRAPH.CENTER
#设置页眉文本对齐方式为居中对齐
text.add_picture('e:\图片.jpg',width=Cm(3))            #向页眉中插入图片
paragraph2=header.add_paragraph()                      #在页眉中添加一个新段落
run = paragraph2.add_run('万用表使用方法')               #在页眉新段落中追加文本
```

代码中，header 为新定义的变量，用来存储页面的页眉；document.sections[0].header 表示获取第 1 个页面的页眉，这里 header 函数用来设置页眉；paragraph1 为新定义的变量，用来存储获取的页眉中的文字段落。paragraphs[0]函数表示段落信息；text 为新定义的变量，用来存储页面的文本内容；add_run()函数的作用是追加文本内容，括号中的参数为要添加的文本内容。

font.size 函数用来设置文本的字号；bold 函数用来设置加粗，True 表示加粗；font.name 函数用来设置字体，'宋体'为要设置的字体；element.rPr.rFonts.set(qn('w:eastAsia'),'宋体')函数用来设置中文字体，如果不加这个代码，输出的中文文本会出现异常；alignment 函数用来设置对齐方式，WD_ALIGN_PARAGRAPH.CENTER 表示设置对齐方式为居中对齐，设置为 WD_ALIGN_PARAGRAPH.LEFT 表示左对齐，设置为 WD_ALIGN_PARAGRAPH.RIGHT 表示右对齐。

add_picture()函数的参数中，第 1 个参数为要添加的图片的名称和路径，第 2 个参数 width = Cm(3)用来设置图片的宽度，Cm(3)表示将图片的宽度设置为 3 厘米。

header.add_paragraph()用来在页眉中添加一个段落，这样两次添加的页面就会在不同的段落中，可以分别进行格式设置。

172

6.8.3　自动添加页脚并设置页脚字体格式

添加页面的页脚，然后设置页脚字体格式的方法如下。

```
footer=document.sections[0].footer                      #获取第1个页面的页脚
paragraph=footer.paragraphs[0]                          #获取页脚的文字段落
text=paragraph.add_run('第1页')                         #在页脚段落中追加文本内容
text.font.size = Pt(10)                                 #设置页脚文本字号
text.bold = True                                        #设置页脚文本加粗
text.font.name ='宋体'                                   #设置页脚文本字体为宋体
text.element.rPr.rFonts.set(qn('w:eastAsia'),'宋体')     #设置中文字体
paragraph.alignment=WD_ALIGN_PARAGRAPH.RIGHT

                                                        #设置页脚文本对齐方式为右对齐
text.add_picture('e:\图片.jpg',width=Cm(3))             #向页眉中插入图片
```

代码中，footer 为新定义的变量，用来存储页面的页脚；document.sections[0].footer 表示获取第1个页面的页脚，这里 footer 函数用来设置页脚；paragraph 为新定义的变量，用来存储获取的页脚中的文字段落。paragraphs[0]函数表示段落信息；text 为新定义的变量，用来存储页面的文本内容；add_run()函数的作用是添加文本内容，括号中的参数为要添加的文本内容。

font.size 函数用来设置文本的字号；bold 函数用来设置加粗，True 表示加粗；font.name 函数用来设置字体，'宋体'为要设置的字体；element.rPr.rFonts.set(qn('w:eastAsia'),'宋体')函数用来设置中文字体，如果不加这个代码，输出的中文文本会出现异常；alignment 函数用来设置对齐方式，WD_ALIGN_PARAGRAPH.RIGHT 表示设置对齐方式为右对齐。

add_picture()函数的参数中，第1个参数为要添加的图片的名称和路径，第2个参数 width=Cm(3)用来设置图片的宽度，Cm(3)表示将图片的宽度设置为3厘米。

6.8.4　自动删除页眉/页脚

删除页眉和页脚的方法如下。

```
header.is_linked_to_previous = True                     #删除页眉
footer.is_linked_to_previous = True                     #删除页脚
```

代码中 header 为之前定义的存储页眉的变量；footer 为之前定义的存储页脚的变量；"is_linked_to_previous"函数用来删除页眉或页脚，True 表示删除。

6.8.5　案例：自动制作产品宣传页

前面几节讲解了添加页眉和页脚、设置页眉页脚内容的格式等内容，接下来结合实战案例来讲解页眉页脚自动化操作的方法。如图 6-12 所示为公司销售产品宣传文档，下面用 Python 来自动制作此宣传文档。

图 6-12　自动制作产品宣传文档

代码实现:

```
01  from docx import Document                          #导入 docx 模块中的 Document 子模块
02  from docx.shared import Pt,Cm,RGBColor
                                                        #导入 docx 模块中的磅、厘米和颜色子模块
03  from docx.oxml.ns import qn                         #导入 docx 模块中的中文字体子模块
04  from docx.enum.text import WD_ALIGN_PARAGRAPH
                                                        #导入 docx 模块中的对齐方式子模块
05  document = Document()                               #新建一个 Word 文档
    #在正文中添加产品宣传图片
06  document.add_picture('e:\产品 1.png',width=Cm(15))   #在文档中添加一个图片
    #设置页眉顶端和页脚底端距离
07  sections = document.sections                        #获取所有页面引用的对象
08  document.sections[0].header_distance = Cm(1.2)      #设置页眉顶端距离
09  document.sections[0].footer_distance = Cm(1.2)      #设置页脚底端距离
    #向页眉中添加图片
10  header=document.sections[0].header                  #获取第 1 个页面的页眉
11  paragraph=header.paragraphs[0]                      #获取页眉的文字段落
12  run=paragraph.add_run()                             #向页眉中追加空文本
13  run.add_picture('e:\公司 logo.png',width=Cm(4))      #向页眉中插入图片
14  paragraph.alignment =WD_ALIGN_PARAGRAPH.LEFT        #设置页眉段落左对齐
    #向页眉中新段落添加文本内容
15  paragraph1=header.add_paragraph()                   #在页眉中添加段落
16  text=paragraph1.add_run('荣耀手机系列产品')             #在段落中追加文本内容
17  text.font.size = Pt(12)                             #设置追加文本的字号
18  text.font.name ='方正姚体'                            #设置追加文本的字体
```

174

```
19   text.element.rPr.rFonts.set(qn('w:eastAsia'),'方正姚体')        #设置中文字体
20   text.bold = True                                              #设置追加文本加粗
21   text.font.color.rgb=RGBColor(0,50,150)                        #设置追加文本的颜色
22   paragraph1.alignment=WD_ALIGN_PARAGRAPH.RIGHT #设置页眉段落右对齐
#向页脚中插入文本内容
23   footer=document.sections[0].footer                            #获取第1个页面的页脚
24   paragraph2=footer.paragraphs[0]                               #获取页脚的文字段落
25   text1=paragraph2.add_run('第1页')                            #在页眉段落中追加文本内容
26   text1.font.size = Pt(12)                                      #设置追加文本的字号
27   text1.font.name ='黑体'                                       #设置追加文本的字体
28   text1.element.rPr.rFonts.set(qn('w:eastAsia'),'黑体')         #设置中文字体
29   text1.font.color.rgb=RGBColor(0,50,150)                       #设置追加文本的颜色
30   paragraph2.alignment=WD_ALIGN_PARAGRAPH.CENTER
                                                                   #设置页脚段落居中对齐
31   try:                                                          #捕获并处理异常
32     document.save('e:\办公\产品宣传页.docx')                    #保存文档
33   except:                                                       #捕获并处理异常
34     print('文档被占用,请关闭后重试! ')                          #输出错误提示
```

代码分析:

第01~04行代码:作用是导入 docx 模块中要用到的子模块。

第05行代码:作用是新建一个 Word 文档,Document()函数用来新建 Word 文档。

第06行代码:作用是在文档中插入产品宣传图片。add_picture()函数的参数中,第1个参数 "e:\产品1.png" 为要添加的图片的名称和路径,第2个参数 width=Cm(15)用来设置图片的宽度。

第07~09行代码:用来设置页眉顶端和页脚底端距离。document.sections[0]函数用来获取第1个页面的对象;header_distance 函数用来设置页眉顶端距离,Cm(1.2)表示设置的距离1.2厘米;"footer_distance"函数用来设置页脚底端距离。

第10~14行代码:用来向页眉中添加图片。header 为新定义的变量,用来存储页面的页眉;document.sections[0].header 表示获取第1个页面的页眉,这里 header 函数用来设置页眉;paragraph 为新定义的变量,用来存储获取的页眉中的文字段落。paragraphs[0]函数表示段落信息;add_run()函数用来在页眉的段落中追加文本,如果括号中参数为空,表示没有追加文本;add_picture('e:\销售数据图表1.png', width=Cm(7.5))函数表示向页眉中的段落中插入图片,括号中的第1个参数"e:\销售数据图表1.png" 为所插入图片的名称和路径,第2个参数用来设置图片的宽度;WD_ALIGN_PARAGRAPH.LEFT 表示左对齐。

第15~22行代码:用来向页眉中添加文本内容,并进行格式设置。第15行代码用来向页眉中添加一个新段落;第16行代码用来在段落中追加文本内容;第17~21行代码用来对追加的文本进行格式设置,包括字号、字体、加粗、颜色等;第22行代码用于将页眉中新添加的段落的对齐方式设置为右对齐。

第23~30行代码:用来向页脚中添加文本内容,并进行格式设置。footer 为新定义的变量,用来存储页面的页脚;document.sections[0].footer 表示获取第1个页面的页脚,这里 footer 函数用来设置页

脚；paragraph2 为新定义的变量，用来存储获取的页脚中的文字段落。paragraphs［0］函数表示段落信息；text1 为新定义的变量，用来存储页面的文本内容。

第 31~34 行代码：用来存储文档，同时捕获并处理异常，输出错误提示。"try except"函数用来捕获并处理程序运行时出现的异常。它的执行流程是首先执行 try 中的代码，如果执行过程中出现异常，接着会执行 except 中的代码。

第 32 行代码：用来保存文档。save('e:\办公\办公\产品宣传页.docx') 函数用于保存文档，括号中的参数为文档保存的路径和名称。

6.9 样式自动化操作

如何自动应用 Word 文档中的样式，给 Word 文档自定义一个新样式？如何对默认样式进行修改？本节将重点讲解。

6.9.1 自动使用样式

1. 获取文档中的所有样式

获取 Word 文档中所有样式的方法如下。

```
document = Document()                    #新建一个文档
styles = document.styles                 #获取所有样式
```

代码中，styles 为新定义的变量，用来存储获取的样式；document.styles 用来获取文档中的样式。

2. 应用样式

对段落应用样式的方法如下。

```
paragraph = document.add_paragraph()                   #添加一个段落
paragraph.style = document.styles['Heading 1']   #对段落应用样式
```

代码中，paragraph.style 函数用来设置段落的样式；document.styles［'Heading 1'］函数用来指定应用的样式，'Heading 1'为样式名称（即标题 1）。

对段落中追加的文本应用样式的方法如下。

```
paragraph = document.add_paragraph()                   #添加一个段落
run = paragraph.add_run('美丽的星空')                   #向段落中追加文本内容
run.style = 'Emphasis'                                 #对追加的文本应用样式
```

代码中 run.style 函数用于对追加的文本应用样式，'Emphasis'为样式的名称。

3. 添加/删除样式

如果想在文档中添加一个样式，方法如下。

```
style = styles.add_style('小节', WD_STYLE_TYPE.PARAGRAPH)
                                    #添加一个新样式
```

```
style.base_style = styles['Normal']        #指定新样式继承的样式名称
styles['小节'].delete()                     #删除样式
```

代码中，add_style( )函数用来新建样式，括号中为其参数。'小节'参数用来设置新样式的名称，WD_STYLE_TYPE.PARAGRAPH 用来设置新样式为段落样式；base_style 函数用来设置指定新样式继承的样式名称；styles[' Normal ']函数用来指定继承的样式，' Normal '为文档中原有样式的名称；styles['小节'].delete( )函数用来删除样式，'小节'为要删除的样式名称。

6.9.2 自定义一个新样式

在新建的 Word 文档中自定义一个新样式的方法如下。

```
from docx import Document                   #导入 docx 模块中的 Document 子模块
from docx.enum.style import WD_STYLE_TYPE   #导入 docx 模块中的样式子模块
from docx.shared import Pt                  #导入 docx 模块中的单位磅子模块
from docx.oxml.ns import qn                 #导入 docx 模块中的中文字体子模块
document = Document()                       #新建一个 Word 文档
styles = document.styles                    #获取当前文档的样式
style = styles.add_style('小节', WD_STYLE_TYPE.PARAGRAPH)
                                            #新建一个新样式
style.font.name = '微软雅黑'                 #设置新样式字体
style.element.rPr.rFonts.set(qn('w:eastAsia'),'微软雅黑')      #设置中文字体
style.font.size = Pt(18)                    #设置新样式字号
style.font.color.rgb = RGBColor(255,0,0)    #设置新样式字体颜色
paragraph_format = style.paragraph_format   #创建新样式段落格式对象
paragraph_format.left_indent =Pt(16)        #设置新样式左缩进
paragraph_format.first_line_indent =Pt(20)  #设置新样式首行缩进
paragraph_format.space_before = Pt(12)      #设置新样式段前间距
document.add_paragraph('宇宙是很奇妙的', style= style)
                                            #添加段落并使用新样式
```

代码中，document 为之前定义的存储 Word 文档的变量；Document( )函数用来新建一个 Word 文档；styles 是新定义的变量，用来存储获取的当前文档的样式；document.styles 用来获取当前文档的样式。

style 是新定义的变量，用来存储新建的样式；add_style( )函数用来新建样式，括号中为其参数，'小节'参数用来设置新样式的名称，WD_STYLE_TYPE.PARAGRAPH 用来设置新样式为段落样式。

style.font 表示新样式字体；font.name 函数用来设置具体的新样式字体；element.rPr.rFonts.set(qn (' w:eastAsia ') ,'微软雅黑')函数用来设置中文字体；font.size 函数用来设置新样式的字号，Pt(18)表示字号为 18 磅；font.color.rgb 函数用来设置字体颜色，RGBColor(255,0,0)为具体的颜色，"255,0,0"表示红色，三个数字的取值范围为 0~255。

paragraph_format 函数用来创建段落格式对象；left_indent 函数用来设置段落左缩进；first_line_indent 函数用来设置段落首行缩进；space_before 函数用来设置段落前的间距。

document.add_paragraph( )函数用来添加一个段落，括号中的参数 style='小节'用来设置段落的样式。

6.9.3 自动修改默认样式

在新建的 Word 文档中修改默认样式的方法如下。

```
from docx import Document                                      #导入 docx 模块中的 Document 子模块
from docx.enum.style import WD_STYLE_TYPE                      #导入 docx 模块中的样式子模块
from docx.shared import Pt                                     #导入 docx 模块中的单位磅子模块
from docx.oxml.ns import qn                                    #导入 docx 模块中的中文字体子模块
document = Document()                                          #新建一个 Word 文档
styles = document.styles                                       #获取当前文档的样式
styles['Normal'].font.name = '微软雅黑'                         #修改默认样式的字体
styles['Normal'].element.rPr.rFonts.set(qn('w:eastAsia'),'微软雅黑') #设置中文字体
styles['Normal'].font.size = Pt(18)                           #修改默认样式的字号
styles['Normal'].font.color.rgb = RGBColor(255,0,0)          #修改默认样式字体颜色
document.add_paragraph('宇宙是很奇妙的')                        #添加段落,并使用默认样式
```

代码中，document 为之前定义的存储 Word 文档的变量；Document( )函数用来新建一个 Word 文档；styles 是新定义的变量，用来存储获取的当前文档的样式；document.styles 用来获取当前文档的样式；styles[' Normal ']函数用于选择当前文档中的默认样式，font. name 函数用来设置样式字体；element.rPr.rFonts.set(qn(' w:eastAsia ') ,'微软雅黑')函数用来设置中文字体；font.size 函数用来设置样式的字号，Pt(18)表示字号为 18 磅；font.color.rgb 函数用来设置字体颜色，RGBColor(255,0,0)为具体的颜色，"255,0,0"表示红色，三个数字的取值范围为 0~255；document.add_paragraph( )函数用来添加一个段落，如果没有指定具体的样式，会使用默认样式。

6.9.4 案例：用样式自动排版

前面几节讲解了应用样式、添加删除样式、自定义样式、修改样式等内容，接下来结合案例来讲解样式自动化操作的方法。如图 6-13 所示为用自定义样式排版后的财务管理制度文档，下面用 Python来自动制作此文档。

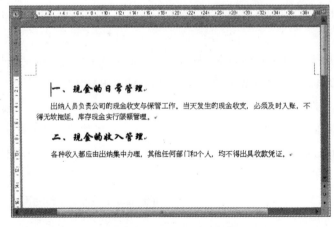

图 6-13 用自定义样式排版

代码实现：

```
01  from docx import Document                                    #导入 docx 模块中的 Document 子模块
02  from docx.shared import Pt,RGBColor                          #导入 docx 模块中的磅和颜色子模块
03  from docx.oxml.ns import qn                                  #导入 docx 模块中的中文字体子模块
04  from docx.enum.style import WD_STYLE_TYPE                    #导入 docx 模块中的样式子模块
05  document = Document()                                        #新建一个 Word 文档
    #自定义一个新样式
06  styles = document.styles                                     #在文档中添加一个图片
07  style = styles.add_style('小节', WD_STYLE_TYPE.PARAGRAPH)
                                                                 #新建一个新样式
08  style.font.name = '华文行楷'                                  #设置新样式字体
09  style.element.rPr.rFonts.set(qn('w:eastAsia'), '华文行楷')    #设置中文字体
10  style.font.size = Pt(16)                                     #设置新样式字号
11  style.font.bold =True                                        #设置新样式字体加粗
12  style.font.color.rgb = RGBColor(0,0,100)                     #设置新样式字体颜色
13  style.paragraph_format.first_line_indent =Pt(22)            #设置新样式首行缩进
14  style.paragraph_format.space_before = Pt(10)                 #设置新样式段前间距
15  style.paragraph_format.space_after = Pt(5)                   #设置新样式段后间距
    #修改默认样式
16  styles['Normal'].font.size = Pt(11)                          #修改默认样式的字号
17  styles['Normal'].paragraph_format.first_line_indent = Pt(22)
                                                                 #修改默认样式的首行缩进

    #应用样式
18  paragraph=document.add_paragraph('一、现金的日常管理',style = style)
                                                                 #添加一个段落并应用自定义样式
19  paragraph=document.add_paragraph('出纳人员负责公司的现金收支与保管工作。当天发生的现
    金收支,必须及时入账,不得无故拖延。库存现金实行限额管理。')
                                                                 #添加一个段落并应用默认样式
20  paragraph=document.add_paragraph('二、现金的收入管理',style = style)
                                                                 #添加一个段落并应用自定义样式
21  paragraph=document.add_paragraph('各种收入都应由出纳集中办理,其他任何部门和个人,均不
    得出具收款凭证。')
                                                                 #添加一个段落并应用默认样式
22  try:                                                         #捕获并处理异常
23    document.save ('e:\办公\用自定义样式排版.docx')              #保存文档
24  except:                                                      #捕获并处理异常
25    print('文档被占用,请关闭后重试! ')                          #输出错误提示
```

代码分析：

第 01~04 行代码：作用是导入 docx 模块中要用到的子模块。

第 05 行代码：作用是新建一个 Word 文档。Document( )函数用来新建 Word 文档。

第 06~15 行代码：用于自定义一个新的样式。

styles 是新定义的变量，用来存储获取的当前文档的样式；document.styles 用来获取当前文档的样

式；style 是新定义的变量，用来存储新建的样式；add_style( )函数用来新建样式，括号中为其参数，'小节'参数用来设置新样式的名称，**WD_STYLE_TYPE.PARAGRAPH** 用来设置新样式为段落样式。

　　style.font.name 用来设置新样式的字体；element.rPr.rFonts.set(qn(' w：eastAsia ')，'华文行楷')函数用来设置中文字体；style.font.size 函数用来设置新样式的字号；style.font.color.rgb 函数用来设置新样式字体颜色，RGBColor(0,0,100)为具体的颜色，"0,0,100" 表示蓝色，三个数字的取值范围为 0~255。

　　style.paragraph_format 函数用来创建新样式段落格式对象；first_line_indent 函数用来设置段落首行缩进；space_before 函数用来设置段落前的间距；space_after 函数用来设置段落后的间距。

　　第 16~17 行代码：用来修改默认样式的格式。styles[' Normal ']表示默认样式；styles[' Normal '].font.size 用来修改默认样式的字号。

　　第 18~21 行代码：分别添加了 4 个段落。add_paragraph 函数用来添加段落，其参数中的 style = style 表示给段落设置自定义的样式，如果没有设置，会自动应用默认样式。

　　第 22~25 行代码：用来存储文档，同时捕获并处理异常，输出错误提示。"try except" 函数用来捕获并处理程序运行时出现的异常。它的执行流程是首先执行 try 中的代码，如果执行过程中出现异常，接着会执行 except 中的代码。

　　第 23 行代码：用来保存文档。save (' e：\办公\用自定义样式排版.docx ') 函数用于保存文档，括号中的参数为文档保存的路径和名称。

第 7 章 自动化制作 PPT 幻灯片实战

python-pptx 是一个用于创建和修改 PowerPoint（PPT）演示文稿的 Python 模块，提供全套的 PPT 演示文稿操作，是非常不错的 PPT 演示文稿操作工具。本章将重点讲解 python-pptx 模块操作 PPT 演示文稿的方法，并通过实战案例来帮助大家学习。

7.1 自动打开/读取 PPT 文档

7.1.1 安装 python-pptx 模块

在使用 python-pptx 模块前需要先安装此模块，否则无法使用模块中的函数。Python 中，使用 pip 命令安装模块。python-pptx 模块的安装方法如下。

首先在"开始菜单"的"Windows 系统"中选择"命令提示符"命令，打开"命令提示符"窗口，然后直接输入"pip install python-pptx"并按〈Enter〉键，开始安装 python-pptx 模块。安装完成后会提示"Successfully installed"，如图 7-1 所示。

图 7-1 安装 python-pptx 模块

7.1.2 导入 python-pptx 模块

在使用 python-pptx 模块之前，要在程序最前面写上下面的代码来导入 python-pptx 模块，否则无法使用 python-pptx 模块中的函数。

```
from pptx import Presentation
```

代码的意思是导入 python-pptx 模块中的 Presentation 子模块。

7.1.3　PPT 演示文稿中各组成部分的定义

每一个 PPT 演示文稿称为 Presentation，演示文稿中每一个幻灯片页称为 slide，幻灯片页中的图片、文本框、图形等称为形状 shape，文本框中的一段文字称为 paragraph，段落中的文字对象称为 run，新插入的幻灯片页中的每个用来输入文字等内容的方框称为占位符 placeholder，幻灯片的版式称为 slides_layouts，如图 7-2 所示。

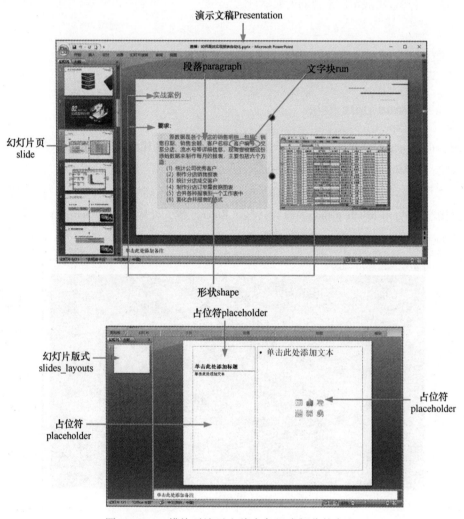

图 7-2　pptx 模块对演示文稿中各组成部分的定义

7.1.4　自动新建 PPT 演示文稿

在对 PPT 演示文稿进行操作前，第一步要先新建 PPT 演示文稿。新建一个 PPT 演示文稿的代码如下所示。

```
prs = Presentation()                    #新建一个 PPT 演示文稿
```

代码中，prs 为新定义的变量，用来存储新建的 PPT 演示文稿，在编程过程中可以用 prs 代表新建的 PPT 演示文稿；Presentation( )函数用来新建/打开 PPT 演示文稿，当括号中没有参数时，为新建 PPT 演示文稿。

7.1.5 自动打开 PPT 演示文稿

如果需要打开已有的 PPT 演示文稿进行编辑，用如下的代码实现。

```
prs = Presentation ('e:\办公\培训.pptx')        #打开一个 PPT 演示文稿
```

代码中，prs 为新定义的变量，用来存储打开的 PPT 演示文稿，在编程过程中可以用 prs 代表新建的 PPT 演示文稿；Presentation( )函数用来新建/打开 PPT 演示文稿，括号中为要打开的 PPT 演示文稿名称和路径。

7.1.6 自动读取 PPT 演示文稿

在打开 PPT 演示文稿后，可以读取 PPT 演示文稿中所有的幻灯片（slide）、段落（paragraphs）、段落内容（paragraphs［0］.text）、行（runs）、行中的内容（runs.text）、表格（tables）等，读取 Word 文档时用如下代码。

```
prs = Presentation ('e:\办公\课件.pptx')       #打开一个 PPT 演示文稿
prs.slides                                 #获取所有幻灯片
slide.shapes                               #获取幻灯片中的所有形状(如文本框等)
slide.placeholders                         #获取幻灯片中的所有占位符
shape.has_text_frame                       #判断是否有文字
shape.text_frame                           #获取文字框
text_frame. paragraphs                     #获取所有段落
text_frame. Paragraphs[0].text             #获取第 1 段文字
text_frame. Paragraphs[0].runs             #获取第 1 段中的所有行
text_frame. Paragraphs[0].runs[0].text     #获取第 1 段中第 1 行的文字
```

7.1.7 自动保存 PPT 演示文稿

在对 PPT 演示文稿进行编辑后，可以自动保存 PPT 演示文稿，使用的代码如下所示。

```
prs.save ('e:\办公\培训.pptx')        #保存 PPT 演示文稿
```

代码中，prs 为上一节定义的变量，存储的是"培训.pptx"文档；save( )函数用来保存 PPT 演示文稿，括号中为所保存的 PPT 演示文稿名称和路径。

7.1.8 案例：提取 PPT 课件中的文字内容

前面几节讲解了导入 pptx 模块、新建 PPT 文档、打开 PPT 文档、读取 PPT 文档内容、保存 PPT

用 Python 让办公快速实现自动化

文档等知识，接下来结合实例来讲解 PPT 文档自动化操作的方法。图 7-3 所示为提取 PPT 文档中幻灯片页的内容并将其保存到 Word 文档中，下面用 Python 来完成此任务。

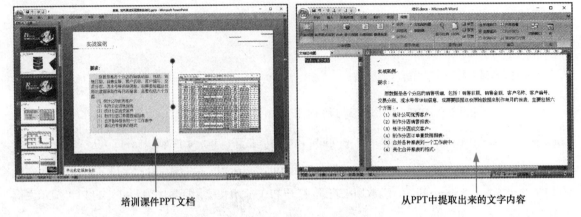

培训课件 PPT 文档　　　　　　　　　　　　　　　　从 PPT 中提取出来的文字内容

图 7-3　用自定义样式排版

代码实现：

```
01  from pptx import Presentation          #导入 pptx 模块中的 Presentation 子模块
02  from docx import Document              #导入 docx 模块中的 Document 子模块
    #新建 Word 文档并打开 PPT 文档
03  document = Document()                  #新建一个 Word 文档
04  prs = Presentation('e:\办公\培训课件.pptx')   #打开一个 PPT 文档
    #自定义一个新样式
05  for slide in prs.slides:               #用一个 for 循环获取所有幻灯片页
06    for shape in slide.shapes:           #用 for 循环获取所有幻灯片页中的形状
07      if shape.has_text_frame:           #用 if 语句判断形状中是否有文字框
08        text_frame=shape.text_frame      #获取文字内容
09        paragraph=document.add_paragraph()   #在 Word 文档中添加一个段落
10        run=paragraph.add_run(text_frame.text)    #将获取的文字内容追加到段落
11  document.save ('e:\办公\课件提取.docx')   #保存 Word 文档
```

代码分析：

第 01~02 行代码：作用是导入处理 Word 文档和 PPT 文档的模块。

第 03 行代码：作用是新建一个 Word 文档。document 为新定义的变量，用来存储新建的 Word 文档；Document( ) 函数用来新建 Word 文档。

第 04 行代码：作用是打开一个 PPT 文档。prs 为新定义的变量，用来存储打开的 PPT 文档；Presentation('e:\办公\培训课件.pptx') 函数用来打开 PPT 文档，括号中的参数为要打开的 PPT 文档的路径和名称。

第 05~10 行代码：作用是用一个 for 循环遍历 PPT 文档中所有的幻灯片页，并将幻灯片页面中的文字内容提取出来，写入到 Word 文档中。

第 05 行代码：为一个 for 循环（下面称为第 1 个 for 循环），其循环体为第 06~10 行代码。此循环每循环一次会获取 PPT 文档中的一个幻灯片页，并存储在 slide 循环变量中。prs.slides 函数的作用是获取所有幻灯片页。

第 06 行代码：为一个 for 循环（下面称为第 2 个 for 循环），其循环体为第 07~10 行代码。第 2 个 for 循环的功能是获取所有幻灯片页中的形状（包括文本框、图形等），此循环每循环一次会获取幻灯片页中的一个形状。第 2 个 for 循环嵌套在第 1 个 for 循环中，当第 1 个 for 循环循环一次时（如获取第 1 个幻灯片页），第 2 个 for 循环也循环一遍（如第 1 个幻灯片页有 4 个形状，第 2 个 for 循环就循环 4 次）。shape 为循环变量，slide.shapes 函数用来获取所有形状。

第 07 行代码：作用是用 if 语句判断形状中是否有文字框。shape.has_text_frame 函数的作用是获取形状中的文本框。如果形状中有文本框就会执行第 08~10 行代码；如果形状中没有文本框，就会跳过第 08~10 行代码，继续执行第 2 个 for 循环。

第 08 行代码：作用是获取文本框中的文字内容。shape.text_frame 函数用于获取文本框中的文字内容。

第 09 行代码：作用是在 Word 文档中添加一个段落。paragraph 为新定义的变量，用来存储添加的段落；add_paragraph( ) 函数用来添加一个段落。

第 10 行代码：作用是将获取的文字内容追加到段落。add_run（text_frame.text）函数用来向段落中追加文字内容，括号中的参数 text_frame.text 为从幻灯片页中获取的文字内容。

第 11 行代码：用来保存文档。save（' e:\办公\课件提起.docx '）函数用于保存 Word 文档，括号中的参数为文档保存的路径和名称。

7.2 自动向 PPT 幻灯片中写入内容

在制作幻灯片时，首先要插入新幻灯片、设置版式，然后在占位符中写入文本，或插入文本框写入文本，再根据需要插入图片、图形、表格等来使幻灯片内容更加丰富和美观，下面将详细讲解这些内容的使用方法。

7.2.1 自动添加新幻灯片

新建一个 PPT 演示文稿后，可以向演示文稿中添加新幻灯片（即新建幻灯片），同时要设置幻灯片的版式。向 PPT 演示文稿中添加新幻灯片时，使用 add_slide( ) 函数来完成。

添加新幻灯片的方法如下。

```
prs = Presentation()                          #新建一个 PPT 演示文稿
slide_layout = prs.slide_layouts[0]           #获取第一个版式
slide = prs.slides.add_slide(slide_layout)    #添加新幻灯片
```

代码中，prs 为新定义的变量，用来存储新建的 PPT 演示文稿；Presentation( ) 函数用来新建/打开 PPT 演示文稿，当括号中没有参数时，为新建 PPT 演示文稿；slide_layout 为新定义的变量，用来存储获取的幻灯片版式。slide_layouts[0] 函数用来获取幻灯片的版式，"［0］" 表示第 1 个版式，如果是 "［1］"，表示第 2 个版式，图 7-4 所示为幻灯片中的版式。

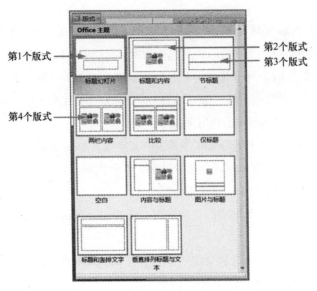

图 7-4　幻灯片中的版式

slide 为新定义的变量，用来存储新建的幻灯片。add_slide(slide_layout)函数用来新建幻灯片，括号中的参数用来设置新幻灯片的版式。prs.slides 表示所有幻灯片。

利用上面三行代码新建的幻灯片如图 7-5 所示。

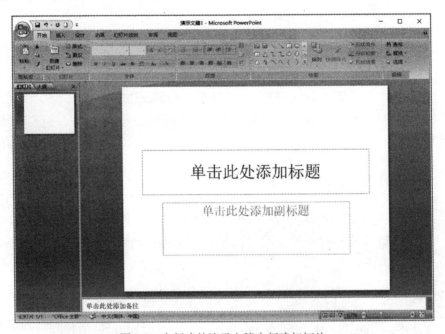

图 7-5　在新建的演示文稿中新建幻灯片

7.2.2　自动向幻灯片中的占位符内写入文本

占位符是幻灯片中的一个编辑框，可用于在幻灯片上放置内容丰富的对象，如图片、表格或图表等。占位符可以使添加内容更加容易，版式中占位符的位置是确定的，所插入文本的字体大小、段落对齐方式、项目符号样式等也是确定的，不需要再进行格式设置。图 7-6 所示为幻灯片中的占位符。

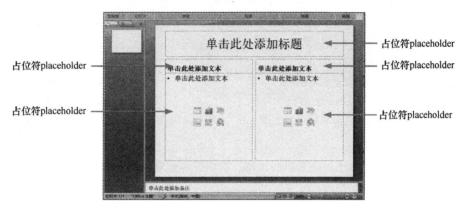

图 7-6　幻灯片中的占位符

1. 查看幻灯片的占位符

在向新幻灯片中插入内容前，最好先了解一下所选幻灯片版式中各个占位符的详细信息（如索引、名称等），这样可以更加准确地向占位符中插入内容。

查看幻灯片中占位符的方法如下。

```
prs = Presentation()                              #新建一个 PPT 演示文稿
slide = prs.slides.add_slide(prs.slide_layouts[8]) #添加新幻灯片并设置版式
for shape in slide.placeholders:                  #用 for 循环遍历幻灯片中的占位符
  print('%d %s' % (shape.placeholder_format.idx, shape.name))
                                                  #输出占位符信息
```

代码中，prs 为新定义的变量，用来存储新建的 PPT 演示文稿；Presentation( ) 函数用来新建/打开 PPT 演示文稿，当括号中没有参数时，为新建 PPT 演示文稿；slide 为新定义的变量，用来存储新建的幻灯片；add_slide(prs.slide_layouts[8]) 函数用来新建幻灯片，括号中的 prs.slide_layouts[8] 用来设置新建幻灯片的版式，[8] 表示第 9 个版式，如果是 [1] 则表示第 1 个版式。

for 循环用来遍历幻灯片中所有的占位符，每访问一个占位符，就将其存储在循环变量 shape 中。slide.placeholders 函数用来获取幻灯片中的所有占位符。

print( ) 函数用来输出，括号中的参数为要输出的内容。"%" 为占位符，它是 Python 程序中经常会用到的一种占位方式，其作用是替后面的变量值占一个位置。"%d" 为整数（int）占位符，"%s" 为字符串（str）占位符。

shape.placeholder_format. idx 表示占位符的整数键（即 idx 值），shape.name 表示占位符的名称。

上述代码输出的结果如图 7-7 所示。

如果要在幻灯片中插入图片，只能在第 2 个占位符（1 Picture Placeholder 2）中插入。

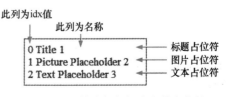

图 7-7　输出的幻灯片中的占位符

用 **Python** 让办公快速实现自动化

2. 向占位符内插入文本内容

幻灯片的占位符中可以输入文本内容，输入方法如下。

```
prs = Presentation()                               #新建一个 PPT 演示文稿
slide = prs.slides.add_slide(prs.slide_layouts[1]) #添加新幻灯片并设置版式
placeholder1= slide.placeholders[0]                #获取幻灯片中的第 1 个占位符
placeholder1.text='办公自动化案例'                    #向占位符内插入文本
placeholder2 = slide.placeholders[1]               #获取幻灯片中的第 2 个占位符
placeholder2.text='制作各分店订单量数据图表 \n 统计公司优秀客户 \n 汇总优秀分店销售数据'
                                                   #向占位符内插入文本
```

代码中前两行代码的含义上一小节已经讲解，这里不再重复讲解。placeholder1 和 placeholder2 都为新定义的变量，用来存储获取的占位符；slide.placeholders[0]函数用来获取占位符，[0] 表示获取第 1 个占位符，[1] 表示第 2 个；placeholder1.text 函数用来向占位符内插入文本，等号右边为要插入的文本内容，"\n"为换行符。

上面代码运行后的效果如图 7-8 所示。

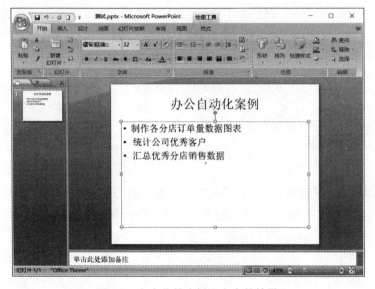

图 7-8　向占位符中插入文本的效果

3. 向占位符中插入段落

占位符中的所有文本都包含在其文本框架中，文本框架中的文本由一系列段落组成。下面讲解向占位符中插入段落的方法。

```
prs = Presentation()                               #新建一个 PPT 演示文稿
slide = prs.slides.add_slide(prs.slide_layouts[3]) #添加新幻灯片并设置版式
slide.shapes.title.text='Python 基本语法'            #向形状标题行写入文本
tf=slide.shapes.placeholders[1].text_frame         #获取第 2 个占位符文本框
para= tf.add_paragraph()                           #在文本框中添加段落
```

```
para.text='数据结构'                                    #在添加的段落中写入文本
new_para= tf.add_paragraph()                          #在文本框添加段落
new_para.text='字符串'                                 #在添加的段落中写入文本
new_para.level=1                                      #设置段落层级数
new_para = tf.add_paragraph()                         #继续在文本框添加段落
new_para.text='整数'                                   #在添加的段落中写入文本
new_para.level=1                                      #设置段落层级数
tf2=slide.shapes.placeholders[2].text_frame           #获取第3个占位符文本框
new_para= tf2.add_paragraph()                         #在文本框添加段落
new_para.text=' if 语句'                               #在添加的段落中写入文本
new_para= tf2.add_paragraph()                         #在文本框添加段落
new_para.text=' if else 语句'                          #在添加的段落中写入文本
```

代码中前两行的含义上一小节已经讲解，这里不再重复讲解。slide.shapes 函数用来获取幻灯片中的所有形状；slide.shapes.title 表示标题行，一般一个幻灯片中只有一个标题行；text 表示向标题行写入文本，等号右边为要写的文本。

tf 和 tf2 为新定义的变量，用存储获取的文本框；placeholders[1].text_frame 表示第 2 个占位符的文本框。

para 和 new_para 为新定义的变量，用来存储添加的段落；add_paragraph( )用来添加一个段落；new_para.text 表示向添加的段落中写入文本，等号右侧为要写入的文本；level 函数用来设置段落的层级，"0" 为最高层级，如果不设置表示默认为最高层级 "0"。

上面代码运行后的效果如图 7-9 所示。

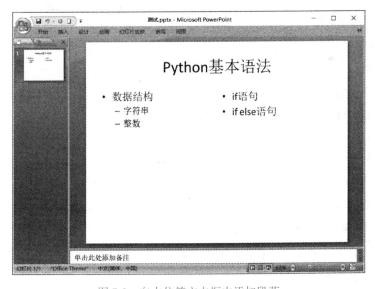

图 7-9　向占位符文本框中添加段落

4. 设置占位符中段落文字的格式

占位符中的所有文本都包含在其文本框架中，文本框架中的文本由一系列段落组成。下面讲解向占位符中插入段落的方法。

```
prs = Presentation()                                  #新建一个 PPT 演示文稿
slide = prs.slides.add_slide(prs.slide_layouts[3])    #添加新幻灯片并设置版式
#设置第一个占位符段落文本格式
tf=slide.shapes.placeholders[0].text_frame            #获取第 1 个占位符文本框
para= tf.add_paragraph()                              #在文本框中添加段落
para.text='Python 基本语法'                            #向文本框中写入文本
para.alignment=PP_ALIGN.CENTER                        #设置文本居中对齐
para.font.name='微软雅黑'                              #设置文本字体
para.font.bold=True                                   #设置文本字体加粗
para.font.size=Pt(28)                                 #设置文本字号
para.font.color.rgb=RGBColor(0,0,150)                 #设置文本字体颜色
para.font.underline = True                            #设置字体加下画线
para.font.italic = True                               #设置字体为斜体
#设置第二个占位符段落文本格式
tf=slide.shapes.placeholders[1].text_frame            #获取第 2 个占位符文本框
new_para= tf.add_paragraph()                          #在第 2 个文本框中添加段落
new_para.text='数据结构'                               #向第 2 个文本框中写入文本
new_para.font.name='黑体'                              #设置文本字体
new_para.font.bold=True                               #设置文本字体加粗
new_para.font.size=Pt(24)                             #设置文本字号
new_para= tf.add_paragraph()                          #在第 2 个文本中框添加段落
new_para.text='字符串'                                 #在添加的段落中写入文本
new_para.level=1                                      #设置段落层级数
new_para = tf.add_paragraph()                         #继续在第 2 个文本框中添加段落
new_para.text='整数'                                   #在添加的段落中写入文本
new_para.level=1                                      #设置段落层级数
```

代码中有些代码的含义上一小节已经讲解，这里不再重复讲解。alignment 函数的作用是设置对齐方式；PP_ALIGN.CENTER 用来设置文本居中对齐，另外还有右对齐（PP_ALIGN.RIGHT）、左对齐（PP_ALIGN.LEFT）。

font.name='微软雅黑'用来设置文本字体，'微软雅黑'为字体名称；font.size=Pt(28)用来设置文本字号，Pt(28)表示字号设置为 28 磅；font.bold=True 用来设置文本加粗，设置为 True 表示加粗，如果不加粗则设置为 False，或删除这行代码。

font.color.rgb=RGBColor(0,0,150)用来设置文本颜色，括号中的"0,0,150"（天蓝色）为颜色值，每个颜色都用三个数字表示，每个数字的取值范围为 0~255，比如"0,0,0"为黑色，"255,0,0"为红色。

font.italic = True 用来设置文本斜体，True 表示设置为斜体；font.underline = True 用来设置下画线，设置为 True 表示加下画线。

设置段落文字字体格式的效果如图 7-10 所示。

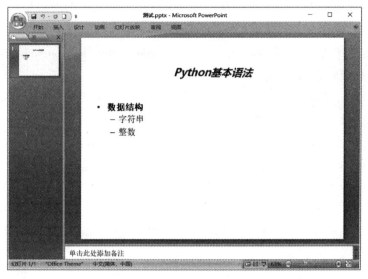

图 7-10　设置段落文字字体格式

7.2.3　自动向幻灯片中插入文本框

文本框中的文本由一系列段落组成，文本框中至少包含一个段落，即使是空段落也是如此。在幻灯片中，除了已有的占位符外，还可以单独插入文本框来写入文本内容。

1. 插入文本框

向幻灯片中插入文本框并写入文本的方法如下。

```
from pptx import Presentation          #导入 pptx 模块中的 Presentation 子模块
from pptx.util import Cm               #导入 pptx 模块中的单位厘米子模块
prs = Presentation()                                               #新建一个 PPT 演示文稿
slide = prs.slides.add_slide(prs.slide_layouts[1])                 #添加新幻灯片并设置版式
left=top=width=height=Cm(4)                                        #设置文本框高宽等参数
text_box=slide.shapes.add_textbox(left,top,width,height)           #插入文本框
tf=text_box.text_frame                                             #获取插入的文本框
tf.text='公司员工守则'                                              #在文本框中写入文本
para= tf.add_paragraph()                                           #在文本框中添加段落
para.text='1、上班不准迟到早退'                                       #在添加的段落中写入文本
new_para= tf.add_paragraph()                                       #在文本框中添加段落
new_para.text='2、爱护公司公共财务'                                   #在添加的段落中写入文本
```

代码中，前两行代码为导入要用到的模块。prs 为新定义的变量，用来存储新建的 PPT 演示文稿；Presentation( ) 函数用来新建/打开 PPT 演示文稿，当括号中没有参数时，为新建 PPT 演示文稿；slide 为新定义的变量，用来存储新建的幻灯片；add_slide(prs.slide_layouts[1]) 函数用来新建幻灯片，括号中的 prs.slide_layouts［1］用来设置新建幻灯片的版式，［1］表示第 2 个版式，如果是［3］表示第 4 个版式。

用 Python 让办公快速实现自动化

left 用来设置图片距离幻灯片左侧的位置；top 用来设置图片距离幻灯片顶部的位置；width 用来设置文本框的宽度；"height"用来设置文本框的高度；"Cm（4）"表示 4 厘米。

text_box 为新定义的变量，用来存储插入的文本框；add_textbox（left,top,width,height）函数用来插入文本框，括号中的参数用来设置文本框的位置和大小。

tf 为新定义的变量，用来存储插入的文本框；text_box.text_frame 用来获取插入的文本框；tf.text 用来向文本框中写入文本，等号右侧的内容为要写入的文本。

para 和 new_para 为新定义的变量，用来存储添加的段落；add_paragraph（）用来添加一个段落；para.text 和 new_para.text 表示向添加的段落中写入文本，等号右侧为要写入的文本。

上面代码运行后的效果如图 7-11 所示。

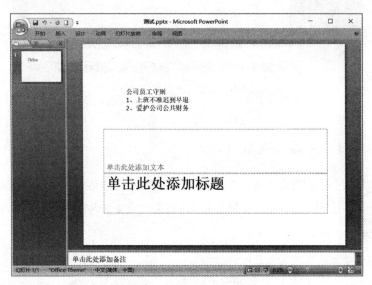

图 7-11　插入文本框并写入文本

2. 自动调整文本框文本的字体格式

在向文本框中添加文本后，接着可以对文本的字体格式、对齐方式等进行设置，具体设置方法如下。

```python
from pptx import Presentation                         #导入 pptx 模块中的 Presentation 子模块
from pptx.util import Cm,Pt                            #导入 pptx 模块中的单位厘米和磅子模块
from pptx.enum. text import PP_ALIGN,MSO_ANCHOR
                                                       #导入 pptx 模块中的对齐方式子模块
from pptx.dml.color import RGBColor                    #导入 pptx 模块中的颜色子模块
#插入文本框
prs = Presentation()                                   #新建一个 PPT 演示文稿
slide = prs.slides.add_slide(prs.slide_layouts[1])     #添加新幻灯片并设置版式
left=top=width=height=Cm(4)                            #设置文本框高宽等参数
text_box=slide.shapes.add_textbox(left,top,width,height)  #插入文本框
tf=text_box.text_frame                                 #获取插入的文本框
#第一个段落字体格式设置
```

```
tf.text='公司员工守则'                                       #在文本框中写入文本
tf.paragraphs[0].alignment=PP_ALIGN.CENTER                 #设置段落文本居中对齐
tf.paragraphs[0].font.size=Pt(28)                          #设置段落文本字号
tf.paragraphs[0].font.name='微软雅黑'                       #设置段落文本字体
tf.paragraphs[0].font.bold=True                            #设置段落文本加粗
tf.paragraphs[0].font.color.rgb=RGBColor(0,0,200)          #设置段落文本颜色
tf.paragraphs[0].font.italic = True                        #设置段落文本斜体
tf.paragraphs[0].font.underline = True                     #为段落文本加下画线
#第二个段落字体格式设置
new_para= tf.add_paragraph()                               #在文本框添加段落
new_para.text='1、上班不准迟到早退'                         #在添加的段落中写入文本
new_para.font.size=Pt(20)                                  #设置段落文本字号
new_para.font.name='宋体'                                  #设置段落文本字体
new_para.font.bold=True                                    #设置段落文本加粗
new_para.font.color.rgb=RGBColor(0,0,0)                    #设置段落文本颜色
```

代码中，tf.paragraphs[0]表示获取文本框中的段落；alignment 函数的作用是设置对齐方式，PP_ALIGN.CENTER 用来设置文本居中对齐，另外还有右对齐（PP_ALIGN.RIGHT）、左对齐（PP_ALIGN.LEFT）。

font.size=Pt(28)用来设置文本字号，Pt（28）表示字号设置为 28 磅；font.name='微软雅黑'用来设置文本字体，'微软雅黑'为字体名称；font.bold=True 用来设置文本加粗，设置为 True 表示加粗，如果不加粗则设置为 False，或删除这行代码。

font.color.rgb=RGBColor(0,0,200)用来设置文本颜色，括号中的"0,0,200"（蓝色）为颜色值，每个颜色都用三个数字表示，每个数字的取值范围为 0~255，如"0,0,0"为黑色，"255,0,0"为红色。

font.italic = True 用来设置文本斜体，设置为 True 表示斜体；font.underline = True 用来设置下画线，设置为"True"表示加下画线。

设置文本框字体后的效果如图 7-12 所示。

图 7-12　设置文本框字体后的效果

3. 自动调整文本框内段落的间距

设置文本框内段落间距的方法如下（下面的代码接上一小节的代码讲解）。

```
tf.paragraphs[0].line_spacing = Pt(10)        #设置行间距
tf.paragraphs[0].space_before = Pt(28)        #设置段前间距
tf.paragraphs[0].space_after= Pt(18)          #设置段后间距
new_para.line_spacing = Pt(10)                #设置行间距
new_para.space_before = Pt(28)                #设置段前间距
new_para.space_after= Pt(18)                  #设置段后间距
```

代码中，new_para 为之前定义的用来存储添加的段落的变量；line_spacing = Pt(10)用来设置段落行间距，Pt(10)表示行间距为 10 磅，space_before 用来设置段落前间距，space_after 用来设置段落后间距。

调整文本框内段落间距的效果如图 7-13 所示。

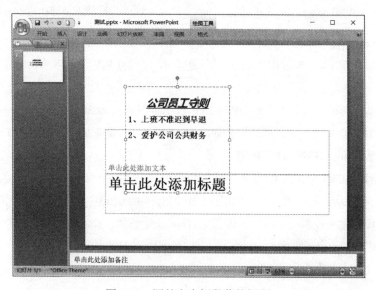

图 7-13　调整文本框段落的间距

4. 自动调整文本框内部边距及对齐

设置文本框内部边距的方法如下（下面的代码接上一小节的代码讲解）。

```
tf=text_box.text_frame                 #获取插入的文本框
tf.margin_bottom=Cm(1)                 #设置文本框下边距
tf.margin_top =Cm(1)                   #设置文本框上边距
tf.margin_right=Cm(1)                  #设置文本框右边距
tf.margin_left =Cm(1)                  #设置文本框左边距
tf.vertical_anchor=MSO_ANCHOR.TOP      #设置文本框垂直对齐方式
tf.word_wrap= True                     #设置文本框中文本自动换行
```

代码中，margin_bottom=Cm(1)用来设置文本框内文本距离文本框下边的距离，Cm(1)表示设置距离为 1 厘米；margin_top 用来设置文本框内文本距离文本框上边的距离；margin_right 用来设置文本框内文本距离文本框右边的距离；margin_left 用来设置文本框内文本距离文本框左边的距离。

vertical_anchor 函数用来设置文本框垂直方向的对齐方式，MSO_ANCHOR.TOP 表示顶端对齐，MSO_ANCHOR.BOTTOM 表示底端对齐，MSO_ANCHOR.CENTER 表示上下居中对齐。

word_wrap = True 用来设置文本框中文本自动换行，如果设置为 True 表示自动换行。

设置文本框内部边距和对齐的效果如图 7-14 所示。

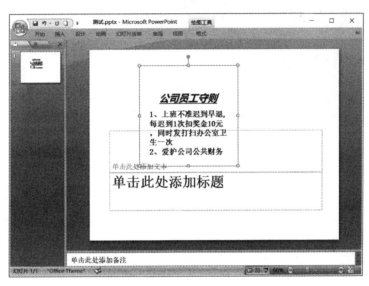

图 7-14　设置文本框内部边距和对齐

5. 自动设置文本框背景颜色

设置文本框背景颜色的方法如下（下面的代码接前面小节的代码讲解）。

```
text_box.fill.solid()                                      #设置为纯色填充
text_box.fill.fore_color.rgb=RGBColor(100,149,237)         #设置文本框填充颜色
text_box.fill.fore_color.brightness=0.5                    #设置颜色的明亮度
text_box.fill.background()                                  #设置为无填充颜色
```

代码中，text_box 为之前定义的存储插入的文本框的变量；fill.solid()用来设置纯色填充（注意在设置填充颜色时，必须先设置为纯色填充），fill.fore_color.rgb = RGBColor(100,149,237)用来设置文本框填充使用的颜色，括号中的"100,149,237"（天蓝色）为颜色值，每个颜色都用三个数字表示，每个数字的取值范围为 0~255，比如"0,0,0"为黑色，"255,0,0"为红色。

fill.fore_color.brightness = 0.5 用来设置填充颜色的明亮度，取值范围为 −1~1，如果设置为 −1，明亮度为最暗，变为黑色；如果设置为 1，明亮度为最亮，变为白色。

fill.background()表示设置文本框为无填充颜色。

设置文本框背景颜色的效果如图 7-15 所示。

6. 设置文本框边框样式

设置文本框边框样式的方法如下（下面的代码接前面小节的代码讲解）。

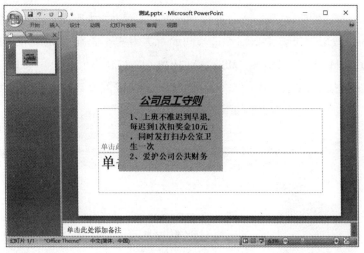

图 7-15　设置文本框背景颜色

```
text_box.line.color.rgb=RGBColor(255,0,0)        #设置边框颜色
text_box.line.width=Pt(7)                        #设置边框线条宽度
text_box.line.color.brightness=0.5               #设置边框颜色明亮度
text_box.line.fill.background()                  #设置边框为无轮廓
```

代码中，text_box 为之前定义的存储插入的文本框的变量；line.color.rgb=RGBColor(255,0,0)用来设置文本框边框的颜色，括号中的"255,0,0"（红色）为颜色值，每个颜色都用三个数字表示，每个数字的取值范围为0~255，如"0,0,0"为黑色，"0,0,255"为蓝色。

line.color.brightness=0.5 用来设置边框颜色的明亮度，取值范围为-1~1，如果设置为-1，明亮度为最暗，变为黑色；如果设置为1，明亮度为最亮，变为白色。

line.fill.background()表示设置文本框为无轮廓。

设置文本框边框样式的效果如图 7-16 所示。

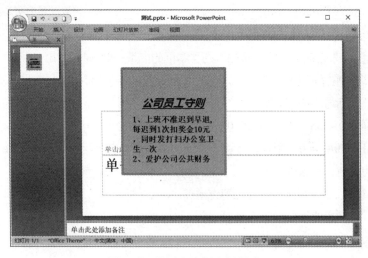

图 7-16　设置文本框边框样式

7.2.4 自动向幻灯片中插入图片

在制作幻灯片的时候图片演示是必不可少的，下面讲解如何向幻灯片中插入图片。

向幻灯片中插入图片的方法如下。

```
from pptx import Presentation                                    #导入 pptx 模块中的 Presentation 子模块
from pptx.util import Cm                                         #导入 pptx 模块中的单位厘米子模块
prs = Presentation()                                             #新建一个 PPT 演示文稿
slide = prs.slides.add_slide(prs.slide_layouts[1])               #添加新幻灯片并设置版式
left,top,width,height=Cm(6),Cm(4),Cm(15),Cm(3)                   #设置图片的位置和大小
picture=slide.shapes.add_picture(left,top,width,height)          #插入图片
```

代码中，前两行代码用来导入要用到的模块。prs 为新定义的变量，用来存储新建的 PPT 演示文稿；Presentation( )函数用来新建/打开 PPT 演示文稿，当括号中没有参数时，为新建 PPT 演示文稿；slide 为新定义的变量，用来存储新建的幻灯片；add_slide(prs.slide_layouts[1])函数用来新建幻灯片，括号中的 prs.slide_layouts[1]用来设置新建幻灯片的版式，"[1]"表示第 2 个版式，如果是"[7]"表示第 8 个版式。

left 用来设置图片距离幻灯片左侧的位置，top 用来设置图片距离幻灯片顶部的位置，width 用来设置图片的宽度，height 用来设置图片的高度，等号右侧的 4 个 cm 分别设置左侧 4 个参数的值，Cm(7)表示 7 厘米。

picture 为新定义的变量，用来存储插入的图片；add_picture(left,top,width,height)函数用来插入图片，括号中的参数用来设置图片的位置和大小。

上面代码运行后的效果如图 7-17 所示。

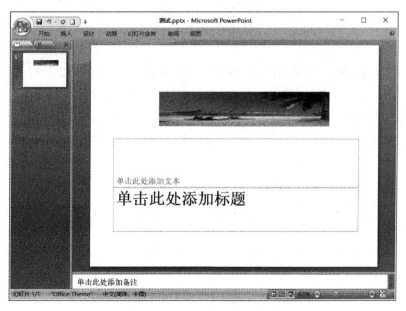

图 7-17 向幻灯片中插入图片

7. 2. 5　自动向幻灯片中插入形状

要制作漂亮的幻灯片，形状是必不可少的，下面将讲解向幻灯片中插入形状、向形状中填充颜色、设置形状轮廓的方法。

1. 自动插入形状

向幻灯片中插入形状的方法如下。

```
from pptx import Presentation              #导入 pptx 模块中的 Presentation 子模块
from pptx.util import Cm,Pt                #导入 pptx 模块中的单位厘米和磅子模块
from pptx.enum.shapes import MSO_SHAPE     #导入 pptx 模块中的形状类型子模块
from pptx.dml.color import RGBColor        #导入 pptx 模块中的颜色子模块
from pptx.enum.text import PP_ALIGN        #导入 pptx 模块中的对齐方式子模块
prs = Presentation()                       #新建一个 PPT 演示文稿
slide = prs.slides.add_slide(prs.slide_layouts[1])    #添加新幻灯片并设置版式
left,top,width,height=Cm(6),Cm(4),Cm(12),Cm(5)        #设置形状的位置和大小
shape = slide.shapes.add_shape(MSO_SHAPE.ROUNDED_RECTANGLE, left, top, width,
height)                                    #向幻灯片中插入形状
```

代码中，前 4 行代码用来导入要用到的模块。prs 为新定义的变量，用来存储新建的 PPT 演示文稿；Presentation( )函数用来新建/打开 PPT 演示文稿，当括号中没有参数时，为新建 PPT 演示文稿；slide 为新定义的变量，用来存储新建的幻灯片；add_slide(prs.slide_ layouts[1]) 函数用来新建幻灯片，括号中的 prs.slide_layouts[1]用来设置新建幻灯片的版式，[1] 表示第 2 个版式，如果是 [6] 表示第 7 个版式。

left 用来设置形状距离幻灯片左侧的位置，top 用来设置形状距离幻灯片顶部的位置，width 用来设置形状的宽度，height 用来设置形状的高度，等号右侧的 4 个 cm( )分别设置左侧 4 个参数的值，Cm(6)表示 6 厘米。

shape 为新定义的变量，用来存储插入的形状；add_shape( )函数用来插入形状，括号中的参数用来设置形状的类型、位置和大小。第 1 个参数 MSO_SHAPE.ROUNDED_RECTANGLE 表示形状的类型为圆角矩形，在设置形状类型时，将 MSO_SHAPE.保留，ROUNDED_RECTANGLE 换成要设置的类型即可，如设置形状类型为爆炸图 1，就将 add_shape( )函数的第 1 个参数设置为"MSO_SHAPE. EX-PLOSION1"。

形状的类型非常多，如 RECTANGLE（长方形）、ROUNDED_RECTANGLE（圆角矩形）、LEFT_ARROW（向左箭头）、RIGHT_ARROW（向右箭头）、ACTION_BUTTON_BEGINNING（动作按钮开始）、EXPLOSION1（爆炸图 1）等。可以登录如下网站查询所需要的类型的名称：

https：//python-pptx.readthedocs.io/en/latest/api/enum/MsoAutoShapeType.html#msoautoshapetype。

向幻灯片插入形状后的效果如图 7-18 所示。

2. 自动向形状中写入文本并设置文本格式

向形状中写入文本并设置文本格式的方法如下（下面的代码接上一小节的代码讲解）。

图 7-18 向幻灯片中插入形状

```
#在形状内写入文本
shape.text='神奇的宇宙'                              #向形状中写入文本
shape.text_frame.paragraphs[0].alignment=PP_ALIGN.CENTER
#设置文本居中对齐
shape.text_frame.paragraphs[0].font.size=Pt(28)       #设置段落文本字号
shape.text_frame.paragraphs[0].font.name='微软雅黑'    #设置段落文本字体
shape.text_frame.paragraphs[0].font.bold=True         #设置段落文本加粗
shape.text_frame.paragraphs[0].font.color.rgb=RGBColor(200,0,0)
#设置段落文本颜色
shape.text_frame.paragraphs[0].font.italic = True     #设置段落文本斜体
shape.text_frame.paragraphs[0].font.underline = True  #设置段落文本加下画线
```

代码中，shape.text 用于向形状中写入文本，等号右侧为要写入的文本；shape.text_frame.paragraphs[0]表示获取形状文本框架中的段落。

alignment 函数的作用是设置对齐方式。PP_ALIGN.CENTER 用来设置文本居中对齐，另外还有右对齐（PP_ALIGN.RIGHT）、左对齐（PP_ALIGN.LEFT）。

font.size=Pt(28)用来设置文本字号，Pt(28)表示字号设置为 28 磅；font.name='微软雅黑'用来设置文本字体，'微软雅黑'为字体名称；font.bold=True 用来设置文本加粗，设置为 True 表示加粗，如果不加粗则设置为 False，或删除这行代码。

font.color.rgb=RGBColor(200,0,0)用来设置文本颜色，括号中的"200,0,0"（红色）为颜色值，每个颜色都用三个数字表示，每个数字的取值范围为 0~255，比如"0,0,0"为黑色，"0,0,255"为蓝色。

font.italic = True 用来设置文本斜体，True 表示设置为斜体；font.underline = True 用来设置下画线，设置为 True 表示加下画线。

向形状中写入文本的效果如图 7-19 所示。

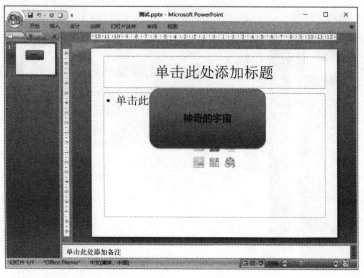

图 7-19 向形状中写入文本的效果

3. 自动设置形状填充颜色

对幻灯片中插入的形状填充颜色的方法如下（下面的代码接上一小节的代码讲解）。

```
#设置形状填充颜色
shape.fill.solid()                                    #设置形状填充为纯色填充
shape.fill.fore_color.rgb = RGBColor(255,255, 50)     #设置形状的填充颜色
shape.fill.fore_color.brightness=0.5                  #设置填充颜色的明亮度
shape.fill.background()                               #设置形状为无填充颜色
```

代码中 shape.fill 表示设置形状的填充颜色；solid( ) 函数用来设置形状填充为纯色；fore_color.rgb = RGBColor(255, 255, 50) 用来设置形状填充使用的颜色，括号中的 "255.255.50"（黄色）为颜色值，每个颜色都用三个数字表示，每个数字的取值范围为 0~255，比如 "0,0,0" 为黑色，"0,0,255" 为蓝色。

fore_color.brightness = 0.5 用来设置填充颜色的明亮度，取值范围为 -1~1，如果设置为 -1，明亮度为最暗，变为黑色；如果设置为 1，明亮度为最亮，变为白色。

background( ) 表示无填充颜色。注意：在设置形状填充颜色时，要先设置颜色为纯色。

上面代码运行后的效果如图 7-20 所示。

4. 自动设置形状轮廓线条

设置幻灯片中形状轮廓的方法如下（下面的代码接上一小节的代码讲解）。

```
#设置形状轮廓线条
shape.line.color.rgb=RGBColor(0,100,200)      #设置形状轮廓颜色
shape.line.color.brightness=0                 #设置轮廓颜色的明亮度
shape.line.width=Pt(7)                        #设置形状轮廓线条宽度
shape.line.fill.background()                  #设置形状为无轮廓
```

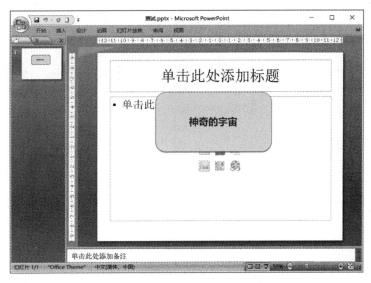

图 7-20　设置形状的填充颜色

代码中 shape.line 表示设置形状的轮廓；color.rgb = RGBColor(0,100,200)用来设置轮廓的颜色；line.color.brightness = 0 用来设置填充颜色的明亮度，它的值与填充颜色中的明亮度设置取值相同；width = Pt(7)用来设置轮廓的线条宽度，Pt(7)表示线条宽度为 7 磅；fill.background()表示设置形状为无轮廓。

上面代码运行后的效果如图 7-21 所示。

图 7-21　设置形状的轮廓线条

7.2.6　自动向幻灯片中插入表格

可以向幻灯片中插入表格，下面将讲解向幻灯片中插入表格、设置表格列宽和行高、设置表格文本格式的方法。

1. 自动插入表格

向幻灯片中插入表格的方法如下。

```
from pptx import Presentation                          #导入 pptx 模块中的 Presentation 子模块
from pptx.util import Cm,Pt                            #导入 pptx 模块中的单位厘米和磅子模块
from pptx.enum.text import PP_ALIGN,MSO_ANCHOR
                                                       #导入 pptx 模块中的对齐方式子模块
from pptx.dml.color import RGBColor                    #导入 pptx 模块中的颜色子模块
#插入表格
prs = Presentation()                                                          #新建一个 PPT 演示文稿
slide = prs.slides.add_slide(prs.slide_layouts[1])                            #添加新幻灯片并设置版式
rows,cols=5,4                                                                 #设置表格行数和列数
left,top,width,height=Cm(3),Cm(4),Cm(20),Cm(8)                                #设置表格的位置和大小
table=slide.shapes.add_table(rows,cols,left,top,width,height).table
                                                                              #向幻灯片中插入表格
```

代码中，前 4 行代码用于导入要用到的模块。prs 为新定义的变量，用来存储新建的 PPT 演示文稿；Presentation( )函数用来新建/打开 PPT 演示文稿，当括号中没有参数时，为新建 PPT 演示文稿；slide 为新定义的变量，用来存储新建的幻灯片；add_slide(prs.slide_layouts[1])函数用来新建幻灯片，括号中的 prs.slide_layouts[1]用来设置新建幻灯片的版式，[1] 表示第 2 个版式，如果是 [3] 则表示第 4 个版式。

rows 用来设置表格的行数，cols 用来设置表格的列数。

left 用来设置表格距离幻灯片左侧的位置，top 用来设置表格距离幻灯片顶部的位置，width 用来设置表格的宽度，height 用来设置表格的高度，等号右侧的 4 个 Cm( )分别设置左侧 4 个参数的值，Cm(3)表示 3 厘米。

table 为新定义的变量，用来存储插入的表格；add_table(rows,cols,left,top,width,height).table 函数用来插入表格，括号中的前两个参数用来设置表格行数和列数，后面 4 个参数用来设置表格的位置和大小。

上面代码运行后的效果如图 7-22 所示。

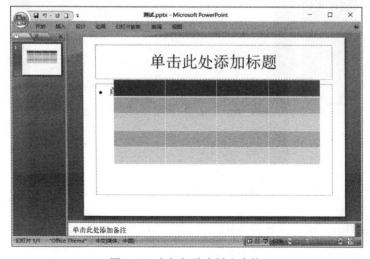

图 7-22　向幻灯片中插入表格

2. 自动设置表格列宽和行高

设置幻灯片中表格的列宽和行高的方法如下（下面的代码接上一小节的代码讲解）。

```
#设置表格列宽和行高及文本格式
table.columns[0].width = Cm(4)          #设置第1列宽度
table.columns[1].width = Cm(3)          #设置第2列宽度
table.columns[2].width = Cm(3)          #设置第3列宽度
table.columns[3].width = Cm(3)          #设置第4列宽度
table.rows[0].height = Cm(2)            #设置第1行高度
table.rows[1].height = Cm(3)            #设置第2行高度
```

代码中 table.columns[0]用来获取表格的一列单元格，［0］表示第 1 列，［1］表示第 2 列；width = Cm(4)用来设置表格列宽，Cm(4)表示 4 厘米。

table.rows[0]用来获取表格一行单元格，height = Cm(2)用来设置表格行高。

如果表格的行列数比较多，可以结合 for 循环来设置行高列宽。比如设置一个 20 行表格的行高可以用如下循环程序设置。

```
for i in range(20):                     #用 for 循环循环 20 次
    table.rows[i].height = Cm(3)        #设置第 n 行行高
```

设置表格行高和列宽后的效果如图 7-23 所示。

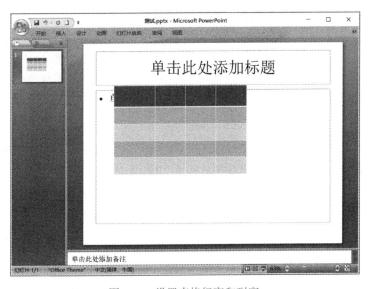

图 7-23   设置表格行高和列宽

3. 自动向表格写入文本并设置字体格式

向表格中单元格写入文本并设置字体格式的方法如下（下面的代码接上一小节的代码讲解）。

```
table.cell(0,0).text='姓名'              #向第 1 行第 1 列单元格写入文本
table.cell(0,2).merge(table.cell(0,0)) #合并第 1 行第 1~3 列的单元格
table.cell(0,0).split()                 #取消单元格合并
```

```
table.cell(0,0).text_frame.paragraphs[0].font.name='黑体'          #设置单元格文本字体
table.cell(0,0).text_frame.paragraphs[0].font.size=Pt(24)          #设置单元格文本字号
table.cell(0,0).text_frame.paragraphs[0].font.color.rgb = RGBColor(255,255,255)
                                                                   #设置单元格文本颜色
```

代码中，table.cell(0,0)用来获取表格第 1 行第 1 列单元格，text='姓名'用来向单元格中写入文本，"姓名"为要写入的内容。如果想向表格的第 2 行第 1 列单元格写入文本，只需将 cell(0,0)修改为 cell(1,0)。

merge()函数用来合并多个单元格，其括号中的参数为要合并的单元格的起始单元格，split()函数用来取消单元格合并。

table.cell(0,0).text_frame.paragraphs[0].font.name='黑体'用来设置第 1 行第 1 列单元格的字体。font.name='黑体'用来设置字体，等号右侧为字体的名称；font.size=Pt(24)用来设置字号，Pt(24)表示字号为 24 磅；font.color.rgb = RGBColor(255,255,255)用来设置文本颜色，括号中的"255.255.255"（白色）为具体的颜色，每个颜色都用三个数字表示，每个数字的取值范围为 0~255，如"0,0,0"为黑色、"0,0,255"为蓝色。

上面第一行代码只向一个单元格中写入了文本，如果想向所有单元格中写入文本，可以结合如下所示的 for 循环来实现。

```
data=[['姓名','语文','数学','英语'] ,['王晓阳', 89, 90, 78],['张强', 96, 98, 100],
      ['刘海柱', 86, 90, 95],['孙海胜', 95, 89, 86]
                                                    #创建表格文本内容列表
for row in range(5):                                #用 for 循环获得行号(第 1 个 for 循环)
  for col in range(4):                              #用 for 循环获得列号(第 2 个 for 循环)
      table.cell(row,col).text = str(data[row][col])   #将列表中的文本写入表格
```

代码中，data 为要向表格文本框写入的内容组成的列表；"for row in range(5)："循环中的 range(5)会生成 [0,1,2,3,4] 组成的整数列表，这样每循环一次就会遍历此整数列表中的每一个数字，并存储在循环变量 row 中，同时执行其循环体部分代码，即下面的两行代码，如第 1 次循环会将 0 存储在 row 中，然后执行一遍下面的两行代码，然后返回进行第 2 次 for 循环。

第 2 个 for 循环 "for col in range(4)："嵌套在第 1 个 for 循环的循环体中，当第 1 个循环循环一次时，第 2 个循环也要循环一遍，即循环 4 次。第 2 个 for 循环的循环体为下面一行代码。两个循环中的 5 和 4 为表格的行数和列数。

table.cell(row,col).text 表示向表格单元格中写入文本。当第 1 个 for 循环第 1 次循环时，row 中存储的是 0。当第 2 个 for 循环第 2 次循环时，col 中存储的是 1，这样获取的单元格就为 table.cell(0,1)，即第 1 行第 2 列；data[row][col]用来获取列表中的值，当 row 中存储 0、col 中存储 1 时，变为 data[0][1]，即获得列表中的"语文"元素；str(data[row][col])表示将获得的列表元素转换为字符串格式。

就这样，for 循环每循环一次，都会将列表中的一个元素写入表格相应的单元格中。

上面代码运行后的效果如图 7-24 所示。

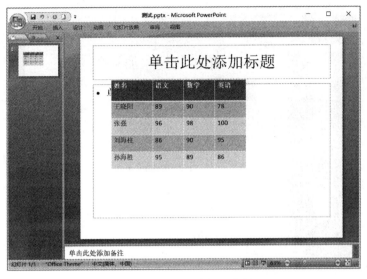

图 7-24　向幻灯片插入表格

4. 设置表格中文本对齐方式和单元格背景颜色

设置表格文本对齐方式及单元格背景颜色的方法如下（下面的代码接上一小节的代码讲解）。

```
table.cell(0,0).text_frame.paragraphs[0].alignment=PP_ALIGN.CENTER
                                          #设置单元格文本水平居中对齐
table.cell(0,0).vertical_anchor=MSO_ANCHOR.MIDDLE
                                          #设置单元格文本垂直居中对齐
table.cell(2,3).fill.solid()              #设置背景颜色为纯色填充
table.cell(2,3).fill.fore_color.rgb = RGBColor(34,134,165)   #设置单元格背景颜色
```

代码中，**alignment** 函数用来设置水平对齐方式。**PP_ALIGN.CENTER** 表示水平居中对齐，如果要设置为水平左对齐，则用 **PP_ALIGN.LEFT** 表示。

vertical_anchor 函数用来设置表格文本垂直对齐方式。**MSO_ANCHOR.MIDDLE** 表示垂直居中对齐，另外还有 **MSO_ANCHOR.BOTTOM** 表示底端对齐，**MSO_ANCHOR.TOP** 表示顶端对齐

fill.solid( ) 用来设置单元格为纯色填充。**fill.fore_color.rgb ＝ RGBColor(34,134,165)** 用来设置单元格背景颜色。注意，在设置颜色时，要先设置颜色为纯色。

上面代码运行后的效果如图 **7-25** 所示。

7.2.7　案例：批量制作幻灯片中的流程图

前面几节讲解了使用幻灯片占位符、插入文本框、插入图片、插入形状、插入表格等的基本操作方法，接下来结合一个案例来讲解 PPT 演示文稿自动化操作的方法。图 7-26 所示为要制作的幻灯片，下面用 Python 来自动化制作这个幻灯片。

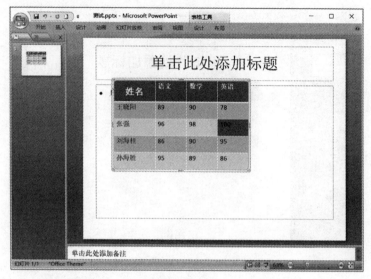

图 7-25 设置表格文本和单元格背景

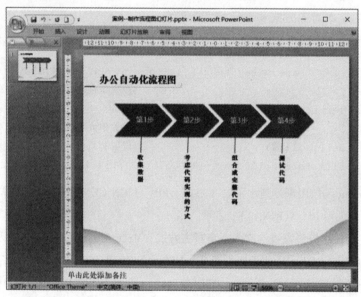

图 7-26 要制作的幻灯片

代码实现：

```
01  from pptx import Presentation              #导入 pptx 模块中的 Presentation 子模块
02  from pptx.util import Cm,Pt                #导入 pptx 模块中的单位厘米和磅子模块
03  from pptx.enum.text import PP_ALIGN,MSO_ANCHOR
                                               #导入 pptx 模块中的对齐方式子模块
04  from pptx.dml.color import RGBColor        #导入 pptx 模块中的颜色子模块
05  from pptx.enum.shapes import MSO_SHAPE     #导入 pptx 模块中的形状类型子模块
06  prs = Presentation()                       #新建一个 PPT 演示文稿
    #制作第一个幻灯片
```

```
07  slide_layout = prs.slide_layouts[6]                              #选择新幻灯片的版式
08  slide = prs.slides.add_slide(slide_layout)                       #新建新幻灯片
    #插入图片
09  left,top,width,height=Cm(0),Cm(15),Cm(25.5),Cm(4)                #设置图片的位置和大小
10  pic=slide.shapes.add_picture('e:\办公\图片3.png',left,top,width,height)   #插入图片
11  left,top,width,height=Cm(0),Cm(2.5),Cm(9),Cm(0.5)               #设置图片的位置和大小
12  pic=slide.shapes.add_picture('e:\办公\图片6.png',left,top,width,height)   #插入图片
    #插入文本框
13  left,top,width,height=Cm(1.2),Cm(1.5),Cm(8),Cm(1.8)             #设置文本框位置和大小
14  text_box=slide.shapes.add_textbox(left,top,width,height)         #插入文本框
15  tf=text_box.text_frame                                           #获取插入的文本框
16  tf.text='办公自动化流程图'                                          #向文本框中写入文本
17  tf.paragraphs[0].font.name='华文中宋'                              #设置文本字体
18  tf.paragraphs[0].font.size=Pt(26)                                #设置文本字号
19  tf.paragraphs[0].font.color.rgb=RGBColor(0,30,100)               #设置文本字体颜色
20  tf.paragraphs[0].font.bold=True                                  #设置文本加粗
21  data=['收集数据','考虑代码实现的方式','组合成完整代码','测试代码']        #创建列表
22  long=0                                                           #设定长度变量
23  for i in range(4):                                               #用 for 循环实现批量制作
    #批量插入箭头形状
24      left,top,width,height=Cm(3+long),Cm(4.5),Cm(5.5),Cm(3)       #设置形状位置和大小
25      long+=4.5                                                    #变量 long 加 4.5
26      shape=slide.shapes.add_shape(MSO_SHAPE.CHEVRON,left,top,width,height)
                                                                     #插入 V 形箭头形状
27      shape.fill.solid()                                           #设置为纯色填充
28      shape.fill.fore_color.rgb = RGBColor(0, 120, 255)            #设置形状填充颜色
29      shape.text=f'第{i+1}步'                                       #向形状中写入文本
30      shape.text_frame.paragraphs[0].alignment=PP_ALIGN.RIGHT
                                                                     #设置文本右对齐
31      shape.text_frame.paragraphs[0].font.size=Pt(18)             #设置文本字号
32      shape.text_frame.paragraphs[0].font.name='微软雅黑'           #设置文本字体
    #批量插入直线
33      left,top,width,height=Cm(1+long),Cm(7.5),Pt(1),Cm(1.5)      #设置形状位置和大小
34      shape=slide.shapes.add_shape(MSO_SHAPE.LINE_INVERSE,left,top,width,height)
                                                                     #插入直线形状
35      shape.line.color.rgb = RGBColor(0, 0, 0)                    #设置线条颜色
    #批量插入文本框
36      left,top,width,height=Cm(0.4+long),Cm(9),Cm(1.2),Cm(6.5)
                                                                     #设置文本框位置和大小
37      text_box=slide.shapes.add_textbox(left,top,width,height)    #插入文本框
38      tf=text_box.text_frame                                       #获取插入的文本框
39      tf.text=data[i]                                             #向文本框中插入文本
40      tf.paragraphs[0].font.name='华文中宋'                          #设置文本字体
41      tf.paragraphs[0].font.size=Pt(16)                            #设置文本字号
```

```
42    tf.paragraphs[0].font.color.rgb=RGBColor(0,30,100)        #设置文本字体颜色
43    tf.paragraphs[0].font.bold=True                          #设置文本字体加粗
44    tf.paragraphs[0].alignment=PP_ALIGN.CENTER               #设置文本居中对齐
45    tf.word_wrap= True                                        #设置文本自动换行
      #保存文档
46  try:                                                       #捕获并处理异常
47      prs.save ('e:\办公\案例--制作流程图幻灯片.pptx')          #保存 PPT 文档
48  except:                                                    #捕获并处理异常
49      print('文档被占用,请关闭后重试! ')                       #输出错误提示
```

代码分析:

第 01~05 行代码:作用是导入 docx 模块中要用到的子模块。

第 06~08 行代码:作用是新建一个 PPT 演示文稿,然后新建一个幻灯片,并设置幻灯片的版式。

第 09~12 行代码:作用是向第 1 个幻灯片中插入两个图片。

第 13~20 行代码:作用是插入一个文本框,并输入"办公自动化流程图",然后对文字内容进行字体格式设置。

第 21 行代码:创建了一个由文本框内容组成的列表,准备在后面批量制作文本框时使用。

第 22 行代码:定义了一个变量 long,并赋值 0。

第 23~45 行代码:作用是用 for 循环批量制作 4 个箭头形状、4 个直线、4 个文本框。for 循环中,range(4)会生成一个由"0,1,2,3"组成的整数列表,然后 for 循环遍历此整数列表中的每一个数字,并存储在循环变量 i 中,整数列表由 4 个数字组成,因此 for 循环会循环 4 次。第 24~45 行代码为 for 循环的循环体,for 循环每循环一次,会执行一遍循环体代码。

第 24~32 行代码:作用是插入 V 形箭头形状,并填充颜色,插入文本,设置文本字体格式和对齐方式。for 循环每循环一次,会插入一个 V 形箭头形状,一共插入 4 个。代码中,Cm(3+long)用来设置每个 V 形箭头距离幻灯片最左边的距离,long 变量的初始值为 0,每次循环后会按第 25 行代码进行变化。

第 25 行代码:"long=long+4.5"表示 for 循环每循环一次,long 的值增加 4.5。

第 29 行代码:作用是向 V 形箭头中写入文本。代码中,"f'第{i+1}步'"为要写入的文本,这里 f 函数的作用是将不同类型的数据拼接成字符串。即以 f 开头时,支持字符串中大括号内的数据无须转换数据类型,就能被拼接成字符串。当 for 循环第 1 次循环时,i 的值为 0,"f'第{i+1}步'"变为"第 1 步",当 for 循环第 2 次循环时,i 的值为 1,"f'第 {i+1} 步'"变为"第 2 步"。

第 33~35 行代码:作用是插入直线并设置直线线条颜色。for 循环每循环一次,会插入一个直线,一共插入 4 个。代码中,Cm(1+long)用来设置直线距离幻灯片左侧的位置,随着 long 值的变化,每次插入的直线位置会不同。

第 36~45 行代码:作用是插入文本框,并设置文本框中文本的字体格式、对齐方式和自动换行。for 循环每循环一次,会插入一个文本框,一共插入 4 个。代码中 Cm(0.4+long)用来设置文本框的位置,随着 long 值的变化,每次插入的文本框位置会不同。

第 39 行代码:作用是向文本框中写入文本。data[i]为要写入的文本。当 for 循环第 1 次循环时,i

的值为 0，data[i]变为 data[0]，获取 data 列表中的第 1 个元素，即"收集数据"。这样就把"收集数据"文本写入文本框中。

第 46~49 行代码：作用是存储文档，同时捕获并处理异常，输出错误提示。"try except"函数用来捕获并处理程序运行时出现的异常。它的执行流程是首先执行 try 中的代码，如果执行过程中出现异常，接着会执行 except 中的代码。

第 47 行代码：作用是保存文档。save ('e:\办公\案例--制作流程图幻灯片.pptx') 函数用于保存文档，括号中的参数为文档保存的路径和名称。

7.3 综合案例：自动制作培训课件 PPT 实战

前面几节讲解了 PPT 演示文稿自动化操作的基本方法，接下来结合一个综合案例来讲解 PPT 演示文稿自动化操作的方法。图 7-27 所示为要制作的 PPT 课件，下面用 Python 来自动化制作其中 3 个幻灯片。

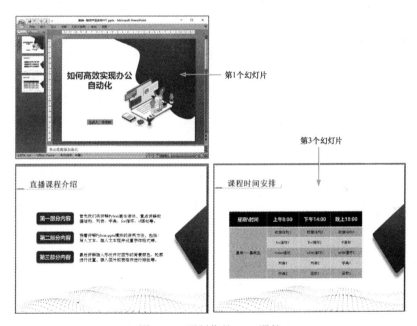

图 7-27　要制作的 PPT 课件

代码实现：

```
01  from pptx import Presentation                    #导入 pptx 模块中的 Presentation 子模块
02  from pptx.util import Cm,Pt                      #导入 pptx 模块中的单位厘米和磅子模块
03  from pptx.enum.text import PP_ALIGN,MSO_ANCHOR
                                                     #导入 pptx 模块中的对齐方式子模块
04  from pptx.dml.color import RGBColor              #导入 pptx 模块中的颜色子模块
05  from pptx.enum.shapes import MSO_SHAPE           #导入 pptx 模块中的形状类型子模块
```

```
06  prs = Presentation()                                    #新建一个 PPT 演示文稿
    #制作第 1 个幻灯片
07  slide_layout = prs.slide_layouts[6]                     #选择新幻灯片的版式
08  slide = prs.slides.add_slide(slide_layout)              #新建新幻灯片
    #插入图片
09  left,top,width,height=Cm(10),Cm(0),Cm(15.5),Cm(15)      #设置图片的位置和大小
10  pic=slide.shapes.add_picture('e:\办公\图片5.png',left,top,width,height)
    #向幻灯片中插入图片
11  left,top,width,height=Cm(11),Cm(7),Cm(11),Cm(10)        #设置图片的位置和大小
12  pic=slide.shapes.add_picture('e:\办公\图片1.png',left,top,width,height)
                                                            #向幻灯片中插入图片

    #插入文本框
13  left,top,width,height=Cm(0.5),Cm(5),Cm(13.5),Cm(5)      #设置文本框的位置和大小
14  text_box=slide.shapes.add_textbox(left,top,width,height)#插入文本框
15  tf=text_box.text_frame                                  #获取插入的文本框
16  para= tf.add_paragraph()                                #在文本框添加段落
17  para.text='如何高效实现办公自动化'                        #在添加的段落中写入文本
18  para.alignment=PP_ALIGN.CENTER                          #设置段落文本居中对齐
19  para.font.name='微软雅黑'                                #设置段落文本字体
20  para.font.bold=True                                     #设置段落文本加粗
21  para.font.size=Pt(44)                                   #设置段落文本字号
22  para.font.color.rgb=RGBColor(0,82,220)                  #设置段落文本字体颜色
23  tf.word_wrap= True                                      #设置文本自动换行
    #插入文本框
24  left,top,width,height=Cm(4.8),Cm(15),Cm(5),Cm(1)        #设置文本框的位置和大小
25  text_box=slide.shapes.add_textbox(left,top,width,height) #插入文本框
26  text_box.fill.solid()                                   #设置为纯色填充
27  text_box.fill.fore_color.rgb=RGBColor(190,190,190)      #设置文本框填充颜色
28  tf=text_box.text_frame                                  #获取插入的文本框
29  tf.text='主讲人:李老师'                                  #向文本框中写入文本
30  tf.paragraphs[0].font.name='微软雅黑'                    #设置文本框文本字体
31  tf.paragraphs[0].alignment=PP_ALIGN.CENTER              #设置文本居中对齐
32  tf.paragraphs[0].font.size=Pt(18)                       #设置文本字号
    #制作第 2 个幻灯片
33  slide_layout = prs.slide_layouts[6]                     #选择新幻灯片的版式
34  slide = prs.slides.add_slide(slide_layout)              #新建幻灯片
    #插入图片
35  left,top,width,height=Cm(0),Cm(15),Cm(25.5),Cm(4)       #设置图片的位置和大小
36  pic=slide.shapes.add_picture('e:\办公\图片3.png',left,top,width,height)  #插入图片
37  left,top,width,height=Cm(20.8),Cm(5),Cm(5),Cm(10)       #设置图片的位置和大小
38  pic=slide.shapes.add_picture('e:\办公\图片4.png',left,top,width,height) #插入图片
39  left,top,width,height=Cm(0),Cm(2.5),Cm(9),Cm(0.5)       #设置图片的位置和大小
40  pic=slide.shapes.add_picture('e:\办公\图片6.png',left,top,width,height) #插入图片
    #插入文本框
```

```
41  left,top,width,height=Cm(1.5),Cm(1.5),Cm(5.5),Cm(1.8)           #设置文本框位置和大小
42  text_box=slide.shapes.add_textbox(left,top,width,height)        #插入文本框
43  tf=text_box.text_frame                                          #获取插入的文本框
44  tf.text='直播课程介绍'                                            #向文本框中写入文本
45  tf.paragraphs[0].font.name='宋体'                                #设置文本字体
46  tf.paragraphs[0].font.size=Pt(30)                               #设置文本字号
47  tf.paragraphs[0].font.color.rgb=RGBColor(0,80,200)              #设置文本字体颜色
48  tf.paragraphs[0].font.bold=True                                 #设置文本加粗
    #批量插入形状和文本框
49  data1=['第一部分内容','第二部分内容','第三部分内容']              #创建文本列表
50  data2=['首先我们将讲解 Pyhon 基本语法,重点讲解数据结构、列表、字典、for 循环、if 语句等。','
    接着讲解 Pyhon-pptx 模块的使用方法,包括:写入文本、插入文本框并设置字体格式等。','最后讲解插
    入形状并对图形的背景颜色、轮廓进行设置,插入图片和表格并进行排版等。']  #创建文本列表
51  long=0                                                          #设定长度变量
52  for i in range(3):                                              #用 for 循环实现批量制作
      #插入矩形形状
53    left,top,width,height=Cm(2.7),Cm(6+long),Cm(5),Cm(1.5)       #设置形状位置和大小
54    shape = slide.shapes.add_shape(MSO_SHAPE.ROUNDED_RECTANGLE, left, top, width,
      height)                                                      #插入圆角矩形形状
55    shape.fill.solid()                                            #设置纯色填充
56    shape.fill.fore_color.rgb = RGBColor(0, 82, 220)             #设置形状的填充颜色
57    shape.text=data1[i]                                           #向形状中写入文本
58    shape.text_frame.paragraphs[0].font.name='微软雅黑'           #设置文本字体
59    shape.text_frame.paragraphs[0].font.size=Pt(20)              #设置文本字号
60    shape.text_frame.paragraphs[0].font.color.rgb=RGBColor(255,255,255)
                                                                   #设置文本字体颜色
61    shape.text_frame.paragraphs[0].font.bold=True                #设置文本字体加粗
62    shape.text_frame.paragraphs[0].alignment=PP_ALIGN.CENTER
                                                                   #设置文本居中对齐

      #插入文本框
63    left,top,width,height=Cm(8.2),Cm(6+long),Cm(12),Cm(5)
                                                                   #设置文本框位置和大小
64    text_box=slide.shapes.add_textbox(left,top,width,height)     #插入文本框
65    tf=text_box.text_frame                                       #获取插入的文本框
66    tf.text= data2[i]                                            #向文本框中写入文本
67    tf.paragraphs[0].font.name='华文宋体'                         #设置文本字体
68    tf.paragraphs[0].font.size=Pt(16)                            #设置文本字号
69    tf.paragraphs[0].font.color.rgb=RGBColor(0,0,0)              #设置文本字体颜色
70    tf.word_wrap= True                                           #设置文本自动换行
71    long+=2.5                                                    #变量 long 加 2.5
    #制作第 3 个幻灯片
72  slide_layout = prs.slide_layouts[6]                            #选择新幻灯片的版式
73  slide = prs.slides.add_slide(slide_layout)                     #新建幻灯片
    #插入图片
```

```
74  left,top,width,height=Cm(0),Cm(15),Cm(25.5),Cm(4)        #设置图片的位置和大小
75  pic=slide.shapes.add_picture('e:\办公\图片3.png',left,top,width,height)  #插入图片
76  left,top,width,height=Cm(20.8),Cm(5),Cm(5),Cm(10)        #设置图片的位置和大小
77  pic=slide.shapes.add_picture('e:\办公\图片4.png',left,top,width,height)  #插入图片
78  left,top,width,height=Cm(0),Cm(2.5),Cm(9),Cm(0.5)        #设置图片的位置和大小
79  pic=slide.shapes.add_picture('e:\办公\图片6.png',left,top,width,height)  #插入图片
    #插入文本框
80  left,top,width,height=Cm(1.5),Cm(1.5),Cm(5.5),Cm(1.8)        #设置文本框位置和大小
81  text_box=slide.shapes.add_textbox(left,top,width,height)    #插入文本框
82  tf=text_box.text_frame                                      #获取插入的文本框
83  tf.text='课程时间安排'                                        #向文本框中写入文本
84  tf.paragraphs[0].font.name='宋体'                            #设置文本字体
85  tf.paragraphs[0].font.size=Pt(30)                           #设置文本字号
86  tf.paragraphs[0].font.color.rgb=RGBColor(0,80,200)          #设置文本字体颜色
87  tf.paragraphs[0].font.bold=True                             #设置文本加粗
    #插入文本框
88  left,top,width,height=Cm(3.5),Cm(6),Cm(3.5),Cm(1.2)        #设置文本框位置和大小
89  text_box=slide.shapes.add_textbox(left,top,width,height)    #插入文本框
90  tf=text_box.text_frame                                      #获取插入的文本框
91  tf.text='每周课程具体内容安排如下:'                            #向文本框中写入文本
92  tf.paragraphs[0].font.name='微软雅黑'                        #设置文本字体
93  tf.paragraphs[0].font.size=Pt(20)                           #设置文本字号
94  tf.paragraphs[0].font.color.rgb=RGBColor(255,255,255)       #设置文本字体颜色
95  tf.paragraphs[0].font.bold=True                             #设置文本加粗
    #插入表格
96  rows,cols=6,4
97  left,top,width,height=Cm(2),Cm(6),Cm(17),Cm(8)              #设置表格的位置和大小
98  table=slide.shapes.add_table(rows,cols,left,top,width,height).table  #插入表格
99  table.cell(5,0).merge(table.cell(1,0))        #合并单元格
100 table.columns[0].width = Cm(5)                #设置第1列宽度
101 table.rows[0].height = Cm(2)                  #设置第1行行高
102 table.cell(0,0).text ='星期\时间'              #向第1行第1列单元格写入文本
103 table.cell(1,0).text ='星期一~星期五'           #向第2行第1列单元格写入文本
104 data=[['上午8:00','下午14:00','晚上18:00'],['数据结构1','数据结构2','数据结构3'],
      ['for循环1','for循环2','if语句'],['if-else语句','while循环1','while循环2'],
      ['列表1','列表2','字典1'],['字典2','函数1','函数2']]        #创建表格文本列表
105 for row in range(6):                                      #用for循环获得行号
106     for col in range(3):                                  #用for循环获得列号
107         table.cell(row,col+1).text = str(data[row][col])  #将列表中的文本写入表格
108 for i in range(4):                                        #用for循环获得列号
109   table.cell(0,i).text_frame.paragraphs[0].font.name='微软雅黑'  #设置文本字体
110   table.cell(0,i).text_frame.paragraphs[0].font.size=Pt(18)     #设置单元格文本字号
111   table.cell(0,i).text_frame.paragraphs[0].font.color.rgb = RGBColor(255,255,255)
                                                              #设置单元格文本字体颜色
```

```
112    table.cell(0,i).text_frame.paragraphs[0].alignment=PP_ALIGN.CENTER
                                          #设置单元格文本左右居中对齐
113    table.cell(0,i).vertical_anchor=MSO_ANCHOR.MIDDLE
                                          #设置单元格文本垂直居中对齐
114    table.cell(0,i).fill.solid()        #设置纯色填充
115    table.cell(0,i).fill.fore_color.rgb = RGBColor(0,0,100)  #设置单元格背景颜色
116 for x in range(5):                     #用 for 循环获得行号
117   for y in range(4):                   #用 for 循环获得列号
118      table.cell(x+1,y).text_frame.paragraphs[0].font.name='华文宋体'
                                          #设置单元格文本字体
119      table.cell(x+1,y).text_frame.paragraphs[0].font.size=Pt(14)
                                          #设置单元格文本字号
120      table.cell(x+1,y).text_frame.paragraphs[0].font.color.rgb = RGBColor(0,0,100)
                                          #设置单元格文本字体颜色
121      table.cell(x+1,y).text_frame.paragraphs[0].alignment=PP_ALIGN.CENTER
                                          #设置单元格文本左右居中对齐
122      table.cell(x+1,y).vertical_anchor=MSO_ANCHOR.MIDDLE
                                          #设置单元格文本垂直居中对齐
     #保存文档
123 try:                                   #捕获并处理异常
124   prs.save('e:\办公\案例--制作 PPT 课件.pptx')#保存文档
125 except:                                #捕获并处理异常
126   print('文档被占用,请关闭后重试!')       #输出错误提示
```

代码分析:

第 01~05 行代码:作用是导入 docx 模块中要用到的子模块。

第 06~08 行代码:作用是新建一个 PPT 演示文稿,然后新建一个幻灯片,并设置幻灯片的版式。

第 09~12 行代码:作用是向第 1 个幻灯片中插入两个图片,即幻灯片右侧的两个图片。

第 13~23 行代码:作用是插入一个文本框,并输入"如何高效实现办公自动化",然后对文字内容进行字体格式、对齐方式和自动换行设置。

第 24~32 行代码:作用是插入一个文本框,并输入"主讲人:李老师",然后对文字内容进行字体格式、对齐方式和背景颜色设置。

第 33~34 行代码:作用是新建第 2 个幻灯片,并设置版式。

第 35~40 行代码:作用是向幻灯片中插入 3 个图片,用来美化幻灯片。

第 41~48 行代码:作用是插入一个文本框,写入"直播课程介绍"文本,并设置文本的字体格式。

第 49~50 行代码:作用是创建两个文本内容的列表,分别为向形状和文本框中写入的文本内容。

第 51 行代码:作用是定义一个变量 long,并赋值 0。

第 52~71 行代码:作用是用 for 循环实现批量制作 3 个圆角矩形形状和 3 个文本框。for 循环中的 range(3)会生成一个由"0,1,2"组成的整数列表,然后 for 循环遍历此整数列表中的每一个数字,并存储在循环遍历 i 中,整数列表由 3 个数字组成,因此 for 循环会循环 3 次。第 53~71 行代码为 for 循

环的循环体，for 循环每循环一次，会执行一遍循环体代码。

代码中，data1[i] 为要写入的文本。当 for 循环第 1 次循环时，i 的值为 0，data1[i] 变为 data1 [0]，即获取 data1 列表中的第 1 个元素，即"第一部分内容"。这样就把"第一部分内容"文本写入形状中。

第 53~62 行代码：作用是插入圆角矩形形状，并填充颜色、插入文本、设置文本字体格式和对齐方式。for 循环每循环一次，会插入 1 个圆角矩形形状，一共插入 3 个。代码中的 Cm(6+long) 用来设置每个圆角矩形距离幻灯片顶端的距离，long 变量的初始值为 0，每次循环后会按第 71 行代码进行变化。

第 63~70 行代码：作用是插入一个文本框、写入文本，并设置文本的字体格式和自动换行。代码中，data2[i] 为要写入的文本。当 for 循环第 1 次循环时，i 的值为 0，data2[i] 变为 data2[0]，即获取 data2 列表中第 1 个元素，这样就把"首先我们将讲解 Pyhon 基本语法，重点讲解数据结构、列表、字典、for 循环、if 语句等。"文本写入文本框中。

第 71 行代码："long=long+2.5"表示 for 循环每循环一次，long 的值增加 2.5。

第 72~73 行代码：作用是新建第 3 个幻灯片，并设置版式。

第 74~79 行代码：作用是插入 3 个图片，用来美化幻灯片。

第 80~95 行代码：作用是插入两个文本框，写入文本并进行字体排版。

第 96~101 行代码：作用是插入一个 6 行 4 列的表格，并进行单元格合并，设置第 1 行行高和第 1 列的列宽。

第 102~103 行代码：作用是向第 1 行第 1 列和第 2 列的单元格写入文本。

第 104~107 行代码：作用是向其他单元格中写入文本，这里的两个 for 循环工作原理参考 7.2.6 小节中向表格写入文本的内容。

第 108~115 行代码：作用是用一个 for 循环设置第 1 行所有单元格文本的字体格式、对齐方式和背景颜色。代码中，table.cell(0,i) 表示第 1 行的单元格，当第 1 次 for 循环时，i 循环变量的值为 0，这时设置的是 table.cell(0,0) 单元格，即第 1 行第 1 列的单元格。

第 116~122 行代码：作用是将两个 for 循环嵌套在一起，设置表格第 2~6 行所有单元格的字体格式、对齐方式和背景颜色。代码中，table.cell(x+1,y) 表示非第 1 行的单元格，当第 1 个 for 循环第 1 次循环时，x 的值为 0，这时当第 2 个 for 循环第 2 次循环时，y 的值为 1，此时 table.cell(x+1,y) 变为 table.cell(1,1)，即第 2 行第 2 列单元格。注意，第 2 个 for 循环嵌套在第 1 个 for 循环内，作为第 1 个 for 循环的循环体，这样第 1 个 for 循环循环一次时，第 2 个 for 循环也循环一遍（即 4 次）。

第 123~126 行代码：作用是存储文档，同时捕获并处理异常，输出错误提示。"try except"函数用来捕获并处理程序运行时出现的异常。它的执行流程是首先执行 try 中的代码，如果执行过程中出现异常，接着会执行 except 中的代码。

第 124 行代码：作用是保存文档。save('e:\办公\案例--制作 PPT 课件.pptx') 函数用于保存文档，括号中的参数为文档保存的路径和名称。

第8章 自动化操作 PDF 文档实战

Python 处理 PDF 文档的第三方模块较多，本章主要讲解两个常用模块 pdfplumber 和 PyPDF2 模块的使用方法。其中 pdfplumber 模块在提取 PDF 页面文字、提取表格等方面功能比较强大，PyPDF2 模块在写入、分割、合并 PDF 文档，以及对 PDF 文档添加水印、加密解密方面功能比较强大。

8.1 打开/提取 PDF 文档文本内容操作实战

pdfplumber 模块在提取 PDF 页面文字、提取表格等方面功能比较强大，本节将以 pdfplumber 模块为例讲解自动提取 PDF 文档页面文字的方法。

8.1.1 安装 pdfplumber 模块

在使用 pdfplumber 模块前需要先安装此模块，否则无法使用模块中的函数。Python 中，用 pip 命令安装模块。pdfplumber 模块的安装方法如下。

首先在"开始菜单"的"Windows 系统"中选择"命令提示符"命令，打开"命令提示符"窗口，然后直接输入"pip install pdfplumber"并按〈Enter〉键，开始安装 pdfplumber 模块。安装完成后会提示"Successfully installed"，如图 8-1 所示。

图 8-1 安装 pdfplumber 模块

8.1.2 导入 pdfplumber 模块

在使用 pdfplumber 模块之前要在程序最前面写上下面的代码来导入 pdfplumber 模块，否则无法使用 pdfplumber 模块中的函数。

```
import pdfplumber                                    #导入 PDFPlumber 模块
```

代码的意思是导入 pdfplumber 模块。

8.1.3 利用 pdfplumber 模块对 PDF 文档进行基本操作

利用 pdfplumber 模块对 PDF 文档进行基本操作的方法如下。

```
from pdfplumber                                      #导入 pdfplumber 模块
pdf=pdfplumber.open('e:\\办公\\策略.pdf',password = '123456')   #打开 PDF 文档
pdf.pages                                            #获取 PDF 文档所有页
pdf.metadata                                         #获取 PDF 文档信息
len(pdf.pages)                                        #获取文档总页数
page=pdf.pages[0]                                     #读取 PDF 文档第 1 页
page.extract_text()                                  #提取 PDF 文档页面中的文本内容
page.extract_table()                                 #提取 PDF 文档页面单个表格中的数据
page.extract_tables()                                #提取 PDF 文档页面多个表格中的数据
page.page_number                                     #获取 PDF 文档页码
page.width                                           #获取 PDF 文档页宽
page.height                                          #获取 PDF 文档页高
```

代码中，pdfplumber.open('e:\\办公\\策略.pdf',password = ' 123456 ')用来打开 PDF 文档，括号中的第 1 个参数为要打开的 PDF 文档的路径和文件名，第 2 个参数用来输入 PDF 的密码（如没有密码可以不设置）。

pages 函数用来获取 PDF 文档所有页；metadata 函数用来获取 PDF 文档信息，pages［0］用来读取 PDF 文档第 1 页，［0］表示第 1 页，［1］表示第 2 页；extract_text()函数用来提取 PDF 文档页面中的文本内容；extract_table()函数用来提取 PDF 文档页面单个表格中的文本数据（文本数据会以列表的形式输出）；extract_tables()函数用来提取 PDF 文档页面多个表格中的文本数据。

8.1.4 案例：自动提取 PDF 文档中的文字内容并保存到 Word 文档中

前面几节讲解了读取 PDF 文档等内容，接下来结合案例来讲解提取 PDF 文档中文字内容的方法。图 8-2 所示为提取 PDF 文档中的文字内容然后保存到一个 Word 文档中。下面用 Python 来实现此任务。

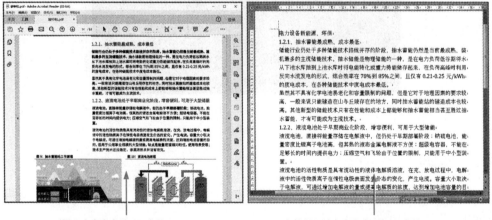

要提取文字内容的PDF文档　　　　　　　存储提取的文字内容到Word文档

图 8-2　PDF 文档和存储提取内容的 Word 文档

代码实现：

```
01   import pdfplumber                              #导入 pdfplumber 模块
02   from docx import Document                      #导入 docx 模块中的 Document 子模块
03   pdf=pdfplumber.open('e:\\办公\\碳中和.pdf')     #打开 PDF 文档
04   page = pdf.pages[13]                           #读取 PDF 文档第 14 页
05   text=page.extract_text()                       #提取 PDF 文档第 14 页中的文本内容
06   document = Document()                          #新建一个 Word 文档
07   paragraph=document.add_paragraph()             #在 Word 文档中添加一个段落
08   run=paragraph.add_run(text)                    #将提取的文本内容追加到段落
09   try:                                           #捕获并处理异常
10       document.save('e:\\办公\\碳中和.docx')      #保存 Word 文档
11   except:                                        #捕获并处理异常
12       print('文档被占用,请关闭后重试! ')          #输出错误提示
```

代码分析：

第 01~02 行代码：作用是导入处理 PDF 文档和 Word 文档的模块。

第 03 行代码：用来打开 PDF 文档。pdf 为新定义的变量，用来存储打开的 PDF 文档，pdfplumber 为 pdfplumber 模块中的类；open('e:\\办公\\碳中和.pdf')函数用来打开 PDF 文档，括号中的参数为要打开的 PDF 文档的路径和名称，"\\"表示路径，为了防止使用"\"产生歧义，这里用"\\"表示。

第 04 行代码：用来读取"碳中和" PDF 文档的第 14 页。page 为新定义的变量，用来存储读取的 PDF 文档页面；pdf 表示上一行代码打开的 PDF 文档，pages[13]表示读取 PDF 文档第 14 页，"[0]"表示第 1 页。

第 05 行代码：用来提取 PDF 文档第 14 页中的文本内容。代码中，text 为新定义的变量，用来存储提取的文本内容；page 表示上一行代码中读取的 PDF 文档的第 14 页内容；extract_text()函数用来提取 PDF 文档页面中的文本内容。

第 06 行代码：作用是新建一个 Word 文档。document 为新定义的变量，用来存储新建的 Word 文档；Document()函数用来新建 Word 文档，如果括号中没有设置参数，表示新建文档，如果括号中设置了 Word 文档的名称，表示打开 Word 文档。

第 07 行代码：作用是在 Word 文档中添加一个段落。paragraph 为新定义的变量，用来存储新添加的段落；document 表示上一行代码中新建的 Word 文档；add_paragraph()函数用来添加一个段落，其括号中没有参数说明添加的是一个空段落。

第 08 行代码：作用是将提取的文本内容追加到段落。run 为新定义的变量，用来存储追加的文本；paragraph 为上一行定义的存储段落的变量；add_run(text)函数用来向段落中追加文本内容，括号中的参数为要追加的文本内容，text 为第 05 行代码中从 PDF 文档中提取的文本内容。

第 09~12 行代码：作用是存储文档，同时捕获并处理异常，输出错误提示。"try except"函数用来捕获并处理程序运行时出现的异常。它的执行流程是首先执行 try 中的代码，如果执行过程中出现异常，接着会执行 except 中的代码。

第 10 行代码：作用是保存文档。save('e:\\办公\\碳中和.docx')函数用于保存文档，括号中的

参数为文档保存的路径和名称。

8.1.5 案例：批量提取 PDF 文档中所有页面的文字内容并保存到 Word 文档中

上一案例中讲解了提取 PDF 文档中单个页面文字内容的方法，接下来讲解同时提取
PDF 文档中多个页面中文字内容的方法。如图 8-3 所示为提取多个 PDF 文档中的文字内容
然后保存到一个 Word 文档中。下面用 Python 来实现此任务。

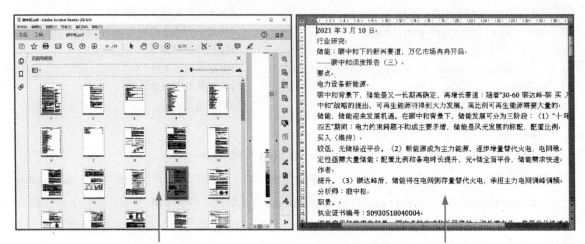

要提取文字内容的PDF文档　　　　　　　　　存储提取的文字内容到Word文档

图 8-3　提取多个 PDF 文档内容并存储提取内容到 Word 文档

代码实现：

```
01  import pdfplumber                            #导入 pdfplumber 模块
02  from docx import Document                    #导入 docx 模块中的 Document 子模块
03  document = Document()                        #新建一个 Word 文档
04  pdf=pdfplumber.open('e:\办公\碳中和.pdf')     #打开 PDF 文档
05  for page in pdf.pages:                       #用 for 循环遍历 PDF 文档中的所有页面
06    text=page.extract_text()                   #提取 PDF 文档中的文本内容
07    paragraph=document.add_paragraph()         #在 Word 文档中添加一个段落
08    run=paragraph.add_run(text)                #将提取的文本内容追加到段落
09  try:                                         #捕获并处理异常
10    document.save('e:\办公\碳中和.docx')        #保存 Word 文档
11  except:                                      #捕获并处理异常
12    print('文档被占用,请关闭后重试!')            #输出错误提示
```

代码分析：

第 01~02 行代码：作用是导入处理 PDF 文档和 Word 文档的模块。

第 03 行代码：作用是新建一个 Word 文档。document 为新定义的变量，用来存储新建的 Word 文档；Document( )函数用来新建 Word 文档，如果括号中没有设置参数，表示新建文档，如果括号中设置了 Word 文档的名称，表示打开 Word 文档。

第 04 行代码：作用是打开 PDF 文档。pdf 为新定义的变量，用来存储打开的 PDF 文档，pdfplumber 为 pdfplumber 模块中的类；open('e:\\办公\\碳中和.pdf') 函数用来打开 PDF 文档，括号中的参数为要打开的 PDF 文档的路径和名称，"\\" 表示路径，为了防止使用 "\" 产生歧义，这里用 "\\" 表示。

第 05~08 行代码：作用是用一个 for 循环实现批量提取 PDF 文档中的文字内容，并写入 Word 文档中。for 循环中 page 为循环变量，存储每次循环遍历的列表中的元素；pdf.pages 会生成 PDF 文档所有页面的列表，如图 8-4 所示。

[<Page:1>, <Page:2>, <Page:3>, <Page:4>, <Page:5>, <Page:6>, <Page:7>, <Page:8>, <Page:9>, <Page:10>, <Page:11>, <Page:12>, <Page:13>, <Page:14>, <Page:15>, <Page:16>, <Page:17>, <Page:18>, <Page:19>, <Page:20>, <Page:21>, <Page:22>, <Page:23>, <Page:24>, <Page:25>, <Page:26>, <Page:27>, <Page:28>, <Page:29>, <Page:30>, <Page:31>, <Page:32>, <Page:33>, <Page:34>, <Page:35>, <Page:36>, <Page:37>, <Page:38>, <Page:39>, <Page:40>, <Page:41>, <Page:42>, <Page:43>, <Page:44>, <Page:45>, <Page:46>, <Page:47>, <Page:48>, <Page:49>, <Page:50>, <Page:51>, <Page:52>, <Page:53>, <Page:54>, <Page:55>, <Page:56>, <Page:57>, <Page:58>, <Page:59>, <Page:60>, <Page:61>]

图 8-4　pdf.pages 生成的列表

for 循环每循环一次，就会遍历列表中的每个元素，并将其中一个元素存储在 page 循环变量中，然后执行一遍循环体的代码（即第 07~08 行代码）。

第 06 行代码：作用是提取 PDF 文档中的文本内容。代码中 text 为新定义的变量，用来存储提取的文本内容；page 为循环变量，存储的是 PDF 文档的页面内容。当第 1 次 for 循环时，存储的就是第 1 页的内容；extract_text() 函数用来提取 PDF 文档页面中的文本内容。

第 07 行代码：作用是在 Word 文档中添加一个段落。paragraph 为新定义的变量，用来存储新添加的段落，document 表示上一行代码中新建的 Word 文档；add_paragraph() 函数用来添加一个段落，其括号中没有参数说明添加的是一个空段落。

第 08 行代码：作用是将提取的文本内容追加到段落。run 为新定义的变量，用来存储追加的文本；paragraph 为上一行定义的存储段落的变量；add_run(text) 函数用来向段落中追加文本内容，括号中的参数为要追加的文本内容，text 为第 06 行代码中从 PDF 文档中提取的文本内容。

第 09~12 行代码：作用是存储文档，同时捕获并处理异常，输出错误提示。"try except" 函数用来捕获并处理程序运行时出现的异常。它的执行流程是首先执行 try 中的代码，如果执行过程中出现异常，接着会执行 except 中的代码。

第 10 行代码：作用是保存文档。save('e:\\办公\\碳中和.docx') 函数用于保存文档，括号中的参数为文档保存的路径和名称。

8.1.6　案例：自动提取 PDF 文档指定单个页面表格中的文字存到 Excel 表格中

前面两个案例解决读取 PDF 文档中文字内容的问题，接下来结合案例来讲解提取 PDF 文档表格中文字内容的方法。图 8-5 所示为提取 PDF 文档指定页面内表格中的文字内容，然后保存到一个 Word 文档中。下面用 Python 来实现此任务。

用 Python 让办公快速实现自动化

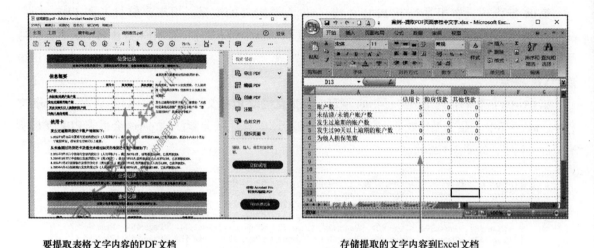

要提取表格文字内容的PDF文档　　　　　　　　**存储提取的文字内容到Excel文档**

图 8-5　PDF 文档和存储提取内容的 Excel 文档（一）

代码实现：

```
01  import pdfplumber                              #导入 pdfplumber 模块
02  import xlwings as xw                           #导入 xlwings 模块
03  pdf=pdfplumber.open('e:\\办公\\信用报告.pdf')   #打开 PDF 文档
04  page = pdf.pages[0]                            #读取 PDF 文档第 1 页
05  table_text=page.extract_table()               #提取 PDF 文档表格中的文本内容
06  app=xw.App(visible=True,add_book=False)        #启动 Excel 程序
07  wb=app.books.add()                             #新建 Excel 工作簿文档
08  sht=wb.sheets.add('PDF 表格')                  #插入名为"PDF 表格"的新工作表
09  sht.range('A1').value=table_text              #将提取的文字内容复制到新工作表
10  sht.autofit()                                  #自动调整工作表的行高和列宽
11  wb.save('e:\\办公\\信用报告.xlsx')             #保存新建的 Excel 工作簿文档
12  wb.close()                                     #关闭 Excel 工作簿文档
13  app.quit()                                     #退出 Excel 程序
```

代码分析：

第 01~02 行代码：作用是导入处理 PDF 文档和 Excel 文档的模块。

第 03 行代码：作用是打开 PDF 文档。pdf 为新定义的变量，用来存储打开的 PDF 文档，pdfplumber 为 pdfplumber 模块中的类；open('e:\\办公\\信用报告.pdf')函数用来打开 PDF 文档，括号中的参数为要打开的 PDF 文档的路径和名称，"\\"表示路径，为了防止使用"\"产生歧义，这里用"\\"表示。

第 04 行代码：作用是读取"信用报告"PDF 文档的第 1 页。page 为新定义的变量，用来存储读取的 PDF 文档页面，pdf 表示上一行代码打开的 PDF 文档，pages[0]用来读取 PDF 文档第 1 页，"[1]"表示第 2 页。

第 05 行代码：作用是提取 PDF 文档表格中的文本内容。代码中 table_text 为新定义的变量，用来存储提取的文本内容；page 表示上一行代码中读取的 PDF 文档的第 1 页内容；extract_table()函数用来提取 PDF 文档页面里表格中的文本内容。

第 06 行代码：作用是启动 Excel 程序，并把程序存储在 app 变量中。参数 visible 用来设置程序是否可见，设置为 True 表示可见（默认），False 表示不可见；add_book 用来设置是否自动创建工作簿，设置为 True 表示自动创建（默认），False 表示不创建。

第 07 行代码：作用是新建一个 Excel 工作簿文档。wb 为新定义的变量，用来存储新建的 Excel 文档；app 为上一行代码启动的 Excel 程序；books.add( ) 函数用来新建一个空的 Excel 工作簿文档。

第 08 行代码：作用是在新建的 Excel 工作簿文档中插入一个新工作表，并命名为 "PDF 表格"。sht 为新定义的变量，用来存储新建的工作表；wb 为上一行新建的 Excel 工作簿文档；sheets.add( ) 函数用来插入一个新工作表，括号中的参数为新工作表的名称。

第 09 行代码：作用是将 table_text 中存储的表格文本数据复制（添加）到新建的工作表中。其中，sht 为上一行新建的新工作；range(' A1 ') 表示从 A1 单元格开始复制；value 表示工作表的数据；等号右侧 table_text 为存储提取的表格文本数据的变量。

第 10 行代码：作用是根据数据内容自动调整新工作表行高和列宽。

第 11 行代码：作用是将新建的工作簿保存为 "信用报告.xlsx"。save( ) 函数用来保存 Excel 文档，括号中的参数为要保存的文档的路径和名称。

第 12 行代码：作用是关闭新建的 Excel 工作簿文档。

第 13 行代码：作用是退出 Excel 程序。

8.1.7　案例：批量提取 PDF 文档指定的多个页面表格中的文字存到 Excel 表格中

上一案例中讲解了提取 PDF 文档单个页面表格中的文字内容，接下来本案例将讲解批量提取 PDF 文档指定的多个页面表格中的文字内容的方法。图 8-6 所示为提取 PDF 文档指定的多个页面表格中的文字内容，然后保存到一个 Excel 文档的工作表中，且为每个表格新建一个工作表来存储表格中的文字内容。下面用 Python 来实现此任务。

要提取表格文字内容的PDF文档　　为每个表格新建一个工作表

存储提取的文字内容到Excel文档

图 8-6　PDF 文档和存储提取内容的 Excel 文档（二）

代码实现：

```
01  import pdfplumber                              #导入 pdfplumber 模块
02  import xlwings as xw                           #导入 xlwings 模块
03  app=xw.App(visible=True,add_book=False)        #启动 Excel 程序
04  wb=app.books.add()                             #新建 Excel 工作簿文档
05  nums=[12,15,24,50]                             #创建要处理的 PDF 文档页码的列表
06  x=0                                            #定义变量 x 并赋值
07  pdf=pdfplumber.open('e:\\办公\\碳中和.pdf')     #打开 PDF 文档
08  for i in nums:                                 #用 for 循环遍历 PDF 文档中指定的页面
09    x=x+1                                        #变量 x 加 1
10    page = pdf.pages[i]                          #读取 PDF 文档指定页面
11    table_text=page.extract_table()             #提取 PDF 文档表格中的文本内容
12    sht=wb.sheets.add('PDF 表格'+str(x))         #插入新工作表
13    sht.range('A1').value=table_text            #将提取的文字内容复制到新工作表
14    sht.autofit()                                #自动调整工作表的行高和列宽
15  wb.save('e:\\办公\\碳中和.xlsx')               #保存新建的 Excel 工作簿文档
16  wb.close()                                     #关闭 Excel 工作簿文档
17  app.quit()                                     #退出 Excel 程序
```

代码分析：

第 01~02 行代码：作用是导入处理 PDF 文档和 Excel 文档的模块。

第 03 行代码：作用是启动 Excel 程序，并把程序存储在 app 变量中。参数 visible 用来设置程序是否可见，设置为 True 表示可见（默认），False 表示不可见；add_book 用来设置是否自动创建工作簿，设置为 True 表示自动创建（默认），False 表示不创建。

第 04 行代码：作用是新建一个 Excel 工作簿文档。wb 为新定义的变量，用来存储新建的 Excel 文档；app 为上一行代码启动的 Excel 程序；books.add( ) 函数用来新建一个空的 Excel 工作簿文档。

第 05 行代码：作用是创建一个列表，列表的元素由 PDF 文档中要提取表格中文字的页面组成。这样在读取 PDF 文档页面时，就从列表中选择页码。

第 06 行代码：作用是定义变量 x，并赋值 0。

第 07 行代码：作用是打开 PDF 文档。pdf 为新定义的变量，用来存储打开的 PDF 文档；pdfplumber 为 pdfplumber 模块中的类；open('e:\\办公\\碳中和.pdf') 函数用来打开 PDF 文档，括号中的参数为要打开的 PDF 文档的路径和名称，"\\"表示路径，为了防止使用"\"产生歧义，这里用"\\"表示。

第 08~14 行代码：作用是用一个 for 循环实现批量提取 PDF 文档中指定页面表格的文字内容，并写入 Excel 文档中不同的工作表。for 循环中 i 为循环变量，存储每次循环遍历的 nums 列表中的元素。for 循环每循环一次，就会遍历 nums 列表中的一个元素，并存储在 i 循环变量中，然后执行一遍循环体的代码（即第 09~14 行代码）。

第 09 行代码：作用是将 x 变量加 1，即每循环一次，x 的值加 1。

第 10 行代码：作用是读取"碳中和"PDF 文档的指定页面。page 为新定义的变量，用来存储读取的 PDF 文档页面；pdf 表示上面代码中打开的 PDF 文档；pages[i]用来读取 PDF 文档第 i 页，当 for

循环第 1 次循环时, i 中存储的是列表 nums 列表中的第 1 个元素, 即 "12", 这时 pages[i] 等于 pages[12], 读取的就是 PDF 文档的第 13 页内容。同理, for 循环第 2 次循环时, 变为 pages[15], 读取的就是 PDF 文档的第 16 页内容。

第 11 行代码: 作用是提取 PDF 文档表格中的文本内容。代码中, table_text 为新定义的变量, 用来存储提取的文本内容; page 表示上一行代码中读取的 PDF 文档的第 1 页内容; extract_table() 函数用来提取 PDF 文档页面中表格中的文本内容。

第 12 行代码: 作用是在新建的 Excel 工作簿文档中插入一个新工作表并命名。sht 为新定义的变量, 用来存储新建的工作表; wb 为前面代码新建的 Excel 工作簿文档; sheets.add('PDF 表格'+str(x)) 函数用来插入一个新工作表, 括号中的参数为新工作表的名称; "'PDF 表格'+str(x)" 为新工作表的名称, 它由两个字符串拼接而成, str(x) 表示将 x 的值转换为字符串。当 for 循环第 1 次循环时, x 的值为 1, 工作表的名称就为 "PDF 表格 1"。

第 13 行代码: 作用是将 table_text 中存储的表格文本数据复制(添加)到新建的工作表中。其中, sht 为上一行新建的工作表; range('A1') 表示从 A1 单元格开始复制; value 表示工作表的数据; 等号右侧的 table_text 为存储提取的表格文本数据的变量。

第 14 行代码: 作用是根据数据内容自动调整新工作表行高和列宽。

第 15 行代码: 作用是将新建的工作簿保存为 "碳中和.xlsx"。save() 函数用来保存 Excel 文档, 括号中的参数为要保存的文档的路径和名称。

第 16 行代码: 作用是关闭新建的 Excel 工作簿文档。

第 17 行代码: 作用是退出 Excel 程序。

8.2 PDF 文档页面处理操作实战

PyPDF2 模块在写入、拆分、合并 PDF 文档, 以及对 PDF 文档进行添加水印、加密解密方面功能比较强大, 本节将以 PyPDF2 模块为例讲解对 PDF 文档合并、拆分等的操作方法。

8.2.1 安装 PyPDF2 模块

在使用 PyPDF2 模块前需要先安装此模块, 否则无法使用模块中的函数。Python 中, 用 pip 命令安装模块。PyPDF2 模块的安装方法如下。

首先在 "开始菜单" 的 "Windows 系统" 中选择 "命令提示符" 命令, 打开 "命令提示符" 窗口, 然后直接输入 "pip install PyPDF2" 并按〈Enter〉键, 开始安装 PyPDF2 模块。安装完成后会提示 "Successfully installed", 如图 8-7 所示。

8.2.2 导入 PyPDF2 模块

在使用 PyPDF2 模块之前, 要在程序最前面写上下面的代码来导入 PyPDF2 模块, 否则无法使用 PyPDF2 模块中的函数。

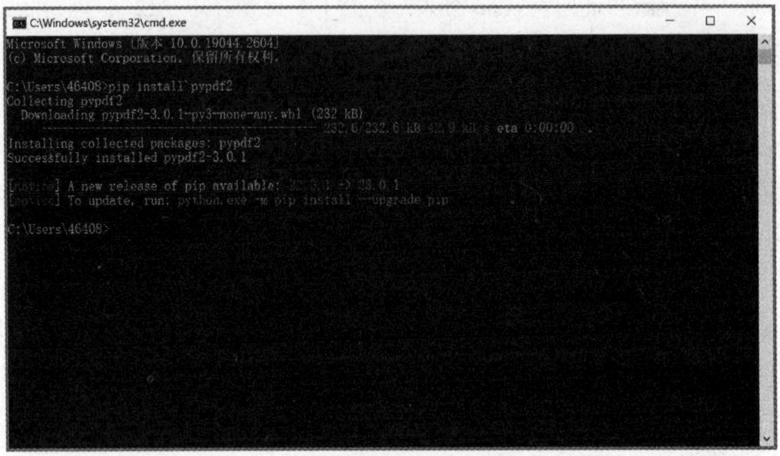

图 8-7　安装 PyPDF2 模块

```
from PyPDF2 import PdfReader, PdfWriter
```

代码的意思是导入 **PyPDF2** 模块中的 **PdfReader** 和 **PdfWriter** 子模块。

8.2.3　利用 PyPDF2 模块对 PDF 文档进行基本操作

利用 **PyPDF2** 模块对 PDF 文档进行基本操作的方法如下。

```
from PyPDF2 import PdfReader,PdfWriter        #导入 PyPDF2 模块中的子模块
reader =PdfReader('e:\\办公\\策略.pdf')         #读取 PDF 文档
reader.pages                                  #获取 PDF 文档所有页面
page =reader.pages[0]                         #读取 PDF 文档第 1 页
page.extract_text()                           #提取页面文本内容
len(reader.pages)                             #获取 PDF 文档页数
reader.metadata                               #获取 PDF 文档信息
reader.is_encrypted                           #获取 PDF 文档是否加密的信息
reader.outline                                #获取 PDF 文档目录
writer = PdfWriter()                          #创建 PdfWriter 对象
writer.add_page(page)                         #向 PDF 文档追加页面
writer.encrypt(user_pwd='123')                #为 PDF 文档加密
writer.add_blank_page                         #向 PDF 文档追加一张空白页
page1.merge_page(page2)                       #将两个 PDF 文档的页面合并
```

代码中，reader 为新定义的变量，用来存储读取的 PDF 文档；PdfReader('e:\\办公\\策略.pdf')
函数用来读取 PDF 文档，括号中的参数为要读取的 PDF 文档路径和文件名。

reader.pages 表示读取 PDF 文档所有页；reader.pages[0]用来读取 PDF 文档的某一页，括号中的参
数 "0" 为页数，表示第 1 页，如果设置为 "2"，表示第 3 页；extract_text()函数用来提取 PDF 文档
页面文本内容；metadata 函数用来获取 PDF 文档信息；is_encrypted 函数用来判断 PDF 文档是否加密；
len(reader.pages)用来获取 PDF 文档页数，len()函数用来获得数量、长度等；outline 函数用来获取

PDF 文档目录。

encrypt(user_pwd=' 123 ') 函数用来给 PDF 文档加密，括号中的参数用来设置用户密码；add_page（page）函数用来向 PDF 文档追加页面，括号中的参数为要追加页面的页面；add_blank_page 函数用来向 PDF 文档追加一张空白页；merge_page( )函数用来将两个 PDF 文档的页面合并。

8.2.4 案例：将一个 PDF 文档拆分为多个 PDF 文档（每页一个文档）

前面几节讲解了 PyPDF2 模块对 PDF 文档的基本操作等内容，接下来结合案例来讲解拆分 PDF 文档页面的方法。图 8-8 所示为将一个 PDF 文档拆分为多个 PDF 文档，要求将每个页面保存为一个 PDF 文档。下面用 Python 来实现此任务。

图 8-8　将一个 PDF 文档拆分为多个 PDF 文档

代码实现：

```
01  from PyPDF2 import PdfReader, PdfWriter          #导入 PyPDF2 模块中的子模块
02  reader = PdfReader('e:\\办公\\策略.pdf')          #读取 PDF 文档
03  for i in range(len(reader.pages)):              #用 for 循环遍历 PDF 文档中的每个页面
04    writer = PdfWriter()                          #创建 PdfWriter 对象
05    writer.add_page(reader.pages[i])              #向 PDF 文档追加页面
06    outfile=f'e:\\办公\\拆分\\策略{i}.pdf'           #设置新 PDF 文档的路径和名称
07    with open(outfile,'wb') as out:               #打开新的 PDF 文档
08        writer.write(out)                         #将页面写入新 PDF 文档并保存
```

代码分析：

第 01 行代码：作用是导入处理 PDF 文档的模块。

第 02 行代码：作用是读取 PDF 文档。reader 为新定义的变量，用来存储读取的 PDF 文档；PdfReader('e:\\办公\\策略.pdf')函数用来读取 PDF 文档，括号中的参数为要读取的 PDF 文档路径和文件名。

第 03~08 代码：作用是用 for 循环遍历 PDF 文档中的每个页面，将读取的每个 PDF 文档页面追加到新 PDF 文档中并保存。第 04~08 行代码为 for 循环的循环体，for 循环每循环一次，就会执行一遍循环体的代码。

第 03 行代码：其中 len(reader.pages)表示获取 PDF 文档的页数，range(len(reader.pages))会生成由 0 到总页数组成的整数列表，如果页数为 6，就会变为 range(6)，会生成［0,1,2,3,4,5］列表。for 循环每次循环时都会遍历列表，并将其中一个元素存储到循环变量 i 中。

第 04 行代码：作用是创建 PdfWriter 对象，从而使用类中的函数。writer 为新定义的变量，用来存储创建的 PdfWriter 对象。

第 05 行代码：作用是向 PDF 文档追加页面。writer 为上面代码中创建的对象；add_page(reader.pages[i])函数用来向 PDF 文档追加页面，括号中参数为要追加页面的页面。reader.pages[i]表示读取 PDF 文档第 i 页，如果是 for 循环第 1 次循环，i 的值为 0，则 reader.pages[0]表示读取 PDF 文档第 1 页。

第 06 行代码：作用是设置新 PDF 文档的路径和名称。代码中 outfile 是新定义的变量，用来存储 PDF 文档的路径和名称。

f'的作用是将不同类型的数据拼接成字符串，即以 f 开头时，字符串中大括号内的数据无须转换数据类型，就能被拼接成字符串。"\\"表示路径，为了防止使用"\"产生歧义，这里用"\\"表示。

第 07~08 行代码：作用是用"with open()as"函数自动完成文件的打开、写入和关闭等操作，而且可以确保无论是否出错都能正确地关闭文件。

第 07 行代码：其中 open(outfile,'wb')函数用于自动打开文件，并返回一个文件对象，可以使用该对象来读取或写入文件数据。括号中的参数 outfile 为上面代码指定的 PDF 文档，wb 表示打开文件的模式为写入模式。在写入模式下，如果文件已经存在，则会被覆盖，并写入新的数据。"as out"会将文件对象赋值给变量 out。

第 08 行代码：其中 write(out)函数用来向文件中写入内容，这里会将读取的 PDF 页面写入新的 PDF 文档。

8.2.5 案例：拆出 PDF 文档中连续几个页面另存成一个 PDF 文档

上一个案例讲解了将一个 PDF 文档拆分为多个 PDF 文档的方法，接下来结合案例来讲解将 PDF 文档中连续几个页面取出拆分成一个单独 PDF 文档的方法，如图 8-9 所示。下面用 Python 来实现此任务。

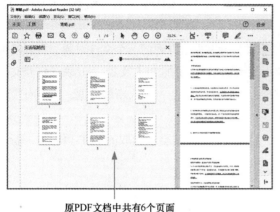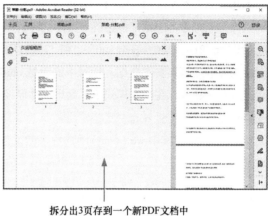

原PDF文档中共有6个页面   拆分出3页存到一个新PDF文档中

图 8-9　拆出 PDF 文档中连续几个页面另存成一个 PDF 文档

代码实现：

```
01  from PyPDF2 import PdfReader, PdfWriter        #导入 PyPDF2 模块中的子模块
02  reader = PdfReader('e:\\办公\\策略.pdf')        #读取 PDF 文档
03  writer = PdfWriter()                           #创建 PdfWriter 对象
04  for i in range(1,4):                           #用 for 循环遍历 PDF 文档中的指定页面
05    writer.add_page(reader.pages[i])             #向 PDF 文档追加页面
06  outfile='e:\\办公\\策略-分割.pdf'              #设置保存 PDF 文档的路径和名称
07  with open(outfile,'wb') as out:                #打开新的 PDF 文档
08    writer.write(out)                            #将页面写入 PDF 文档并保存
```

代码分析：

第 01 行代码：作用是导入处理 PDF 文档模块。

第 02 行代码：作用是读取 PDF 文档。reader 为新定义的变量，用来存储读取的 PDF 文档；PdfReader('e:\\办公\\策略.pdf')函数用来读取 PDF 文档，括号中的参数为要读取的 PDF 文档路径和文件名。

第 03 行代码：作用是创建 PdfWriter 对象，从而使用类中的函数。writer 为新定义的变量，用来存储创建的 PdfWriter 对象。

第 04～05 代码：作用是用 for 循环遍历 PDF 文档中指定的页面，并将读取的每个 PDF 文档页面追加到 PDF 文档。第 05 行代码为 for 循环的循环体，for 循环每循环一次都会执行一遍循环体的代码。

第 04 行代码：其中 range(1,4)会生成"［1,2,3］"整数列表，而 1～3 页正是指定要抽出的页面，如果要抽出 5～12 页，则修改为"range(5,13)"。for 循环每次循环时都会遍历列表，并将其中一个元素存储到循环变量 i 中。

第 05 行代码：作用是向 PDF 文档追加页面。writer 为上面代码中创建的对象；add_page(reader.pages[i])函数用来向 PDF 文档追加页面，括号中的参数为要追加页面的页面。reader.pages[i]表示读取 PDF 文档第 i 页，如果是 for 循环第 1 次循环，i 的值为 0，则 reader.pages[0]表示读取 PDF 文档第 1 页。

第 06 行代码的作用是设置新 PDF 文档的路径和名称。代码中 outfile 是新定义的变量，用来存储 PDF 文档的路径和名称。"\\"表示路径，为了防止使用"\"产生歧义，这里用"\\"表示。

第 07~08 行代码：作用是用"with open( )as"函数自动完成文件的打开、写入和关闭等操作，而且可以确保无论是否出错都能正确地关闭文件。

第 07 行代码：其中 open(outfile,'wb')函数用于自动打开文件，并返回一个文件对象，可以使用该对象来读取或写入文件数据。括号中的参数 outfile 为上面代码指定的 PDF 文档，wb 表示打开文件的模式为写入模式。在写入模式下，如果文件已经存在，则会被覆盖，并写入新的数据。"as out"会将文件对象赋值给变量 out。

第 08 行代码：其中 write(out)函数用来向文件中写入内容，这里会将读取的 PDF 页面写入新的 PDF 文档。

8.2.6 案例：拆出 PDF 文档中指定页面另存成一个 PDF 文档

前一个案例讲解了将 PDF 文档中连续几个页面取出拆分成一个单独 PDF 文档的方法，接下来结合案例来讲解将 PDF 文档中指定的几个页面取出拆分成一个单独 PDF 文档的方法，如图 8-10 所示。下面用 Python 来实现此任务。

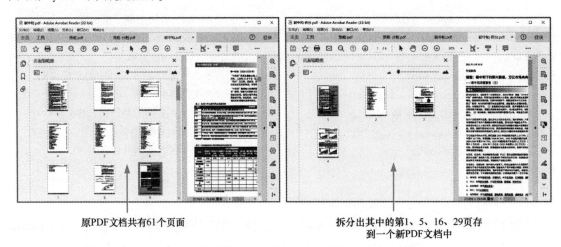

原PDF文档共有61个页面   拆分出其中的第1、5、16、29页存
                                         到一个新PDF文档中

图 8-10　拆出 PDF 文档中指定页面另存成一个 PDF 文档

代码实现：

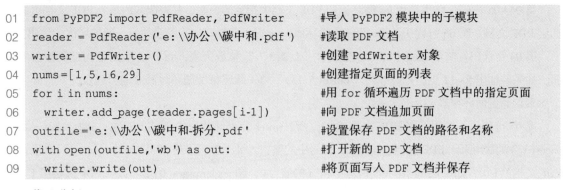

```
01  from PyPDF2 import PdfReader, PdfWriter       #导入 PyPDF2 模块中的子模块
02  reader = PdfReader('e:\\办公\\碳中和.pdf')      #读取 PDF 文档
03  writer = PdfWriter()                          #创建 PdfWriter 对象
04  nums=[1,5,16,29]                              #创建指定页面的列表
05  for i in nums:                                #用 for 循环遍历 PDF 文档中的指定页面
06    writer.add_page(reader.pages[i-1])          #向 PDF 文档追加页面
07  outfile='e:\\办公\\碳中和-拆分.pdf'            #设置保存 PDF 文档的路径和名称
08  with open(outfile,'wb') as out:               #打开新的 PDF 文档
09    writer.write(out)                           #将页面写入 PDF 文档并保存
```

代码分析：

第 01 行代码：作用是导入处理 PDF 文档的模块。

第 02 行代码：作用是读取 PDF 文档。reader 为新定义的变量，用来存储读取的 PDF 文档；PdfReader(' e:\\办公\\碳中和.pdf ')函数用来读取 PDF 文档，括号中的参数为要读取的 PDF 文档路径和文件名。

第 03 行代码：作用是创建 PdfWriter 对象，从而使用类中的函数。writer 为新定义的变量，用来存储创建的 PdfWriter 对象。

第 04 行代码：作用是创建指定页面的列表。nums 为定义的列表名称。

第 05~06 代码：作用是用 for 循环遍历 PDF 文档中指定的页面，并将读取的每个 PDF 文档页面追加到 PDF 文档。第 06 行代码为 for 循环的循环体，for 循环每循环一次都会执行一遍循环体的代码。

第 05 行代码：其中 nums 为前面代码创建的列表，for 循环每次循环时都会遍历列表一个元素并存储到循环变量 i 中。当 for 循环第 1 次循环时，i 中存储的值为 1，当第 2 次循环时，i 中存储的值为 5。

第 06 行代码：作用是向 PDF 文档追加页面。writer 为上面代码中创建的对象；add_page(reader.pages [i-1])函数用来向 PDF 文档追加页面，括号中的参数为要追加的页面；reader.pages[i-1]表示读取 PDF 文档第 i-1 页，如果是 for 循环第 1 次循环，i 的值为 1，则 reader.pages[0]表示读取 PDF 文档第 1 页。

第 07 行代码：作用是设置新 PDF 文档的路径和名称。代码中，outfile 是新定义的变量，用来存储 PDF 文档的路径和名称。"\\"表示路径，为了防止使用"\"产生歧义，这里用"\\"表示。

第 08~09 行代码：作用是用"with open( ) as"函数自动完成文件的打开、写入和关闭等操作，而且可以确保无论是否出错都能正确地关闭文件。

第 08 行代码：其中 open(outfile,' wb ')函数用于自动打开文件，并返回一个文件对象，可以使用该对象来读取或写入文件数据。括号中的参数 outfile 为上面代码指定的 PDF 文档，wb 表示打开文件的模式为写入模式。在写入模式下，如果文件已经存在，则会被覆盖，并写入新的数据。"as out"会将文件对象赋值给变量"out"。

第 09 行代码：其中 write(out)函数用来向文件中写入内容，这里会将读取的 PDF 页面写入新的 PDF 文档中。

8.2.7 案例：将多个 PDF 文档合并成一个 PDF 文档

前面几个案例讲解了将 PDF 文档拆分成一个或多个 PDF 文档的方法，接下来结合案例来讲解将多个 PDF 文档合并成一个 PDF 文档的方法，如图 8-11 所示。下面用 Python 来实现此任务。

要合并的6个PDF文档   合并后的PDF文档中

图 8-11 将多个 PDF 文档合并成一个 PDF 文档

代码实现：

```
01  from PyPDF2 import PdfReader, PdfWriter          #导入 PyPDF2 模块中的子模块
02  import os                                        #导入 os 模块
03  file_path='e:\\办公\\合并'                         #指定要处理的文件所在文件夹的路径
04  file_list=os.listdir(file_path)                  #将所有文件和文件夹的名称以列表的形式保存
05  writer = PdfWriter()                             #创建 PdfWriter 对象
06  for i in file_list:                              #遍历列表 file_list 中的元素实现批量处理
07    if os.path.splitext(i)[1]=='.pdf':             #判断文件夹下是否有".pdf"文件
08        reader = PdfReader(file_path+'\\'+i)        #读取指定 PDF 文档
09        for x in range(len(reader.pages)):         #用 for 循环遍历 PDF 文档中的指定页面
10            writer.add_page(reader.pages[x])       #向 PDF 文档追加页面
11  outfile='e:\\办公\\合并.pdf'                       #设置保存 PDF 文档的路径和名称
12  with open(outfile,'wb') as out:                  #打开新的 PDF 文档
13    writer.write(out)                              #将页面写入 PDF 文档并保存
```

代码分析：

第 01~02 行代码：作用是导入 PyPDF2 模块中的子模块和 os 模块。

第 03 行代码：作用是指定文件所在文件夹的路径。file_path 为新建的变量，用来存储路径。"="右侧为要处理的文件夹的路径，这里注意一下，路径中用了双反斜杠，这是为了避免使用单反斜杠产生歧义（单反斜杠有换行的功能），也可以用转义符 r，如果在 e 前面用了转义符 r，路径在就可以使用单反斜杠。如 r'e:\办公\合并'。

第 04 行代码：作用是将路径下所有文件和文件夹的名称以列表的形式存在 file_list 列表中。代码中，file_list 为新定义的变量，用来存储返回的名称列表；os 表示 os 模块；listdir( ) 为 os 模块中的函数，此函数用于返回指定文件夹包含的文件或文件夹的名字的列表，括号中为此函数的参数，即要处理的文件夹的路径。如图 8-12 所示为程序执行后 file_list 列表中存储的数据。

['策略0.pdf','策略1.pdf','策略2.pdf','策略3.pdf','策略4.pdf','策略5.pdf']

图 8-12　程序执行后 file_list 列表中存储的数据

第 05 行代码：作用是创建 PdfWriter 对象，从而使用类中的函数。"writer"为新定义的变量，用来存储创建的 PdfWriter 对象。

第 06~10 行代码：作用是用 for 循环（暂称为第 1 个 for 循环）遍历所处理文件夹中的所有 PDF 文件，即要依次处理文件夹中的每个 PDF 文档。第 07~10 行缩进部分代码为 for 循环的循环体，每运行一次 for 循环都会运行一遍循环体的代码。

第 06 行代码：file_list 为前面代码中获得的要处理的 PDF 文档的名称列表。for 循环每循环一次就会遍历列表，将其中的一个元素（即一个 PDF 文档名称）存储在循环变量 i 中，然后后面的代码就可以对 i 中的 PDF 文档进行处理了。

第 07 行代码：作用是用 if 条件语句判断文件夹下是否有 ".pdf" 文件。其中，os.path.splitext(i)[1]=='.pdf'为 if 语句的条件，用于判断 i 中存储的文件的扩展名是否为 ".pdf"。这里 splitext( ) 为 os 模块中的一个函数，此函数用于分离文件名与扩展名，默认返回文件名和扩展名组成的一个元组。此

函数的语法为 os.path.splitext('path')，参数'path'为文件名路径。os.path.splitext(i)的意思就是分离 i 中存储的文件的文件名和扩展名，分离后保存在元组，os.path.splitext(i)[1]的意思是取出元组中的第 2 个元素，即扩展名。

第 08 行代码：作用是读取 PDF 文档。reader 为新定义的变量，用来存储读取的 PDF 文档；PdfReader(file_path+'\\'+i)函数用来读取 PDF 文档，括号中的参数为要读取的 PDF 文档路径和文件名。其中参数 "file_path+'\\'+i" 表示要读取的文档的路径和名称。比如当 i 中存储的为 "策略 1.pdf" 时，要读取的 PDF 文档就为 "e:\\办公\\合并\\策略 1.pdf'"。

第 09~10 代码用 for 循环（暂称为第 2 个 for 循环）遍历 PDF 文档中指定的页面，并将读取的每个 PDF 文档页面追加到 PDF 文档。第 10 行代码为 for 循环的循环体，for 循环每循环一次都会执行一遍循环体的代码。第 2 个 for 循环嵌套在第 1 个 for 循环中，作为第 1 个 for 循环的循环体，当第 1 个 for 循环循环一次时，第 2 个 for 循环会执行完全部循环。

第 09 行代码中 len(reader.pages)表示获取 PDF 文档的页数。range(len(reader.pages))会生成由 0 到总页数组成的整数列表，如果页数为 6，会变为 range(6)，生成 [0,1,2,3,4,5] 列表。for 循环每次循环时都会遍历列表，并将其中一个元素存储到循环变量 x 中。

第 10 行代码：作用是向 PDF 文档追加页面。writer 为上面代码中创建的对象；add_page(reader.pages[x])函数用来向 PDF 文档追加页面，括号中参数为要追加的页面。reader.pages[x]表示读取 PDF 文档第 x 页，如果是 for 循环第 1 次循环，x 的值为 0，则 reader.pages[0]表示读取 PDF 文档第 1 页。

第 11 行代码：作用是设置新 PDF 文档的路径和名称。代码中，outfile 是新定义的变量，用来存储 PDF 文档的路径和名称。"\\"表示路径，为了防止使用 "\" 产生歧义，这里用 "\\" 表示。

第 12~13 行代码：作用是用 "with open()as" 函数自动完成文件的打开、写入和关闭等操作，而且可以确保无论是否出错都能正确地关闭文件。

第 12 行代码中的 open(outfile,'wb')函数用于自动打开文件，并返回一个文件对象，可以使用该对象来读取或写入文件数据。括号中的参数 outfile 为上面代码指定的 PDF 文档，wb 表示打开文件的模式为写入模式。在写入模式下，如果文件已经存在，则会被覆盖，并写入新的数据。"as out" 会将文件对象赋值给变量 out。

第 13 行代码中的 write（out）函数用来向文件中写入内容，这里会将读取的 PDF 页面写入新的 PDF 文档。

8.2.8 案例：删除 PDF 文档中指定页面

结合下面的案例，讲解如何删除一个 PDF 文档中不需要的几个页面，如图 8-13 所示。下面用 Python 来实现此任务。

代码实现：

```
01  from PyPDF2 import PdfReader, PdfWriter        #导入 PyPDF2 模块中的子模块
02  reader = PdfReader('e:\\办公\\碳中和.pdf')       #读取 PDF 文档
03  writer = PdfWriter()                           #创建 PdfWriter 对象
04  delete_list=[1,13,14,25,30]                    #创建要删除页码的列表
```

```
05    for i in range(len(reader.pages)):        #用 for 循环遍历 PDF 文档中的指定页面
06      if i+1 in delete_list:                   #用 if 语句判断页码是否为要删除的页码
07        continue                               #跳过本次循环
08      writer.add_page(reader.pages[i])         #向 PDF 文档追加页面
09    outfile='e:\\办公\\碳中和-删除.pdf'        #设置保存 PDF 文档的路径和名称
10    with open(outfile,'wb') as out:            #打开新的 PDF 文档
11      writer.write(out)                        #将页面写入 PDF 文档并保存
```

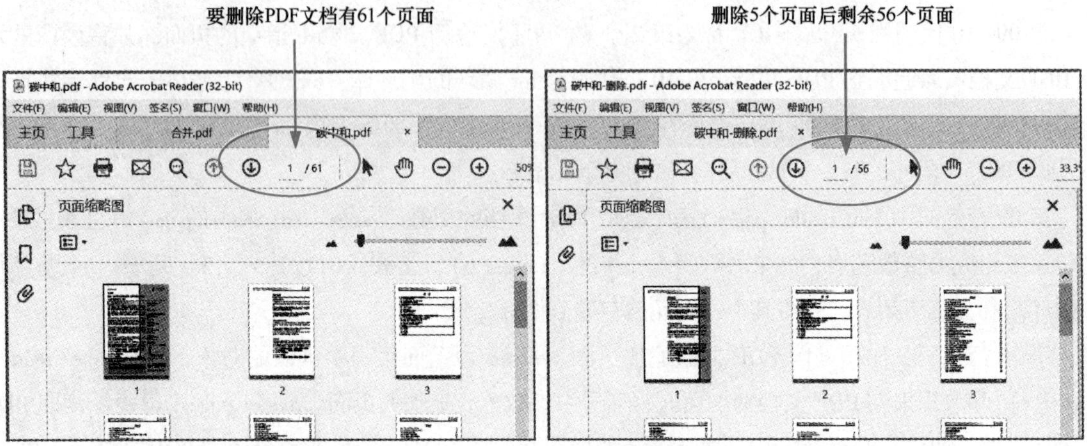

要删除PDF文档有61个页面   删除5个页面后剩余56个页面

图 8-13　删除 PDF 文档中的指定页面

代码分析：

第 01 行代码：作用是导入处理 PDF 文档的模块。

第 02 行代码：作用是读取 PDF 文档。reader 为新定义的变量，用来存储读取的 PDF 文档；PdfReader('e:\\办公\\碳中和.pdf')函数用来读取 PDF 文档，括号中的参数为要读取的 PDF 文档路径和文件名。

第 03 行代码：作用是创建 PdfWriter 对象，从而使用类中的函数。writer 为新定义的变量，用来存储创建的 PdfWriter 对象。

第 04 行代码：作用是创建要删除页码的列表。delete_list 为定义的列表名称。

第 05~08 代码：作用是用 for 循环遍历 PDF 文档中指定的页面，并将读取的 PDF 文档中不需要删除的页面追加到 PDF 文档。第 06~08 行代码为 for 循环的循环体，for 循环每循环一次都会执行一遍循环体的代码。

第 05 行代码中，len(reader.pages)表示获取 PDF 文档的页数；range(len(reader.pages))会生成由 0 到总页数组成的整数列表，如果页数为 6，就会变为 range（6），生成［0,1,2,3,4,5］列表。for 循环每次循环时都会遍历列表并将其中一个元素存储到循环变量 i 中。

第 06 行代码中，用 if 语句判断页码是否是要删除的页码。"i+1 in delete_list" 为 if 语句的条件，如果条件成立（即是要删除的页面），就执行 if 语句下缩进部分代码（即第 07 行代码），如果条件不成立（即不是要删除的页面），就跳过第 07 行代码，执行第 08 行代码。delete_list 为前面代码创建的列表，"i+1" 表示实际的页码，因为 range 函数生成的数字列表是从 0 开始的。

第 07 行代码：作用是跳过当次 for 循环，直接进行下一次 for 循环。

第 08 行代码：作用是向 PDF 文档追加页面。writer 为上面代码中创建的对象；add_page（reader. pages[i]）函数用来向 PDF 文档追加页面，括号中参数为要追加的页面。reader.pages[i] 表示读取 PDF 文档第 i 页，如果是 for 循环第 1 次循环，i 的值为 0，则 reader.pages[0] 表示读取 PDF 文档第 1 页。

第 09 行代码：作用是设置新 PDF 文档的路径和名称。代码中，outfile 是新定义的变量，用来存储 PDF 文档的路径和名称。"\\" 表示路径，为了防止使用 "\" 产生歧义，这里用 "\\" 表示。

第 10~11 行代码：作用是用 "with open（）as" 函数自动完成文件的打开、写入和关闭等操作，而且可以确保无论是否出错都能正确地关闭文件。

第 10 行代码：其中 open（outfile,'wb'）函数用于自动打开文件，并返回一个文件对象，可以使用该对象来读取或写入文件数据。括号中的参数 outfile 为上面代码指定的 PDF 文档，wb 表示打开文件的模式为写入模式。在写入模式下，如果文件已经存在，则会被覆盖，并写入新的数据。"as out" 会将文件对象赋值给变量 out。

第 11 行代码：其中 write（out）函数用来向文件中写入内容，这里会将读取的 PDF 页面写入新的 PDF 文档。

8.2.9　案例：将 PDF 文档页面旋转 90°

接下来通过本节的案例来讲解将 PDF 文档页面旋转 90° 的方法，如图 8-14 所示。下面用 Python 来实现此任务。

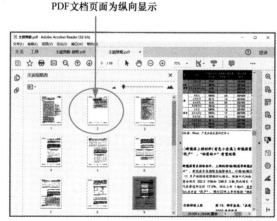

图 8-14　调整 PDF 文档页面方向

代码实现：

```
01  from PyPDF2 import PdfReader, PdfWriter      #导入 PyPDF2 模块中的子模块
02  reader = PdfReader('e:\\办公\\主题策略.pdf')   #读取 PDF 文档
03  writer = PdfWriter()                         #创建 PdfWriter 对象
04  for i in range(len(reader.pages)):           #用 for 循环遍历 PDF 文档中的每个页面
05    writer.add_page(reader.pages[i])           #向 PDF 文档追加页面
06    writer.pages[i].rotate(90)                 #将页面旋转
```

```
07  outfile='e:\\办公\\主题策略-旋转.pdf'        #设置保存 PDF 文档的路径和名称
08  with open(outfile,'wb') as out:             #打开新的 PDF 文档
09    writer.write(out)                         #将页面写入 PDF 文档并保存
```

代码分析：

第 01 行代码：作用是导入处理 PDF 文档的模块。

第 02 行代码：作用是读取 PDF 文档。reader 为新定义的变量，用来存储读取的 PDF 文档；PdfReader ('e:\\办公\\主题策略.pdf') 函数用来读取 PDF 文档，括号中的参数为要读取的 PDF 文档路径和文件名。

第 03 行代码：作用是创建 PdfWriter 对象，从而使用类中的函数。writer 为新定义的变量，用来存储创建的 PdfWriter 对象。

第 04~06 代码：作用是用 for 循环遍历 PDF 文档中所有的页面，并将读取的 PDF 文档页面追加到 PDF 文档，之后将页面旋转。第 05~06 行代码为 for 循环的循环体，for 循环每循环一次都会执行一遍循环体的代码。

第 04 行代码中，len(reader.pages) 表示获取 PDF 文档的页数。range(len(reader.pages)) 会生成由 0 到总页数组成的整数列表，如果页数为 6，就会变为 range（6），生成 [0,1,2,3,4,5] 列表。for 循环每次循环时都会遍历列表并将其中一个元素存储到循环变量 i 中。

第 05 行代码：作用是向 PDF 文档追加页面。writer 为上面代码中创建的对象；add_page(reader.pages[i]) 函数用来向 PDF 文档追加页面，括号中的参数为要追加页面的页面。reader.pages[i] 表示读取 PDF 文档第 i 页，如果是 for 循环第 1 次循环，i 的值为 0，则 reader.pages[0] 表示读取 PDF 文档第 1 页。

第 06 行代码：作用是将页面旋转。代码中，pages[i] 表示当前循环中遍历的页面，rotate(90) 函数用来将页面旋转，括号中的参数用来设置旋转角度。

第 07 行代码：作用是设置新 PDF 文档的路径和名称。代码中，outfile 是新定义的变量，用来存储 PDF 文档的路径和名称。"\\"表示路径，为了防止使用"\"产生歧义，这里用"\\"表示。

第 08~09 行代码：作用是用"with open( )as"函数自动完成文件的打开、写入和关闭等操作，而且可以确保无论是否出错都能正确地关闭文件。

第 08 行代码中，open(outfile,'wb') 函数用于自动打开文件，并返回一个文件对象，可以使用该对象来读取或写入文件数据。括号中的参数 outfile 为上面代码指定的 PDF 文档，wb 表示打开文件的模式为写入模式。在写入模式下，如果文件已经存在，则会被覆盖，并写入新的数据。"as out"会将文件对象赋值给变量 out。

第 09 行代码中，write(out) 函数用来向文件中写入内容，这里会将读取的 PDF 页面写入新的 PDF 文档。

8.2.10　案例：自动给 PDF 文档加密

用 Python 可以轻松给 PDF 文档加密，本节通过案例来讲解如何给 PDF 文档设置密码，如图 8-15 所示。下面用 Python 来实现此任务。

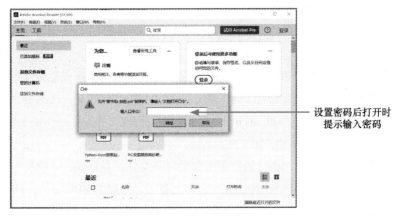

图 8-15　自动给 PDF 文档设置密码

代码实现:

```
01  from PyPDF2 import PdfReader, PdfWriter          #导入 PyPDF2 模块中的子模块
02  reader = PdfReader('e:\\办公\\碳中和.pdf')        #读取 PDF 文档
03  writer = PdfWriter()                             #创建 PdfWriter 对象
04  for i in range(len(reader.pages)):               #用 for 循环遍历 PDF 文档中的每个页面
05      writer.add_page(reader.pages[i])             #向 PDF 文档追加页面
06  writer.encrypt(user_password='123',owner_password='345')   #为 PDF 文档设置密码
07  outfile='e:\\办公\\碳中和-加密.pdf'               #设置保存 PDF 文档的路径和名称
08  with open(outfile,'wb') as out:                  #打开新的 PDF 文档
09      writer.write(out)                            #将页面写入 PDF 文档并保存
```

代码分析:

第 01 行代码:作用是导入处理 PDF 文档的模块。

第 02 行代码:作用是读取 PDF 文档。reader 为新定义的变量,用来存储读取的 PDF 文档;PdfReader('e:\\办公\\碳中和.pdf')函数用来读取 PDF 文档,括号中的参数为要读取的 PDF 文档路径和文件名。

第 03 行代码:作用是创建 PdfWriter 对象,从而使用类中的函数。writer 为新定义的变量,用来存储创建的 PdfWriter 对象。

第 04～05 代码:作用是用 for 循环遍历 PDF 文档中所有的页面,并将读取的 PDF 文档页面追加到 PDF 文档。第 05 行代码为 for 循环的循环体,for 循环每循环一次都会执行一遍循环体的代码。

第 04 行代码中,len(reader.pages)表示获取 PDF 文档的页数。range(len(reader.pages))会生成由 0 到总页数组成的整数列表,如果页数为 6,就会变为 range(6),生成 [0,1,2,3,4,5] 列表。for 循环每次循环时都会遍历列表并将其中一个元素存储到循环变量 i 中。

第 05 行代码:作用是向 PDF 文档追加页面。writer 为上面代码中创建的对象;add_page(reader.pages[i])函数用来向 PDF 文档追加页面,括号中的参数为要追加的页面。reader.pages[i]表示读取 PDF 文档第 i 页,如果是 for 循环第 1 次循环,i 的值为 0,则 reader.pages[0]表示读取 PDF 文档第 1 页。

第 06 行代码：作用是为 PDF 文档设置密码。代码中，encrypt（user＿password ='123'，owner＿password ='345'）函数用来给 PDF 文档加密，括号中第 1 个参数用来设置用户密码，第 2 个参数用来设置所有者密码。

第 07 行代码：作用是设置新 PDF 文档的路径和名称。代码中 outfile 是新定义的变量，用来存储 PDF 文档的路径和名称。"\\"表示路径，为了防止使用"\"产生歧义，这里用"\\"表示。

第 08~09 行代码：作用是用"with open（）as"函数自动完成文件的打开、写入和关闭等操作，而且可以确保无论是否出错都能正确地关闭文件。

第 08 行代码中，open（outfile,'wb'）函数用于自动打开文件，并返回一个文件对象，可以使用该对象来读取或写入文件数据。括号中的参数 outfile 为上面代码指定的 PDF 文档，wb 表示打开文件的模式为写入模式。在写入模式下，如果文件已经存在，则会被覆盖，并写入新的数据。"as out"会将文件对象赋值给变量 out。

第 09 行代码中，write（out）函数用来向文件中写入内容，这里会将读取的 PDF 页面写入新的 PDF 文档。

8.2.11 案例：自动给 PDF 文档添加水印

Python 程序还可以轻松给 PDF 文档添加水印，本节通过案例来讲解如何给 PDF 文档添加水印，如图 8-16 所示。下面用 Python 来实现此任务。

加水印前   加水印后

图 8-16 自动给 PDF 文档添加水印

代码实现：

```
01  from PyPDF2 import PdfReader, PdfWriter        #导入 PyPDF2 模块中的子模块
02  reader_mark=PdfReader('e:\\办公\\水印.pdf')      #读取水印 PDF 文档
03  page_mark=reader_mark.pages[0]                 #读取水印 PDF 文档第 1 页
04  reader = PdfReader('e:\\办公\\策略.pdf')         #读取要加水印的 PDF 文档
05  writer = PdfWriter()                           #创建 PdfWriter 对象
06  for i in range(len(reader.pages)):            #用 for 循环遍历 PDF 文档中的每个页面
07    page=reader.pages[i]                        #读取要加水印 PDF 文档第 i 页
```

```
08    page.merge_page(page_mark)              #将两个 PDF 的页面合并
09    writer.add_page(page)                   #向 PDF 文档追加页面
10  outfile='e:\\办公\\策略-加水印.pdf'          #设置保存 PDF 文档的路径和名称
11  with open(outfile,'wb') as out:           #打开新的 PDF 文档
12    writer.write(out)                       #将页面写入 PDF 文档并保存
```

代码分析：

第 01 行代码：作用是导入处理 PDF 文档的模块。

第 02 行代码：作用是读取水印 PDF 文档。reader_mark 为新定义的变量，用来存储读取的水印 PDF 文档；PdfReader('e:\\办公\\水印.pdf') 函数用来读取 PDF 文档，括号中的参数为要读取的 PDF 文档路径和文件名。

第 03 行代码：作用是读取水印 PDF 文档的第 1 页（水印在哪一页就读取哪一页）。page_mark 为新定义的变量，用来存储读取的水印 PDF 文档页面，pages[0]表示读取第 1 页，"[0]" 表示第 1 页，如果是 "[2]" 表示第 3 页。

第 04 行代码：作用是读取要加水印 PDF 文档。reader 为新定义的变量，用来存储读取的 PDF 文档；PdfReader('e:\\办公\\策略.pdf')函数用来读取 PDF 文档，括号中的参数为要读取的 PDF 文档路径和文件名。

第 05 行代码：作用是创建 PdfWriter 对象，从而使用类中的函数。writer 为新定义的变量，用来存储创建的 PdfWriter 对象。

第 06~09 代码：作用是用 for 循环遍历 PDF 文档中所有的页面，并将读取的 PDF 文档页面与水印页面合并，之后将其追加到 PDF 文档。第 07~09 行代码为 for 循环的循环体，for 循环每循环一次都会执行一遍循环体的代码。

第 06 行代码中，len(reader.pages)表示获取 PDF 文档的页数。range(len(reader.pages))会生成由 0 到总页数组成的整数列表，如果页数为 6，就会变为 range(6)，生成 [0,1,2,3,4,5] 列表。for 循环每次循环时都会遍历列表中一个元素，并将元素存储到循环变量 i 中。

第 07 行代码：作用是读取要加水印的 PDF 文档的第 i 页。page 为新定义的变量，用来存储读取的要加水印的 PDF 文档的页面，pages[i]表示读取第 i 页。当 for 循环第 1 次循环时，i 的值为 0，pages[0]表示读取第 1 页；for 循环第 2 次循环时，i 的值为 1，pages[1]表示读取第 2 页。

第 08 行代码：作用是将两个 PDF 的页面合并。merge_page(page_mark)函数用于将两个页面合并，括号中的参数 page_mark 为读取的水印页面，page 为读取的要加水印的页面。注意，merge_page 函数括号中的页面合并后会放在上层，如果需要放下层，可以修改为 page_mark.merge_page(page)，相应的第 09 行代码也应该修改为 writer.add_page(page_mark)。

第 09 行代码：作用是向 PDF 文档追加页面。writer 为上面代码中创建的对象；add_page(page)函数用来向 PDF 文档追加页面，括号中的参数为要追加的页面，page 为合并后的页面。

第 10 行代码：作用是设置新 PDF 文档的路径和名称。代码中，outfile 是新定义的变量，用于存储 PDF 文档的路径和名称。"\\"表示路径，为了防止使用 "\" 产生歧义，这里用 "\\"表示。

第 11~12 行代码：作用是用 "with open() as" 函数自动完成文件的打开、写入和关闭等操作，而且可以确保无论是否出错都能正确地关闭文件。

第 11 行代码中，open(outfile,' wb')函数用于自动打开文件，并返回一个文件对象，可以使用该对象来读取或写入文件数据。括号中的参数 outfile 为上面代码指定的 PDF 文档；wb 表示打开文件的模式为写入模式。在写入模式下，如果文件已经存在，则会被覆盖，并写入新的数据。"as out"会将文件对象赋值给变量 out。

第 12 行代码中，write(out)函数用来向文件中写入内容，这里会将读取的 PDF 页面写入新的 PDF 文档。

第9章 自动群发邮件及自动抓取网络数据实战

利用 Python 可以轻松实现群发邮件、搜集抓取网络数据的任务。本章主要讲解处理发送邮件的 Smtplib 模块和 Email 模块、向网站发出请求的 Requests 模块及解析网页内容的 BeautifulSoup 模块的使用方法及操作案例。

9.1 自动发送邮件操作实战

发送邮件需要用到 Python 自带的两个模块：smtplib 模块和 email 模块，其中 smtplib 模块负责发送邮件，而 Email 模块负责构造邮件内容，另外还要用到第三方 PyEmail 模块，本节将以这几个模块为例讲解自动发送邮件的方法。

9.1.1 安装 PyEmail 模块

在使用 PyEmail 模块前需要先安装此模块，否则无法使用模块中的函数。Python 中，用 pip 命令安装模块。PyEmail 模块的安装方法如下。

首先在"开始菜单"的"Windows 系统"中选择"命令提示符"命令，打开"命令提示符"窗口，然后直接输入"pip install PyEmail"并按〈Enter〉键，开始安装 PyEmail 模块。安装完成后会提示"Successfully installed"，如图 9-1 所示。

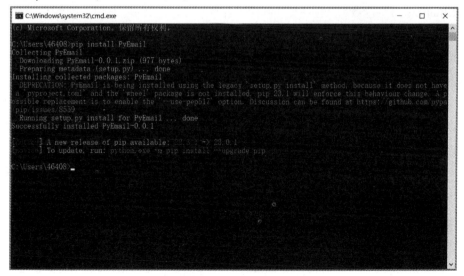

图 9-1 安装 PyEmail 模块

9.1.2 导入 smtplib 模块和 email 模块

在使用 Python 模块之前要在程序最前面写上下面的代码来导入模块，否则无法使用模块中的函数。此模块中包括的子模块如下所示。

```
import smtplib                                    #导入 smtplib 模块
from email.mime.text import MIMEText              #导入 email 模块中的子模块
from email.mime.multipart import  MIMEMultipart  #导入 email 模块中的子模块
from email.header import Header                   #导入 email 模块中的子模块
```

代码的意思是导入 smtplib 模块及 email 模块中的子模块。

9.1.3 利用 smtplib 模块和 email 模块对邮件进行基本操作

利用 smtplib 模块和 email 模块对邮件进行基本处理的方法如下。

```
MIMEText()                                  #添加一个文本对象
MIMEImage()                                 #添加一个图片对象
MIMEMultipart()                             #添加整体邮件内容对象
server = smtplib.SMTP_SSL (sever)           #创建一个 SMTP 对象
server.connect(sever, port)                 #设置邮箱服务器端口
server.login (sender, pwd)                  #登录邮箱
server.sendmail(sender, receiver, message)  #发送邮件
```

代码中，**MIMEText( )** 函数用来构造一个文本邮件对象，**MIMEText( )** 对象中有 3 个参数：第 1 个参数为正文内容；第 2 个参数设置正文内容的类型，其中文本类型为 plain，网页类型为 html；第 3 个参数设置邮件编码，一般设置为 utf-8。

MIMEImage( ) 函数用来构造一个图片邮件对象，该对象中有两个参数：第 1 个参数为图片名称，第 2 个参数设置图片的模式，rb 为只读模式。

"**MIMEMultipart( )**" 函数用来构造整体邮件内容对象（包括文本、图片、附件），此模块主要通过 attach 方法把构造的内容传入到邮件的整体内容中。

smtplib.SMTP_SSL(sever)函数用来创建一个 SMTP 对象，其参数 sever 为邮箱的服务器主机地址。

server.connect(sever, port)函数用来设置邮箱服务器端口，其参数 sever 为邮箱的服务器主机，port 是端口号。

server.login(sender,pwd)函数用来登录邮箱，其参数 sender 为发件人邮箱地址，pwd 为邮箱密码（有些邮箱登录需要授权码）。

server.sendmail(sender, receiver, message)函数用来发送邮件，其参数 sender 为发件人邮箱地址、receiver 为收件人邮箱地址、message 用来设置邮件内容，要将此参数作为字符串，即设置为 message.as_string( )。

9.1.4 开启邮箱 SMTP 服务

通过 Python 自动发送邮件，需要开启邮箱的 SMTP 服务，一般邮箱 SMTP 服务默认是关闭，需要先将其开启。

开启邮箱 SMTP 服务的方法如图 9-2 所示（以 QQ 邮箱为例讲解）。

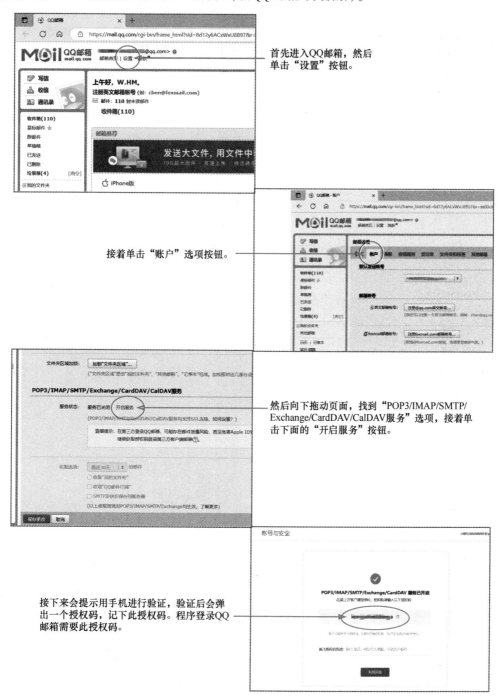

首先进入QQ邮箱，然后
单击"设置"按钮。

接着单击"账户"选项按钮。

然后向下拖动页面，找到"POP3/IMAP/SMTP/
Exchange/CardDAV/CalDAV服务"选项，接着单
击下面的"开启服务"按钮。

接下来会提示用手机进行验证，验证后会弹
出一个授权码，记下此授权码。程序登录QQ
邮箱需要此授权码。

图 9-2　开启邮箱的 SMTP 服务

9.1.5　案例：自动发送带附件邮件

前面两节讲解了邮件发送的一些操作方法，接下来结合案例来讲解自动发送带两个附件邮件的方

法。图 9-3 所示为接收人收到的 Python 自动发送的邮件。

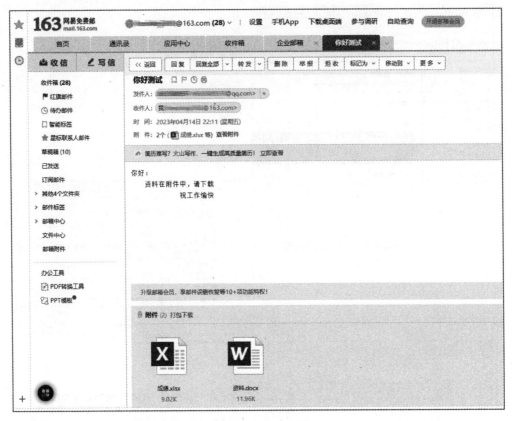

图 9-3   发送的邮件效果

代码实现：

```
01  import smtplib                                          #导入 smtplib 模块
02  from email.mime.text import MIMEText                    #导入 email 模块中的子模块
03  from email.header import Header                         #导入 email 模块中的子模块
04  from email.mime.multipart import  MIMEMultipart        #导入 email 模块中的子模块
    #设置邮箱和服务器
05  from_addr = '88888888@ qq.com'                          #设置发件人邮箱地址
06  password = 'xxxxxxxx'                                   #设置发件人邮箱密码或授权码
07  to_addr = 'wwwww365@ 163.com'                          #设置收件人邮箱地址
08  smtp_server = 'smtp.qq.com'                             #设置发件邮箱 SMTP 服务器
    #编写邮件文本内容
09  msg=MIMEMultipart()                                     #构造整体邮件对象
10  msg_text = MIMEText('你好：\n     资料在附件中,请下载 \n            祝工作愉快','plain',
    'utf-8')                                               #构造文本邮件对象
11  msg.attach(msg_text)                                    #将文本邮件对象传入邮件的整体对象
    #添加第 1 个附件
12  att1 = MIMEText(open('e:\\办公 \\所有学生成绩.xlsx','rb').read(),'base64','utf-8')
                                                            #打开附件文件构造一个邮件附件对象
```

```
13   att1['Content-Type'] = 'application/octet-stream'          #设置类型为流媒体格式
14   att1.add_header('Content-Disposition','attachment',filename='成绩.xlsx')
                                                                 #设置附件描述信息
15   msg.attach(att1)                        #将构造的附件邮件对象传入邮件的整体对象
     #添加第2个附件
16   att2 = MIMEText(open('e:\\办公\\资料.docx','rb').read(),'base64','utf-8')
                                                    #打开附件文件构造一个邮件附件对象
17   att2['Content-Type'] = 'application/octet-stream'          #设置类型为流媒体格式
18   att2.add_header('Content-Disposition','attachment',filename='资料.docx')
                                                                 #设置附件描述信息
19   msg.attach(att2)                        #将构造的附件邮件对象传入邮件的整体对象
     #发送邮件
20   msg['From'] =from_addr                              #设置发件人邮件头信息
21   msg['To'] =to_addr                                  #设置收件人邮件头信息
22   msg['Subject'] = '你好测试'                          #设置邮件主题
23   try:                                                #捕获并处理异常
24       server = smtplib.SMTP_SSL(smtp_server)          #创建一个SMTP对象
25       server.connect(smtp_server,465)                 #连接邮箱SMTP服务器
26       server.login(from_addr,password)                #登录发件邮箱
27       server.sendmail(from_addr,to_addr,msg.as_string())#发送邮件
28       print('邮件发送成功')                            #输出发送成功提示
29   except smtplib.SMTPException:                        #捕获并处理异常
30       print('Error:无法发送邮件')                      #输出错误提示
```

代码分析：

第01~04行代码：作用是导入处理邮件的smtplib模块和email模块中的子模块。

第05行代码：作用是设置发件人邮箱地址。from_addr为新定义的变量，用来存储发件人邮箱地址，等号右侧为邮箱地址。

第06行代码：作用是设置发件人邮箱密码或授权码。password为新定义的变量，用来存储邮箱登录密码或授权码，如QQ邮箱在开启SMTP服务时会验证生成一个授权码，用于登录邮箱时使用。

第07行代码：作用是设置收件人邮箱地址。to_addr为新定义的变量，用来存储收件人邮箱地址，等号右侧为邮箱地址。

第08行代码：作用是设置发件邮箱SMTP服务器。smtp_server为新定义的变量，用来存储发件邮箱SMTP服务器，等号右侧为SMTP服务器地址。

第09行代码：作用是构造整体邮件对象。msg为新定义的变量，用来存储邮件整体内容对象；MIMEMultipart()函数用来构造整体邮件内容对象（包括文本、图片、附件）。

第10行代码：作用是构造邮件的文本内容对象。msg_text为新定义的变量，用来存储邮件文本内容对象；MIMEText('你好:\n资料在附件中,请下载\n祝工作愉快','plain','utf-8')函数用来构造邮件文本内容。括号中第1个参数为邮件正文内容，其中"\n"为换行符用来换行，第2个参数设置正文内容的类型，其中文本类型为plain，网页类型为html，第3个参数设置邮件编码，一般设置为utf-8。

第 11 行代码：作用是将文本邮件对象传入邮件的整体对象中。msg 为前面代码定义的存储邮件整体内容对象的变量；attach(msg_text) 函数用来把构造的文本内容传入邮件的整体内容中，括号中的参数为要传入的对象。

第 12~15 行代码：作用是向邮件中添加第一个附件。

第 12 行代码：作用是打开附件文件构造一个邮件附件对象。att1 为新定义的变量，用来存储构造的邮件附件对象；MIMEText( ) 函数用来构造邮件附件对象，参数中的 open('e:\\办公\\所有学生成绩.xlsx','rb') 用来打开 "所有学生成绩.xlsx" 文件，rb 用来设置文件的操作模式为只读模式；read( ) 函数用来读取文件；'base64' 用来构造 base64 数据流，在发送文件的时候使用；utf-8 用来设置邮件编码。

第 13 行代码：作用是设置类型为流媒体格式。

第 14 行代码：作用是设置附件描述信息。att1 为上面代码定义的存储构造的邮件附件对象的变量；add_header( ) 函数用来添加 http 响应头，其第 1 个参数'Content-Disposition'用来在用户点击下载附件内容时，确保浏览器弹出文件下载对话框。attachment 用来设置下载的内容为附件。"filename='成绩.xlsx'" 用来指定附件在邮件中的显示名称，此名称可以和附件文件名称不一致。

第 15 行代码：作用是将构造的附件邮件对象传入邮件的整体对象中。msg 为前面代码定义的存储邮件整体内容对象的变量，即要将附件邮件对象传入此变量中存储的邮件整体内容对象中；attach(att1)函数把构造的文本内容对象传入邮件的整体内容中，括号中的参数 att1 为要传入的对象，即把 att1 对象传入到 msg 对象中。

第 16~20 行代码：作用是向邮件中添加第 2 个附件，其代码的作用与第 12~15 行代码的作用一样。

第 21 行代码：作用是设置发件人邮件头信息。msg 为上面代码添加的邮件内容；['From']表示设置发件人邮件头信息；等号右侧的 from_addr 为发件人邮箱地址。

第 22 行代码：作用是设置收件人邮件头信息。['To']表示设置收件人邮件头信息；等号右侧的 to_addr 为收件人邮箱地址。

第 23 行代码：作用是设置邮件主题。['Subject']表示设置邮件主题；等号右侧为主题内容。

第 24~30 行代码：作用是用 "try except" 函数来捕获并处理程序运行时出现的异常。它的执行流程是，首先执行 try 中的代码，如果执行过程中出现异常，接着会执行 except 中的代码。

第 24 行代码：作用是创建一个 SMTP 对象。server 为新定义的变量，用来存储创建的 SMTP 对象；smtplib.SMTP_SSL(smtp_server) 函数用来创建 SMTP 对象，括号中的参数 smtp_server 为邮箱的服务器主机地址。

第 25 行代码：作用是连接邮箱 SMTP 服务器。server 为前面代码中创建的 SMTP 对象；connect(smtp_server,465)函数用来设置邮箱服务器端口，其参数 smtp_sever 为邮箱的服务器主机地址，465 是端口号。QQ 邮箱的服务器为 smtp.qq.com，端口为 465。163 邮箱的服务器为 smtp.163.com，端口为 25，其他邮箱可以登录邮箱后在设置中查询。

第 26 行代码：作用是登录发件邮箱。server 为前面代码中创建的 SMTP 对象；login(from_addr, password)函数用来登录邮箱，其参数 from_addr 为发件人邮箱地址，password 为邮箱密码（有些邮箱登录需要授权码）。

第27行代码：作用是发送邮件。server 为前面代码中创建的 SMTP 对象，sendmail（from_addr，to_addr，msg.as_string（））函数用来发送邮件，括号中的参数 from_addr 为发件人邮箱地址，to_addr 为收件人邮箱地址，msg.as_string（）用来设置邮件内容为字符串。

第28行代码：作用是输出发送成功提示。print（'邮件发送成功'）函数用来输出，括号中的参数为要输出的内容。

第29行代码：作用是捕获并处理异常。smtplib.SMTPException 为要捕获的异常错误。

第30行代码：作用是输出发送成功提示。print（'Error：无法发送邮件'）函数用来输出，括号中的参数为要输出的内容。

9.1.6　案例：批量发送带图片和网址的邮件

上一个案例讲解了自动发送带两个附件邮件的方法，接下来用案例讲解批量发送带图片和网址邮件的方法。如图9-4所示为接收人收到的 Python 自动发送的邮件。

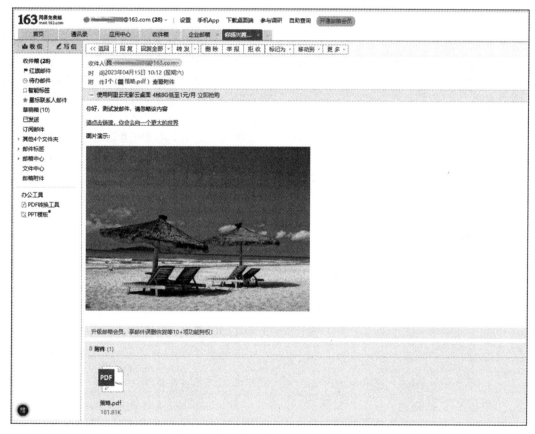

图9-4　发送带图片和网址的邮件效果

代码实现：

```
01  import smtplib                              #导入 smtplib 模块
02  from email.mime.text import MIMEText        #导入 email 模块中的子模块
```

```
03  from email.header import Header                              #导入 email 模块中的子模块
04  from email.mime.multipart import  MIMEMultipart             #导入 email 模块中的子模块
05  from email.mime.image import MIMEImage                      #导入 email 模块中的子模块
    #设置邮箱和服务器
06  from_addr = '88888888@ qq.com'                              #设置发件人邮箱地址
07  password = 'xxxxxxxx'                                       #设置发件人邮箱密码或授权码
08  smtp_server = 'smtp.qq.com'                                 #设置发件邮箱 SMTP 服务器
09  emails=['hhhhhhhh365@ 163.com','66666666@ qq.com', '55555555@ 123.com']
                                                                #创建群发邮件地址列表
    #编写邮件超链接内容
10  msg=MIMEMultipart()                                         #构造整体邮件对象
11  html_info='''
    <p>你好,测试发邮件,请忽略该内容</p>
    <p><a href='http://www.baidu.com'>请点击链接,你会去向一个更大的世界</a></p>
    <p>图片演示:</p>
    <p><img decoding='async' src='cid:image1'></p>
    '''                                                         #输入超链接邮件内容
12  msg_html=MIMEText(html_info,'html','utf-8')                 #构造一个超链接邮件内容对象
13  msg.attach(msg_html)                                        #将超链接邮件对象传入到邮件的整体对象
    #构造图片
14  image_file=open('e:\办公自动化案例\图片2.jpg','rb')          #打开图片文件
15  image = MIMEImage(image_file.read())                        #读取图片构造一个图片对象
16  image_file.close()                                          #关闭图片文件
17  image.add_header('Content-ID', '<image1>')                  #设置图片描述信息
18  msg.attach(image)                                           #将构造的图片对象传入到邮件的整体对象
    #添加附件
19  att1 = MIMEText(open('e:\办公\策略.pdf','rb').read(),'base64','utf-8')
                                                                #打开附件文件构造一个邮件附件对象
20  att1['Content-Type'] = 'application/octet-stream'           #设置类型为流媒体格式
21  att1.add_header('Content-Disposition','attachment',filename='策略.pdf')
                                                                #设置附件描述信息
22  msg.attach(att1)                                            #将构造的附件邮件对象传入到邮件的整体对象中
    #发送邮件
23  msg['From'] = from_addr                                     #设置发件人邮件头信息
24  msg['Subject'] ='你感兴趣的产品'                             #设置邮件主题
25  for to_addr in emails:                                      #用 for 循环遍历群发邮箱地址实现群发
26    msg['To'] = to_addr                                       #设置收件人邮件头信息
27    try:                                                      #捕获并处理异常
28        server = smtplib.SMTP_SSL(smtp_server)                #创建一个 SMTP 对象
29        server.connect(smtp_server,465)                       #连接邮箱 SMTP 服务器
30        server.login(from_addr,password)                      #登录发件邮箱
31        server.sendmail(from_addr,to_addr,msg.as_string())    #发送邮件
```

```
32      print('邮件发送成功')                              #输出发送成功提示
33  except smtplib.SMTPException:                         #捕获并处理异常
34      print('Error:无法发送邮件')                        #输出错误提示
```

代码分析：

第01~05行代码：作用是导入处理邮件的smtplib模块和email模块中的子模块。

第06行代码：作用是设置发件人邮箱地址。from_addr为新定义的变量，用来存储发件人邮箱地址，等号右侧为邮箱地址。

第07行代码：作用是设置发件人邮箱密码或授权码。password为新定义的变量，用来存储邮箱登录密码或授权码，如QQ邮箱在开启SMTP服务时会验证生成一个授权码，登录邮箱时使用。

第08行代码：作用是设置发件邮箱SMTP服务器。smtp_server为新定义的变量，用来存储发件邮箱SMTP服务器，等号右侧为SMTP服务器地址。

第09行代码：作用是创建群发邮件地址列表。emails为列表的名称，列表的元素为收件人邮箱地址。如果群发邮箱地址在Excel表格文档中，可以先读取Excel表格数据，并以列表形式输出来生成emails列表。

第10行代码：作用是构造整体邮件对象。msg为新定义的变量，用来存储构造的邮件整体内容对象。MIMEMultipart()函数用来构造整体邮件内容对象（包括文本、图片、附件）。

第11行代码：作用是输入超链接邮件内容。html_info为新定义的变量，用来存储输入的超链接内容；"<p>你好，测试发邮件，请忽略该内容</p>"用来在邮件正文中显示一段文字，注意要在"<p></p>"中间输入；超链接内容要在"<p><a></a></p>"中间输入；"<p><img decoding='async' src='cid：image1'></p>"用来引用image1，从而在邮件中文中显示图片；decoding='async'用来设置浏览器使用何种方式解析图像数据，async为异步解码图像，这样可以加快显示其他内容，src='cid:image1'用来引用图片，image1为图片的id，在第17行代码中进行设置。

第12行代码：作用是构造一个超链接邮件对象。msg_html为新定义的变量，用来存储构造的邮件对象；MIMEText(html_info,'html','utf-8')函数用来构造超链接邮件内容，括号中第1个参数html_info为邮件内容。第2个参数设置正文内容的类型，其中文本类型为plain，网页类型为html。第3个参数设置邮件编码，一般设置为utf-8。

第13行代码：作用是将超链接邮件对象传入到邮件的整体对象中。msg为前面代码构造的邮件整体内容对象；attach(msg_html)函数用来把构造的邮件文本对象加入到邮件的整体内容中，括号中的参数为要加入的对象。

第14~18行代码：作用是向邮件中添加一个图片。

第14行代码：作用是打开图片文件。image_file为新定义的变量，用来存储打开的图片；open('e:\\办公自动化案例\\图片2.jpg','rb')用来打开"图片2.jpg"文件，rb用来设置文件的操作模式为只读模式。

第15行代码：作用是读取图片构造一个图片对象。image为新定义的变量，用来存储构造的邮件图片对象；MIMEImage()函数用来构造邮件图片对象，参数中image_file为前面代码定义的存储打开的图片的变量；read()函数用来读取文件。

第 16 行代码：作用是关闭图片文件。image_file 表示打开的图片文件；close( )函数用来关闭文件。

第 17 行代码：作用是设置图片描述信息。image 为上面代码构造的邮件图片对象；add_header( )函数用来添加 http 响应头，参数中'<image1>'用来设置图片 id 为 image1，在 html 超链接中引用 image1就可以在邮件中文中显示图片了，第 11 行代码中就引用了此图片对象。

第 18 行代码：作用是将构造的图片对象传入到邮件的整体对象。msg 为前面代码构造的邮件整体内容对象；attach（image）函数用来把构造的邮件图片对象加入到邮件的整体内容对象中，括号中的参数为要加入的对象。

第 19~22 行代码：作用是向邮件中添加一个附件。

第 19 行代码：作用是打开附件文件构造一个邮件附件对象。att1 为新定义的变量，用来存储构造的邮件附件对象。MIMEText( )函数用来添加邮件附件对象，参数中 open('e:\\办公\\策略.pdf', 'rb')用来打开"策略.pdf"文件，rb 用来设置文件的操作模式为只读模式，read( )函数用来读取文件，'base64'用来构造 base64 数据流（用于在发送文件的时候使用），utf-8 用来设置邮件编码。

第 20 行代码：作用是设置类型为流媒体格式。

第 21 行代码：作用是设置附件描述信息。att1 为上面代码定义的存储构造的邮件附件对象的变量；add_header( )函数用来添加 http 响应头，其第 1 个参数'Content-Disposition'用来在用户点击下载附件内容时，确保浏览器弹出文件下载对话框。attachment 用来设置下载的内容为附件。filename='策略.pdf'用来指定附件在邮件中的显示名称，此名称可以和附件文件名称不一致。

第 22 行代码：作用是将构造的附件邮件对象传入到邮件的整体对象。msg 为前面代码定义的存储邮件整体内容对象的变量，即要将附件邮件对象传入到此变量中存储的邮件整体内容对象中；attach（att1）函数把构造的文本内容对象传入到邮件的整体内容中，括号中的参数 att1 为要传入的对象，即把 att1 对象传入到 msg 对象中。

第 23~34 行代码：作用是批量群发邮件。

第 23 行代码：作用是设置发件人邮件头信息。msg 为上面代码添加的邮件内容；['From']表示设置发件人邮件头信息；等号右侧的 from_addr 为发件人邮箱地址。

第 24 行代码：作用是设置邮件主题。['Subject']表示设置邮件主题，等号右侧为主题内容。

第 25~34 行代码：作用是用 for 循环遍历群发邮箱地址实现群发。此 for 循环中，to_addr 为循环变量，emails 为前面代码创建的群发邮箱地址列表；第 26~34 行代码为 for 循环的循环体，for 循环每循环一次，会遍历 emails 列表，将其中的一个元素存储在 to_addr 循环变量中，然后执行一般循环体的代码（第 26~34 行代码），这样就会用 emails 列表中的第 1 个邮件地址发出一封邮件，当 for 循环遍历完 emails 列表所有元素后，循环就结束了。

第 26 行代码：作用是设置收件人邮件头信息。['To']表示设置收件人邮件头信息；等号右侧的 to_addr 为收件人邮箱地址，当 for 循环第 1 次循环时，to_addr 的值为邮件列表中的第 1 个元素，即'hhh-hhhhh365@163.com'。

第 27~37 行代码：作用是用"try except"函数来捕获并处理程序运行时出现的异常。它的执行流程是，首先执行 try 中的代码，如果执行过程中出现异常，接着会执行 except 中的代码。

第 28 行代码：作用是创建一个 SMTP 对象。"server"为新定义的变量，用来存储创建的 SMTP 对象；smtplib.SMTP_SSL(smtp_server)函数用来创建 SMTP 对象，括号中的参数 smtp_server 为邮箱的服务器主机地址。

第 29 行代码：作用是连接邮箱 SMTP 服务器。server 为前面代码中创建的 SMTP 对象；connect（smtp_server,465）函数用来设置邮箱服务器端口，其参数 smtp_sever 为邮箱的服务器主机地址，"465"是端口号；QQ 邮箱的服务器为 smtp.qq.com，端口为 465；163 邮箱的服务器为 smtp.163.com，端口为 25。其他邮箱可以登录邮箱后在设置中查询。

第 30 行代码：作用是登录发件邮箱。server 为前面代码中创建的 SMTP 对象，login（from_addr,password）函数用来登录邮箱，其参数 from_addr 为发件人邮箱地址，password 为邮箱密码（有些邮箱登录需要授权码）。

第 31 行代码：作用是发送邮件。"server" 为前面代码中创建的 SMTP 对象；sendmail（from_addr,to_addr,msg.as_string（））函数用来发送邮件，括号中的参数 from_addr 为发件人邮箱地址，to_addr 为收件人邮箱地址，msg.as_string（）用来设置邮件内容为字符串。

第 32 行代码：作用是输出发送成功提示。print('邮件发送成功')函数用来输出，括号中的参数为要输出的内容。

第 33 行代码：作用是捕获并处理异常。smtplib.SMTPException 为要捕获的异常错误。

第 34 行代码：作用是输出发送成功提示。print(' Error：无法发送邮件')函数用来输出，括号中的参数为要输出的内容。

9.2　自动抓取网络数据操作实战

利用 Python 程序可以从网站中搜集抓取数据，抓取的数据经过处理及数据分析，可以帮助公司人员了解竞品状况、市场状况等。本节将结合具体案例讲解自动搜集获取网络数据的方法。

9.2.1　安装 Requests 模块

Requests 模块是一个很实用的 Python HTTP 客户端模块，用于向网站发出请求，并下载网站内容，"爬虫"和测试服务器响应数据时经常会用到此模块。

在使用 Requests 模块前需要先安装此模块，否则无法使用模块中的函数。Python 中，用 pip 命令安装模块。Requests 模块的安装方法如下。

首先在"开始菜单"的"Windows 系统"中选择"命令提示符"命令，打开"命令提示符"窗口，然后直接输入"pip install requests"并按〈Enter〉键，开始安装 Requests 模块。安装完成后会提示"Successfully installed"。

9.2.2　导入 Requests 模块

在使用 Python 模块之前要在程序最前面写上下面的代码来导入模块，否则无法使用模块中的函数。

```
import requests                              #导入 Requests 模块
```

代码的意思是导入 Requests 模块。

9.2.3　Requests 模块基本使用方法

Requests 模块一些常用功能使用方法如下。

```
import requests                                         #导入 Requests 模块
res = requests.get(url,headers=headers,params,timeout)  #向网站发送请求
res.text                                                #以字符串形式返回网页内容
res.content                                             #以二进制形式返回网页内容
res.headers                                             #返回网页响应头(字典格式)
res.apparent_encoding                                   #返回分析的编码方式
res.encoding                                            #返回网页内容的编码方式
res.raise_for_status()                                  #用来确保程序在下载失败时停止
```

代码中，requests.get()函数用来向网站发送请求，括号中的第 1 个参数 url 为要抓取的网站的网址，headers 参数用于包装请求头信息，params 参数为请求时携带的查询字符串参数，timeout 参数为超时时间，超过时间会提示异常。

res.text 表示以字符串形式返回网页内容，res 为上一行发行的请求。可以用 print(res.text)函数直接输出返回的网页内容。

通常用 res.encoding = res.apparent_encoding 直接指定返回网页的编码方式来解决中文乱码问题。

raise_for_status()函数用来确保程序在下载失败时停止，这样可以防止程序崩溃。

9.2.4　案例：抓取下载一个网页

前面几节讲解了 Requests 模块的基本使用方法，下面通过一个案例深入理解 Requests 模块使用方法，图 9-5 所示为用 Requests 模块下载的一个网页内容（包括文字、图片链接、动画链接等）。

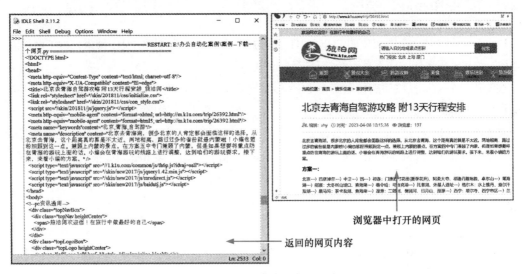

图 9-5　用 Requests 模块下载的一个网页

代码实现：

```
01  import requests                                              #导入 Requests 模块
02  res = requests.get('http://www.klu.com/trip/26392.html')    #向网站发送请求
03  print(res.text)                                             #以字符串形式返回网页内容
```

代码分析：

第 01 行代码：作用是导入 Requests 模块。

第 02 行代码：作用是向网站发送请求。res 为新定义的变量，用来存储网站发送的请求，requests. get( ) 函数用来向网站发送请求，括号中的参数为要下载的网页的地址（URL）。

第 03 行代码：作用是输出返回的网页内容。print( ) 函数用来输出结果，res.text 用来以字符串形式返回网页内容。

9.2.5 案例：从网页抓取一个图片文件并下载

上一个案例下载的网页是一些字符和文字组成的，接下来将讲解如何下载一个网页图片文件。图 9-6 所示为要下载的网页图片和已经下载完成的图片。

图 9-6　要下载的网页图片和已经下载完成的图片

代码实现：

```
01  import requests                                              #导入 Requests 模块
02  res = requests.get('https://p1-q.mafengwo.net/s10/M00/B2/0C/wKgBZ1mRZOiAOFr
    LAA5AEZTjLHY30.jpeg')                                       #向网站发送请求
03  with open('e:\\办公自动化案例\\图片下载.jpg','wb') as f:        #打开新的图片文档
04      f.write(res.content)                                    #将返回的网页内容写入新图片文档并保存
```

代码分析：

第 01 行代码：作用是导入 Requests 模块。

第 02 行代码：作用是向网站发送请求。res 为新定义的变量，用来存储网站发送的请求；requests.get( ) 函数用来向网站发送请求，括号中的参数为要下载的网页的地址（URL）。

第 03~04 行代码：作用是用 "with open( ) as" 函数自动完成文件的打开、写入和关闭等操作，而且可以确保无论是否出错都能正确地关闭文件。

第 03 行代码中，open('e:\\办公自动化案例\\图片下载.jpg', 'wb') 函数用于自动打开 "图片下载.jpg" 文件（如果没有此文件会自动新建一个文件），并返回一个文件对象，可以使用该对象来读取或写入文件数据。括号中的参数'e:\\办公自动化案例\\图片下载.jpg'为图片文档的路径和文件名，wb 表示打开文件的模式为写入模式。在写入模式下，如果文件已经存在，则会被覆盖，并写入新的数据；as f 会将文件对象赋值给变量 f。

第 04 行代码中，write(res.content) 函数用来向文件中写入内容，括号中的内容为要写入的图片内容；res.content 表示以二进制形式返回网页内容。

9. 2. 6 安装 BeautifulSoup 模块

BeautifulSoup 模块是解析 Web 网页的模块，它提供了一些强大的解释器，以解析网页，然后提供一些函数，从页面中提取所需要的数据。

在使用 BeautifulSoup 模块前需要先安装此模块，否则无法使用模块中的函数。Python 中，用 pip 命令安装模块。BeautifulSoup 模块的安装方法如下。

首先在 "开始菜单" 的 "Windows 系统" 中选择 "命令提示符" 命令，打开 "命令提示符" 窗口，然后直接输入 "pip install BeautifulSoup4" 并按〈Enter〉键，开始安装 BeautifulSoup 模块。安装完成后会提示 "Successfully installed"，如图 9-7 所示。

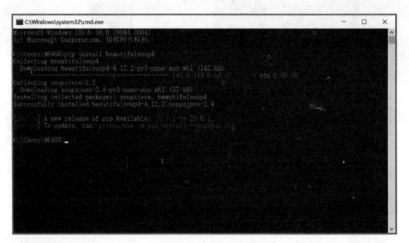

图 9-7　安装 BeautifulSoup 模块

9. 2. 7 导入 BeautifulSoup 模块

在使用 Python 模块之前要在程序最前面写上下面的代码来导入模块，否则无法使用模块中的函数。

```
from bs4 import BeautifulSoup                    #导入 BeautifulSoup 模块
```

代码的意思是导入 BeautifulSoup 模块。

9.2.8 BeautifulSoup 模块基本使用方法

BeautifulSoup 模块的一些常用功能使用方法如下。

```
from bs4 import BeautifulSoup              #导入 BeautifulSoup 模块
from bs4                                   #导入 BeautifulSoup 模块
soup=beautifulsoup(res.text,'html.parser') #解析返回的网页内容
soup.find()                                #寻找符合条件的元素
soup.find_all()                            #寻找符合条件的元素
soup.select()                              #寻找符合条件的元素
```

代码中，bs4 是指 BeautifulSoup 模块的第 4 版；beautifulsoup()用来解析返回的网页内容，其第 1 个参数为要解析网页的字符串内容，第 2 个参数用于设置使用的解析器。常用解析器包括 html.parser（Python 标准库）、lxml（lxml HTML 解析器）、xml（lxml XML 解析器）、html5lib（html5lib 解析器）。

find()和 find_all()函数用来寻找符合条件的元素，其参数包括 name 参数表示用标签名去检索字符串，attrs 参数表示用标签属性值去检索字符串，recursive 参数表示是否对子孙进行全部检索（默认为 True），string 参数为检索标签中的非属性字符串。"select()"函数用来寻找符合条件的元素。图 9-8 所示为网页的内容结构。

图 9-8 网页的内容结构

9.2.9 案例：批量抓取下载的网页中的所有图片

下面通过用一个案例讲解 BeautifulSoup 模块的基本使用方法，图 9-9 所示为用 BeautifulSoup 模块解析网页内容，并提取出网页中所有图片的 URL，然后单独抓取并下载所有网页图片。

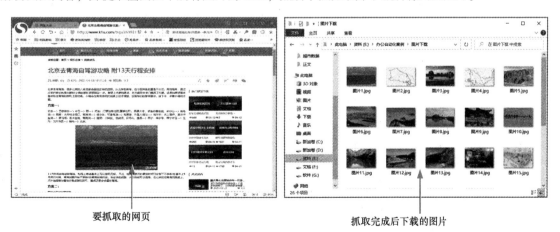

要抓取的网页　　　　　　　　　　　抓取完成后下载的图片

图 9-9 要下载的网页图片和已经下载完成的图片

代码实现：

```
01  import requests                                    #导入 Requests 模块
02  import bs4                                         #导入 BeautifulSoup 模块
03  from bs4 import BeautifulSoup                      #导入 BeautifulSoup 模块
    #抓取并解析网页内容
04  res = requests.get('http://www.k1u.com/trip/26392.html')    #向网站发送请求
05  res.encoding=res.apparent_encoding                #指定编码方式解决中文乱码
06  soup = BeautifulSoup(res.text,'html.parser')      #解析返回的网页内容
    #分析网页内容提取有用内容
07  i=0                                               #定义变量 i 的值为 0
08  for tr in soup.find_all('img'):         #用 for 循环遍历从解析的网页中筛选需要的内容
09    i+=1                                            #变量 i 的值加 1
10    img_url=tr['src']                               #从寻找的内容中获取 src 的值
11    if 'http://' in img_url:                        #判断获取的内容是否包含"http://"
12        res2=requests.get(img_url)                  #向图片网页发送请求
13        with open('e:\\办公\\下载\\图片'+str(i)+'.jpg','wb') as f:  #打开新的图片文档
14            f.write(res2.content)                   #将返回的网页内容写入新文档并保存
15    else:                                           #如果 if 条件不成立
16        res3=requests.get('http://www.k1u.com/'+img_url)  #向图片网页发送请求
17        with open('e:\\办公\\下载\\图片'+str(i)+'.png','wb') as f:   #打开新的图片文档
18            f.write(res3.content)                   #将返回的网页内容写入新文档并保存
```

代码分析：

第 01~03 行代码：作用是导入 Requests 模块和 BeautifulSoup 模块。

第 04 行代码：作用是向网站发送请求。res 为新定义的变量，用来存储网站发送的请求；requests.get( )函数用来向网站发送请求，括号中的参数为要下载的网页的地址（URL）。

第 05 行代码：作用是指定编码方式解决中文乱码。res.encoding 用来返回网页内容的编码方式，如图 9-10 所示为返回的网页内容中的编码方式。res.apparent_encoding 返回分析的编码方式。

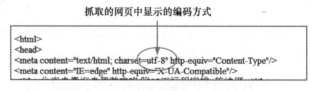

抓取的网页中显示的编码方式

图 9-10　返回的网页内容中的编码方式

第 06 行代码：作用是解析返回的网页内容。soup 为新定义的变量，用来存储解析的网页内容；BeautifulSoup( )用来解析返回的网页内容，其第 1 个参数 res.text 为返回的网页字符串内容。第 2 个参数用来设置使用的解析器，html.parser 为 Python 标准库。图 9-11 所示为 soup 中存储的抓取的网页内容。

第 07 行代码：作用是定义一个变量 i，并赋值 0。此变量用于在后面代码中设置图片文件名时使用。

第 08~18 行代码：作用是用 for 循环遍历从解析的网页内容中寻找出需要的内容，然后提取出每一个图片的网络地址，之后将其下载并存储到文件中。

第 08 行代码为 for 循环代码，其中 tr 为 for 循环的循环变量，用来存储遍历的列表元素；soup.find_all('img')为从解析的网页内容中找出名为 img 的标签内容（因为图片的标签名称是以"<img"命名的），它会返回一个由网页内容中所有 img 元素组成的列表，图 9-12 所示为返回的数据，可以帮助分析数据，找到需要的内容。for 循环运行时，会遍历生成的列表中的元素，即每一个 img 元素，然后

图 9-11　soup 中存储的抓取的网页内容

解析网页后返回的代码，发现每个图片都有"<img>"标签，因此只要寻找到此标签就会找到图片

```
<a href="/jingdian/152369.html" title="2023天行森林公园游玩攻略 - 门票价格 - 优惠政策 - 表演时间 - 介绍 - 地址 - 交通 - 天气">
<img alt="2023天行森林公园游玩攻略 - 门票价格 - 优惠政策 - 表演时间 - 介绍 - 地址 - 交通 - 天气" src="http://pic1.k1u.com/k1u/mb/d/file/20230412/1681263315151213_283_198.jpg"/>
<em>天行森林公园</em>
</a>
```

这是"soup.find_all('img')"获取的所有"<img>"标签的内容，它会返回一个列表。列表中每个元素就是一个图片

```
[<img alt="北京去青海自驾游攻略 附13天行程安排" src="http://pic1.k1u.com/k1u/mb/d/file/20230408/5e340ff465430209ada5de0bb6f8de6b_836_10000.jpg" title="北京去青海自驾游攻略 附13天行程安排"/>, <img alt="北京去青海自驾游攻略 附13天行程安排" src="http://pic1.k1u.com/k1u/mb/d/file/20230408/67f8ca7baaf76f01093011a2ab4cc7e1_836_10000.jpg" title="北京去青海自驾游攻略 附13天行程安排"/>, <img alt="北京去青海自驾游攻略 附13天行程安排" src="http://pic1.k1u.com/k1u/mb/d/file/20230408/1fbfc6725f4598e6a3676c56ddac8512_836_10000.jpg" title="北京去青海自驾游攻略 附13天行程安排"/>, <img alt="北京去青海自驾游攻略 附13天行程安排" src="http://pic1.k1u.com/k1u/mb/d/file/20230408/ab600183de435142dd26b35aa80a8001_836_10000.jpg" title="北京去青海自驾游攻略 附13天行程安排"/>, <img alt="北京去青海自驾游攻略 附13天行程安排" src="http://pic1.k1u.com/k1u/mb/d/file/20230408/9776cb783248716e4faab0f615b581a9_836_10000.jpg" title="北京去青海自驾游攻略 附13天行程安排"/>, <img alt="北京去青海自驾游攻略 附13天行程安排" src="http://pic1.k1u.com/k1u/mb/d/file/20230408/cb97778f8a1447a5b8380c949a221eb0_836_10000.jpg" title="北京去青海自驾游攻略 附13天行程安排"/>, <img alt="陕西华山景区门票价格及游玩攻略" src="http://pic1.k1u.com/k1u/mb/d/file/20220107/1641543191371138_z_190_118.jpg" title="陕西华山景区门票价格及游玩攻略"/>, <img alt="温州江心屿游玩攻略" src="http://pic1.k1u.com/k1u/mb/d/file/20220407/1649317207336309_z_190_118.jpg" title="温州江心屿游玩攻略"/>, <img alt="峨山风景区开放了吗及门票价格" src="http://pic1.k1u.com/k1u/mb/d/file/20220407/1649314534784936_z_190_118.jpg" title="峨山风景区开放了吗及门票价格"/>, <img alt="威海那香海在什么位置及游玩攻略" src="http://pic1.k1u.com/k1u/mb/d/file/20220407/1649234568587148_z_190_118.jpg" title="威海那香海在什么位置及游玩攻略"/>, <img alt="丽水千佛山风景区门票价格及游玩攻略" src="http://pic1.k1u.com/k1u/mb/d/file/20220402/1648880009475504_z_190_118.jpg" title="丽水千佛山风景区门票价格及游玩攻略"/>, <img alt="沈阳怪坡门票多少钱及在哪里" src="http://pic1.k1u.com/k1u/mb/d/file/20220402/1648880009475504_z_190_118.jpg" title="沈阳怪坡门票多少钱及在哪里"/>, <img alt="2023红城湖景区旅游攻略 - 门票价格 - 优惠政策 - 开放时间 - 地址 - 电话 - 天气" src="http://pic1.k1u.com/k1u/mb/d/file/20230412/64486d1945b094986a89fe74b386cd9d_283_198.jpg"/>, <img alt="2023天行森林公园游玩攻略 - 门票价格 - 优惠政策 - 表演时间 - 介绍 - 地址 - 交通 - 天气" src="http://pic1.k1u.com/k1u/mb/d/file/20230412/1681263315151213_283_198.jpg"/>, <img alt="2023吉安中国进士文化园旅游攻略 - 门票价格 - 优惠政策 - 开放时间 - 地址 - 交通 - 天气" src="http://pic1.k1u.com/k1u/mb/d/file/20230411/1681205175168363_283_198.jpg"/>, <img alt="2023德州动物园游玩攻略 - 门票 - 电话 - 地址 - 开放时间 - 介绍 - 天气 - 简介" src="http://pic1.k1u.com/k1u/mb/d/file/20210922/1632307527290510_283_198.jpg"/>, <img alt="2023月月双塔游玩攻略 - 门票价格 - 优惠政策 - 开放时间 - 地址 - 交通 - 简介 - 景点介绍" src="http://pic1.k1u.com/k1u/mb/d/file/20230407/1680836374783006_283_198.jpg"/>, <img alt="2023泰安虎山公园旅游攻略 - 门票价格 - 开放时间 - 景点介绍 - 地址 - 交通 - 天气 - 电话" src="http://pic1.k1u.com/k1u/mb/d/file/20200630/1593488692946111_283_198.jpg"/>, <img alt="" src="http://www.k1u.com/d/file/20220511/1652261262739296.jpg"/>, <img alt="" src="http://www.k1u.com/d/file/20180730/1532917775672280.jpg"/>, <img alt="" src="http://www.k1u.com/d/file/20181019/153992079392
6248.jpg"/>, <img alt="" src="http://www.k1u.com/d/file/20180917/1537168370831237.jpg"/>, <img src="http://www.k1u.com/d/file/20180926/1537926027590375.jpg"/>, <img alt="" src="http://www.k1u.com/d/file/20211206/1638779839559025.jpg"/>, <img alt="" src="/skin/201811/images/logo4.png"/>, <img src="/skin/new2019/images/u-batb.png"/>
<p>鄂公网安备 42011102003126号</p></img>]
```

图 9-12　寻找到的 img 标签的内容

将其存储在循环变量 tr 中，之后会运行一遍循环体（第 09~18 行代码）中的代码。

第 09 行代码：作用是将变量 i 的值加 1，for 循环每循环一次，i 的值就会加 1。

第 10 行代码：作用是从寻找的内容中获取 src 的值，即从 tr 变量中存储的内容中提取出图片的网络

地址（URL）。图 9-13 所示为 for 循环第 1 次循环时 tr 中存储的内容。从内容中可以看到图片的网络地址在元素 "src =" http：//pic1.k1u.com/k1u/mb/d/file/20230408/5e340ff465430209ada5de0bb6f8de6b_836_10000.jpg" " 中，因此只要获取 src 的值就可以获取图片网络地址。

for循环第1次循环时tr中 存储的内容 ⟶ <img alt="北京去青海自驾游攻略 附13天行程安排" src="http://pic1.k1u.com/k1u/mb/d/file/20230408/5e340ff 465430209ada5de0bb6f8de6b_836_10000.jpg" title="北京去青海自驾游攻略 附13天行程安排"/>

图 9-13　for 循环第 1 次循环时 tr 中存储的内容

代码中，img_url 为新定义的变量，用来存储图片的网络地址；tr['src']方法用来获取 src 的值。

第 11 行代码：作用是用 if 语句判断获取的内容是否包含 "http：//"。这行代码不是提取所有网站都适用，观察第 08 行代码输出的结果（见图 9-10），发现返回的网页内容中，图片的网络地址中有的是完整地址，即包括 "http：//pic1.k1u.com/k1u/"，有的没有；有的是 jpg 格式图片，有的是 png 图片，因此要分别进行下载。"'http：/' in img_url" 用来表示在上面代码的 img_url 中存储的图片地址中是否包含 "http：//"。如果有，即条件成立，执行缩进部分代码（第 12~14 行代码），跳过第 15~18 行代码；如果没有，即条件不成立，就跳过第 12~14 行代码，执行第 15~18 行代码。

第 12 行代码：作用是向图片的网页发送请求。res2 为新定义的变量，用来存储发送的请求；requests.get(img_url)函数用来向网页发送请求，括号中参数为网页的网址，即图片的网址。如果 for 循环第 1 次循环，img_url 的值就为 "http://pic1.k1u.com/k1u/mb/d/file/20230408/5e340ff465430209ada5de0bb-6f8de6b_836_10000.jpg"，每次循环 "img_url" 变量中会存储不同图片的网址。

第 13~14 行代码：作用是用 "with open( ) as" 函数自动完成文件的打开、写入和关闭等操作，而且可以确保无论是否出错都能正确地关闭文件。

第 13 行代码中，open('e:\\办公\\下载\\图片'+str(i)+'.jpg','wb')函数用于自动打开 "图片.jpg文件"（如果没有此文件会自动新建一个文件），并返回一个文件对象，可以使用该对象来读取或写入文件数据。括号中的参数'e:\\办公\\图片'为图片文档的路径，str(i)函数用来将 i 变量的值转换为字符串，这个参数要求采用字符串格式，"+" 用来将两个字符串串接在一起。如果 for 循环第 1 次循环，i 的值就为 1，图片的名称就为 "e:\\办公\\下载\\图片 1.jpg"；wb 表示打开文件的模式为写入模式。在写入模式下，如果文件已经存在，则会被覆盖，并写入新的数据；"as f" 会将文件对象赋值给变量 f。

第 14 行代码中，write(res2.content)函数用来向文件中写入内容，括号中的内容为要写入的图片内容，res2.content 表示以二进制形式返回网页内容

第 15~18 行代码：在第 11 行代码的 if 语句条件不成立时执行，即 img_url 中内容中不包含 "http://"。

第 16 行代码：作用是向图片的网页发送请求。res3 为新定义的变量，用来存储发送的请求，requests.get('http://www.k1u.com/'+img_url) 函数用来向网页发送请求，括号中参数为网页的网址，即图片的网址。

比如，当 img_url 中存储的内容为 "/skin/201811/images/logo4.png" 时，这个图片的地址是不全的，需要加上 "http：//www.k1u.com/"，变为 "http：//www.k1u.com/ skin/201811/images/logo4.png" 才是完整的网址。

第 17~18 行代码用 "with open( )as" 函数自动完成文件的打开、写入和关闭等操作，而且可以确保无论是否出错都能正确地关闭文件。其用法与第 13~14 行代码用法相同。

第 10 章 Python 自动化办公实战项目

在实际工作中，可能会遇到一些重复性的、内容固定的工作任务，这样的工作任务可以通过
Python 程序自动完成，实现办公自动化，提高效率。本章将通过几个实战项目来演示实际工作中如何
利用 Python 程序自动完成工作。

10.1 实战项目：批量制作所有学生的成绩单

在实际工作中，有一些简单但工作量大的重复性工作任务，比如老师在期末给每个学生填写成绩
单。由于学生较多，做起来比较费时费精力而结合 Python 程序则可以在很短的时间完成此工作。

编写一个程序自动制作成绩单，要求程序自动从学生成绩数据库中找到每个学生的成绩，然后在
成绩单上填写学生的姓名及该学生各科期末考试成绩。图 10-1 所示为某中学期末考试成绩和要制作的
学生成绩通知单。下面用 Python 来批量自动填写并制作所有学生的成绩单。

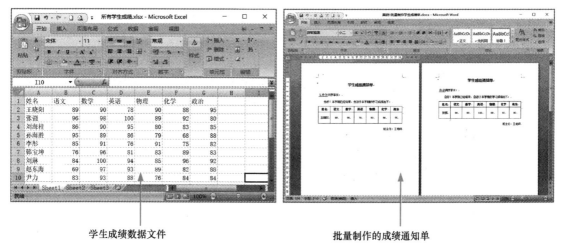

学生成绩数据文件　　　　　　　　　　　批量制作的成绩通知单

图 10-1 学生成绩数据和成绩单

代码实现：

```
01  from docx import Document                        #导入 docx 模块中的 Document 子模块
02  from docx.shared import Pt,Cm,RGBColor
                                                     #导入 docx 模块中的磅、厘米和颜色子模块
03  from docx.oxml.ns import qn                      #导入 docx 模块中的中文字体子模块
04  from docx.enum.text import WD_ALIGN_PARAGRAPH
                                                     #导入 docx 模块中的对齐方式子模块
```

```
05  from docx.enum.table import WD_ALIGN_VERTICAL
                                               #导入 docx 模块中的表格垂直对齐方式子模块
06  from docx.enum.table import WD_TABLE_ALIGNMENT
                                               #导入 docx 模块中的表格水平对齐方式子模块
07  import pandas as pd                         #导入 Pandas 模块
    #读取 Excel 表格数据并转换为列表
08  df=pd.read_excel('e:\\办公\\所有学生成绩.xlsx',sheet_name=0)  #读取 Excel 文档数据
09  score_list = df.values.tolist()            #将 DataFrame 格式数据转换为列表
10  document = Document()                       #新建一个 Word 文档
11  number=42                                   #设置学生人数
12  for i in range(number):                     #用 for 循环实现批量处理
        #添加标题
13      head=document.add_heading(0)            #添加一个一级标题
14      run=head.add_run('学生成绩通知单')        #向标题中追加文本内容
15      run.font.name='微软雅黑'                  #设置追加文本的字体
16      run.element.rPr.rFonts.set(qn('w:eastAsia'),'微软雅黑')    #设置中文字体
17      run.font.size=Pt(18)                    #设置追加文本的字号
18      run.font.color.rgb=RGBColor(0,0,0)      #设置追加文本的颜色
19      head.alignment =WD_ALIGN_PARAGRAPH.LEFT #设置标题文本左对齐
        #添加一个段落并追加学生姓名文本
20      data=score_list[i]                      #获得学生成绩数据的列表
21      paragraph=document.add_paragraph()      #添加一个段落
22      run= paragraph.add_run(data[0])         #向添加的段落中追加学生姓名文本
23      run.font.name='华文楷体'                  #设置追加文本的字体
24      run.element.rPr.rFonts.set(qn('w:eastAsia'),'华文楷体')    #设置中文字体
25      run.font.size=Pt(16)                    #设置追加文本的字号
26      run.font.color.rgb=RGBColor(0,0,0)      #设置追加文本的颜色
27      run.font.underline = True               #设置追加文本加下画线
        #继续向段落中追加文本内容
28      run= paragraph.add_run('同学家长:')       #继续向段落中追加文本内容
29      run.font.name='宋体'                     #设置追加文本的字体
30      run.element.rPr.rFonts.set(qn('w:eastAsia'),'宋体')       #设置中文字体
31      run.font.size=Pt(14)                    #设置追加文本的字号
32      run.font.color.rgb=RGBColor(0,0,0)      #设置追加文本的颜色
33      pf = paragraph.paragraph_format         #创建段落格式对象
34      pf.space_before = Pt(18)                 #设置段前间距
        #添加新的段落
35      paragraph=document.add_paragraph()      #添加一个新段落
36      run=paragraph.add_run('您好! 本学期已经结束,您孩子本学期的学习成绩如下:')
                                                #向新段落中追加文本内容
37      run.font.size=Pt(14)                    #设置追加文本的字号
38      run.font.name='宋体'                     #设置追加文本的字体
39      run.element.rPr.rFonts.set(qn('w:eastAsia'),'宋体')       #设置中文字体
40      run.font.color.rgb=RGBColor(0,0,0)      #设置追加文本的颜色
```

```
41      pf = paragraph.paragraph_format              #创建段落格式对象
42      pf.first_line_indent = Pt(28)                #设置首行缩进
        #插入成绩表格
43      table = document.add_table(rows=2, cols=7,style='Table Grid') #插入一个表格
44      table.alignment=WD_TABLE_ALIGNMENT.CENTER    #设置表格居中对齐
45      table.rows[0].height=Cm(1)                   #设置表格第1行高度
46      table.rows[1].height=Cm(2)                   #设置表格第2行高度
        #在表格第1行填写标题内容
47      fields=['姓名','语文','数学','英语','物理','化学','政治'] #创建标题内容列表
48      first_cells =table.rows[0].cells             #获取表格第1行所有单元格
49      for x in range(7):                           #用for循环遍历每个单元格
50          first_cells[x].paragraphs[0].paragraph_format.alignment=WD_ALIGN_PARA-
GRAPH.CENTER                                          #设置所选单元格文本水平居中对齐
51          first_cells[x].vertical_alignment=WD_ALIGN_VERTICAL.CENTER
                                                     #设置所选单元格文本垂直居中对齐
52          run=first_cells[x].paragraphs[0].add_run(fields[x])  #向所选单元格填入文本
53          run.font.name='宋体'                     #设置单元格文本的字体
54          run.element.rPr.rFonts.set(qn('w:eastAsia'),'宋体')  #设置中文字体
55          run.font.bold=True                       #设置单元格文本加粗
56          run.font.size=Pt(14)                     #设置单元格文本字号
57          run.font.color.rgb=RGBColor(0,0,0)       #设置单元格文本颜色
        #在表格第2行填写学生成绩数据
58      two_cells =table.rows[1].cells               #获取表格第2行所有单元格
59      for y in range(7):                           #用for循环遍历每个单元格
60          two_cells[y].paragraphs[0].paragraph_format.alignment=WD_ALIGN_PARA-
GRAPH.CENTER                                          #设置所选单元格文本水平居中对齐
61          two_cells[y].vertical_alignment=WD_ALIGN_VERTICAL.CENTER
                                                     #设置所选单元格文本垂直居中对齐
62          run= two_cells[y].paragraphs[0].add_run(str(data[y]))#向所选单元格填入文本
63          run.font.name='宋体'                     #设置单元格文本的字体
64          run.element.rPr.rFonts.set(qn('w:eastAsia'),'宋体')  #设置中文字体
65          run.font.size=Pt(14)                     #设置单元格文本字号
66          run.font.color.rgb=RGBColor(0,0,0)       #设置单元格文本颜色
        #添加新的段落
67      paragraph=document.add_paragraph()           #添加一个新段落
68      run=paragraph.add_run('班主任:王老师')        #向新段落中追加文本内容
69      run.font.size=Pt(14)                         #设置追加的文本的字号
70      run.font.name='宋体'                          #设置追加的文本的字体
71      run.element.rPr.rFonts.set(qn('w:eastAsia'),'宋体')    #设置中文字体
72      run.font.color.rgb=RGBColor(0,0,0)           #设置追加的文本的颜色
73      paragraph.alignment=WD_ALIGN_PARAGRAPH.RIGHT #设置段落右对齐
74      pf = paragraph.paragraph_format              #创建段落格式对象
75      pf. space_before = Pt(28)                    #设置段前间距
```

```
76    document.add_page_break()                          #添加一个分页
      #保存文档
77  try:                                                 #捕获并处理异常
78      document.save ('e:\办公\所有学生成绩单.docx')        #保存文档
79  except:                                              #捕获并处理异常
80      print('文档被占用,请关闭后重试! ')                   #输出错误提示
```

代码分析:

第 01~06 行代码:作用是导入 docx 模块中要用到的子模块。

第 07 行代码:作用是导入 pandas 模块。

第 08 行代码:作用是读取 Excel 工作表中的数据。代码中,read_excel( )函数的作用是读取 Excel 文档中的数据,括号中为其参数,第 1 个参数为所读 Excel 文档的名称和路径,sheet_name =0 表示读取第 1 个工作表,如果想读取所有工作表,就将 sheet_name 的值设置为 None。

第 09 行代码:作用是将读取的 DataFrame 格式数据转换为列表。代码中,tolist( )函数用于将矩阵 (matrix) 和数组 (array) 转化为列表;df.values 用于获取 DataFrame 格式数据中的数据部分。此代码运行后会生成类似图 10-2 所示的列表。

[['王晓阳', 89, 90.0, 78.0, 90.0, 88.0, 95.0], ['张强', 96, 98.0, 100.0, 89.0, 92.0, 80.0], ['刘海柱', 86, 90.0, 95.0, 80.0, 83.0, 85.0], ['孙海胜', 95, 89.0, 86.0, 79.0, 68.0, 88.0], ['李彤', 85, 91.0, 76.0, 91.0, 75.0, 82.0], ['韩宝坤', 76, 96.0, 81.0, 83.0, 89.0, 83.0], ['刘琳', 84, 100.0, 94.0, 85.0, 96.0, 92.0]]

图 10-2   包含学生成绩的列表

生成的所有学生成绩的列表以单个学生成绩组成的列表作为元素。

第 10 行代码:作用是新建一个 Word 文档。Document( )函数用来新建 Word 文档。

第 11 行代码:作用是设置学生人数。代码中 number 为新定义的变量,用来存储学生的人数数据,42 为学生总人数。

第 12 行代码:作用是用 for 循环实现批量制作学生成绩通知单。range(number)会生成一个包含 42 个整数的列表,for 循环与 range(42)函数配合可以实现循环 42 次,每循环一次会执行一遍第 13~76 代码,制作一个学生的成绩通知单。

第 13~19 行代码:作用是添加"学生成绩通知单"标题,并对标题进行格式设置。其中第 13 行代码添加了一个一级标题;第 14 代码向添加的标题中追加了"学生成绩通知单"文本内容;第 15~18 行对追加文本的格式进行设置,包括字体、字号、字体颜色 ("0,0,0")表示黑色,三个数字的取值都为 0~255,不同的取值代表不同的颜色);第 19 行代码将标题的对齐方式设置为了左对齐。

其中,head 和 run 为新定义的变量,用于存储标题和追加的文本;add_heading(0) 函数用来添加一个标题,括号中的参数用来设置标题的级别;add_run('学生成绩通知单')函数用来追加文本内容,括号中参数为要追加的文本内容;font.name 函数用来设置字体;font.size 函数用来设置字号;font.color.rgb 函数用来设置字体颜色;font.bold 用来设置字体加粗,Pt(18)表示将字号设置为 18 磅;alignment 函数用来设置对齐方式,WD_ALIGN_PARAGRAPH.LEFT 表示左对齐。

第 20~27 行代码:作用是添加一个段落并追加学生姓名文本。其中第 20 行代码的作用是获得每

个学生成绩数据的列表。score_list[i]用于获得 score_list 列表中的一个元素，如果在 for 循环时，循环变量 i 中存储的值为 1，score_list[1]就会获取列表中第 2 个元素，即第 2 个学生的考试成绩。

第 22 行代码：作用是向新添加的段落中追加学生的姓名文本。add_run(data[0])函数用来向段落中追加文本；data 为第 20 行中得到的学生成绩列表，第 1 次 for 循环时，data 列表的值为['王晓阳'，89，90.0，78.0，90.0，88.0，95.0]。第 2 次 for 循环时，data 列表的值变为['张强'，96，98.0，100.0，89.0，92.0，80.0]。代码中 data[0]的意思是获取 data 列表中第 1 个元素，即学生姓名。

第 23～27 行代码：作用是设置追加文本的字体格式。

第 28～32 行代码：作用是向上面的段落中继续落追加文本内容"同学家长:"，并对所追加的文本进行字体格式设置。

第 33～34 行代码：作用是对第 21 行代码中添加的段落的间距进行设置。paragraph_format 函数用来创建段落格式对象；space_before 函数用来设置段落前的间距。

第 35～42 行代码：作用是添加一个新段落，然后向段落中追加文本，之后对追加的文本设置字体格式，最后设置段落的首行缩进。

第 43～46 行代码：作用是插入一个表格，然后设置表格的行高。add_table()函数的作用是插入表格，括号中的参数 rows=2 用来设置表格的行数，cols=7 用来设置表格的列数，"style='Table Grid'"用来设置表格的样式；alignment 函数用来设置对齐方式，WD_TABLE_ALIGNMENT.CENTER 表示将表格设置为居中对齐方式。

第 47～57 行代码：作用是向表格第 1 行所有单元格中写入文本内容。第 47 行代码创建了一个由标题内容组成的列表，第 48 行代码用来获取表格第 1 行的所有单元格，rows[0]表示第 1 行。

第 49～57 行代码：作用是用一个 for 循环来实现自动填写第 1 行所有单元格的内容。range(7)用来生成从 0 到 6 的整数列表，这样在第 1 次 for 循环时会将第 1 个数"0"存储在循环变量 x 中，最后一次循环会将最后一个数"6"存储在变量 x 中。这个 for 循环每循环一次，就会执行一遍第 50～57 行代码。注意，这里的 for 循环嵌套在第 12 行的 for 循环内，第 12 行的 for 循环每循环一次，第 49 行的 for 循环就会循环一遍（循环 7 次）。

第 50～51 行代码：作用是设置所选单元格文本居中对齐。first_cells[x]表示第 1 行中的具体单元格，当第 1 次 for 循环时，x 中存储的是 0，first_cells[0]表示第 1 行中第 1 个单元格，paragraph_format.alignment 用来设置文本对齐方式，WD_ALIGN_PARAGRAPH.CENTER 表示水平居中对齐，WD_ALIGN_VERTICAL.CENTER 表示垂直居中对齐。

第 52 行代码：作用是向所选单元格追加文本内容。add_run(fields[x])函数用来追加文本内容，括号中的参数为要追加的文本内容，fields[x]表示获得列表中第 n 个元素，当 x 为 0 时，表示获得列表第 1 个元素，即"姓名"，这样就将"姓名"追加到第 1 个单元格中了。

第 58～66 行代码：作用是向表格第 2 行所有单元格中写入文本内容。第 58 行代码用来获取表格第 2 行的所有单元格，rows[1]表示第 2 行。

第 59～66 行代码：作用是用一个 for 循环来实现自动填写第 2 行所有单元格的内容。第 59 行的 for 循环时嵌套在第 12 行的 for 循环内，第 12 行的 for 循环每循环一次，第 59 行的 for 循环就会循环一遍（循环 7 次）。

第 67～75 行代码：作用是添加一个新段落，然后向段落中追加文本，之后对追加的文本设置字体格式，最后设置段落的对齐方式、段前间距等。

第 76 行代码：作用是添加一个分页，这样第 12 行的 for 循环每循环一次（制作一个成绩通知单）就会添加一个分页，在下一页继续制作另一个同学的成绩通知单。

第 77~80 行代码：作用是存储文档，同时捕获并处理异常，输出错误提示。"try except" 函数用来捕获并处理程序运行时出现的异常。它的执行流程是，首先执行 try 中的代码，如果执行过程中出现异常，接着会执行 except 中的代码。

第 78 行代码：作用是保存文档。save (' e:\办公\所有学生成绩单.docx ') 函数用于保存文档，括号中的参数为文档保存的路径和名称。

10.2 实战项目：抓取网络中竞品销售数据制成 Excel 数据表

掌握市场中其他公司相同产品的销售情况，可以及时调整销售策略，增加销售量。下面通过案例讲解如何从网络中搜集产品的销售数据，并复制到 Excel 数据表中。图 10-3 所示为竞品销售页面和保存到 Excel 表格中的商品名称和价格信息。

要抓取的网页　　　　　　　　存储在Excel表格中的抓取商品数据

图 10-3　要抓取的网页和存储在 Excel 表格中的数据

代码实现：

```
01  import requests                                    #导入 requests 模块
02  import bs4                                          #导入 BeautifulSoup 模块
03  from bs4 import BeautifulSoup                       #导入 BeautifulSoup 模块
04  import xlwings as xw                                #导入 xlwings 模块
    #抓取并解析网页内容
05  res = requests.get('https://s.lenovo.com.cn/search/? index=293-294-296-3242&
    frompage=home&sorter=1&page=&frompage=home')       #向网站发送请求
```

```
06  res.encoding=res.apparent_encoding              #指定编码方式解决中文乱码问题
07  soup = BeautifulSoup(res.text,'html.parser')    #解析返回的网页内容
    #分析网页内容提取商品信息内容
08  pro_names=[]                                     #创建一个名为 pro_names 的空列表
09  pro_prices=[]                                    #创建一个名为 pro_price 的空列表
10  for tr1 in soup.find_all(name='ul',attrs={'class':'productDetailUl'}):
                                                     #用 for 循环遍历从解析的网页中寻找需要的内容
        #分析网页内容提取商品名称内容
11      tds1=tr1.find_all(name='div',attrs={'class':'search_name'})
                                                     #从找出的内容中继续寻找所有商品名称标签
12      for pr_list1 in tds1:    #用 for 循环遍历找到的内容列表,提取商品名称标签内容
13          pr1=pr_list1.text    #获取标签的非属性字符串内容(商品名称)
14          pro_names.append(pr1)    #将获得的商品名称加入列表
        #分析网页内容,提取商品价格内容
15      tds2=tr1.find_all(name='div',attrs={'class':'search_price'})
                                                     #从找出的内容中继续寻找所有商品价格标签
16      for pr_list2 in tds2:    #用 for 循环遍历找到的内容列表,提取商品价格标签内容
17          pr2=pr_list2.text    #获取标签的非属性字符串内容(商品价格)
18          pro_prices.append(pr2)    #将获得的商品价格加入列表
    #将抓取的数据复制到 Excel 表格
19  app=xw.App(visible=False,add_book=False)         #启动 Excel 程序
20  wb=app.books.add()                               #新建 Excel 工作簿文档
21  sht=wb.sheets.add('竞品统计')                      #插入新工作表
22  sht.range('A1').value=['商品型号','销售价格']         #向表格单元格中写入内容
23  sht.range('A2').options(transpose=True).value=pro_names    #将商品名称复制到表格
24  sht.range('B2').options(transpose=True).value=pro_prices   #将商品价格复制到表格
25  sht.autofit()                                    #自动调整新工作表的行高和列宽
26  wb.save('e:\\办公\\竞品统计.xlsx')                  #保存新建的 Excel 工作簿文档
27  wb.close()                                       #关闭 Excel 工作簿文档
28  app.quit()                                       #退出 Excel 程序
```

代码分析:

第 01~04 行代码:作用是导入 Requests 模块、BeautifulSoup 模块和 xlwings 模块。

第 05 行代码:作用是向网站发送请求。res 为新定义的变量,用来存储网站发送的请求;requests.get() 函数用来向网站发送请求,括号中的参数为要下载的网页的地址(URL)。

第 06 行代码:作用是指定编码方式解决中文乱码。res.encoding 用来返回网页的内容的编码方式,res.apparent_encoding 返回分析的编码方式。

第 07 行代码:作用是解析返回的网页内容。soup 为新定义的变量,用来存储解析的网页内容;BeautifulSoup() 用来解析返回的网页内容,其第 1 个参数 res.text 为返回的网页字符串内容。第 2 个参数用设置使用的解析器,html.parser 为 Python 标准库。图 10-4 所示为 soup 中存储的抓取的网页内容。

第 08 行代码:作用是创建一个名为 pro_names 的空列表用来存储从网页内容中提取的各种商品名称。

图 10-4　soup 中存储的抓取的网页内容

第 09 行代码：作用是创建一个名为 pro_ prices 的空列表用来存储从网页内容中提取的各种商品价格。

第 10~18 行代码：作用是用 for 循环遍历从解析的网页中寻找到的产品内容，接着经过两次寻找提取出商品的名称，并将其加入到 pro_names 列表中。然后再经过两次寻找提取出商品的价格，并将其加入到 pro_prices 列表中。

第 10 行代码为 for 循环代码，其中 tr1 为 for 循环的循环变量，用来存储遍历的列表元素；soup.find_all(name = ' ul ', attrs = { ' class ': ' productDetailUl '}) 为从解析的网页内容中找出标签名为 ul、标签属性为' class = " productDetailUl "的内容（因为通过分析网页内容发现产品的基本信息都是在此标签下，每个网页的设计都不一样，必须先分析网页内容）。它会寻找到一个由 "<ul class = " productDetailUl" >" 标签下所有网页内容元素组成的列表，图 10-5 所示为返回的数据，可以帮助分析数据，找到需要的内容。

当 for 循环运行时，会遍历生成的列表中的元素，然后将其存储在循环变量 tr1 中，之后会运行一遍循环体（第 11~14 行代码）中的代码。

第 11 行代码：作用是从找出的内容中继续寻找商品名称标签的内容。tds1 为新定义的变量，存储寻找到的商品名称标签内容；tr1 为存储商品信息内容的循环变量；find_all(name = ' div ', attrs = { ' class ': ' search_name '}) ｜ JP 用来寻找标签名为 div、标签属性为 class = " search_name "的所有标签内容。图 10-6 所示为寻找到的商品名称标签内容。

第 12~14 行代码用 for 循环遍历寻找到的商品名称标签内容列表，提取商品名称标签中非属性字符串内容，即提取商品名称。第 12 行的 for 循环嵌套在第 10 行的 for 循环中，第 10 行 for 循环每循环一次，第 12 行的 for 循环就会执行一遍所有循环。

解析网页后返回的代码发现在 "ul class="productDetailUl"" 标签下为所有商品的信息

第1个商品的名称信息

第1个商品的价格信息

这是soup.find_all(name='ul', attrs={'class':'productDetailUl'}) 寻找到的所有产品信息内容（图中为部分），它会返回一个列表

图 10-5　寻找到的所有商品信息的内容

第 12 行代码中，pr_list1 为循环变量，循环体为第 13~14 行代码；tds1 为存储商品名称标签内容的变量，当 for 循环第 1 次循环时，会遍历列表并将其中的第 1 个元素存储在循环变量 pr_list1 中，然后执行第 13~14 行代码。进行第 2 次 for 循环时，遍历列表并存储第 2 个元素，重复第 1 次循环的过程。

第 13 行代码：作用是获取标签中的非属性字符串内容，即商品名称。pr1 为新定义的变量，用于存储标签文本内容；pr_list1 为循环变量，存储的是商品名称标签内容；pr_list1.text 表示获取标签中的非属性字符串内容。图 10-7 中的中文汉字部分为非属性字符串内容。

第 14 行代码：作用是将获得的商品名称字符串加入 pro_names 列表。append( ) 用来将一个元素加入列表。加入列表后便于写入 Excel 表格。

第 15 行代码从找出的内容中继续寻找所有商品价格标签。tds2 为新定义的变量，存储寻找到的商品价格标签内容；tr1 为存储商品信息内容的循环变量；find_all (name = ' div ', attrs = { ' class ':' search_

```
[<div class="search_name">
<a href="https://item.lenovo.com.cn/product/1028869.html" target="_blank">联想小新Pro16超能本2023酷睿版 16英寸轻薄笔记
本电脑 鸽子灰</a>
</div>, <div class="search_name">
<a href="https://item.lenovo.com.cn/product/1028840.html" target="_blank">【定制款】联想小新Pro16超能本2023酷睿版 16英
寸轻薄笔记本电脑</a>
</div>, <div class="search_name">
<a href="https://item.lenovo.com.cn/product/1028839.html" target="_blank">【定制款】联想小新Pro16超能本2023酷睿版 16英
寸轻薄笔记本电脑</a>
</div>, <div class="search_name">
<a href="https://item.lenovo.com.cn/product/1028837.html" target="_blank">联想小新Pro16超能本2023酷睿版 16英寸轻薄笔记
本电脑 鸽子灰</a>
</div>, <div class="search_name">
<a href="https://item.lenovo.com.cn/product/1028836.html" target="_blank">联想小新Pro16超能本2023酷睿版 16英寸轻薄笔记
本电脑 鸽子灰</a>
</div>, <div class="search_name">
<a href="https://item.lenovo.com.cn/product/1028475.html" target="_blank">联想小新Pro16超能本2023锐龙版 16英寸轻薄笔记
本电脑 鸽子灰</a>
</div>, <div class="search_name">
<a href="https://item.lenovo.com.cn/product/1028474.html" target="_blank">联想小新Pro16超能本2023锐龙版 16英寸轻薄笔记
本电脑 鸽子灰</a>
</div>, <div class="search_name">
<a href="https://item.lenovo.com.cn/product/1028380.html" target="_blank">【定制款】联想小新Pro16超能本2023锐龙版 16英
寸轻薄笔记本电脑</a>
</div>, <div class="search_name">
<a href="https://item.lenovo.com.cn/product/1028379.html" target="_blank">【定制款】联想小新Pro16超能本2023锐龙版 16英
寸轻薄笔记本电脑</a>
</div>, <div class="search_name">
<a href="https://item.lenovo.com.cn/product/1028308.html" target="_blank">联想小新Pro16超能本2023锐龙版 16英寸轻薄笔记
本电脑 鸽子灰</a>
</div>, <div class="search_name">
<a href="https://item.lenovo.com.cn/product/1028307.html" target="_blank">联想小新Pro16超能本2023锐龙版 16英寸轻薄笔记
本电脑 鸽子灰</a>
</div>, <div class="search_name">
<a href="https://item.lenovo.com.cn/product/1027653.html" target="_blank">【定制款】联想小新 Pro16 EVO认压酷睿版16英寸
笔记本电脑</a>
</div>, <div class="search_name">
<a href="https://item.lenovo.com.cn/product/1025443.html" target="_blank">联想小新Pro16 2022标压酷睿版16英寸轻薄笔记本
电脑 皓月银</a>
```

图 10-6　寻找到的商品名称标签内容

price '|｜') 用来寻找标签名为 div、标签属性为 class = " search_price "的所有标签内容。图 10-8 所示为寻找到的商品价格标签内容。

图中中文部分内容为
非属性字符串内容

图 10-7　标签中非属性字符串内容

图中价格部分内容为
非属性字符串内容

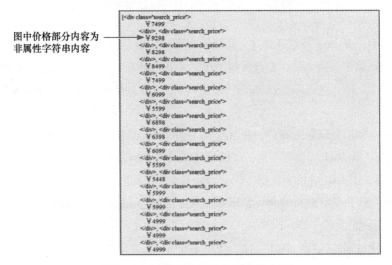

图 10-8　寻找到的商品价格标签内容

第 16~18 行代码用 for 循环遍历寻找到的商品价格标签内容列表，提取商品价格标签中的非属性字符串内容，即提取商品价格。第 16 行的 for 循环嵌套在第 10 行的 for 循环中，第 10 行 for 循环每循环一次，第 16 行的 for 循环会执行一遍所有循环。

第 16 行代码中，pr_list2 为循环变量，循环体为第 17~18 行代码；tds2 为存储商品价格标签内容的变量，当 for 循环第 1 次循环时，会遍历列表中的第 1 个元素，并存储在循环变量 pr_list2 中，然后执行第 17~18 行代码。完成后第 2 次 for 循环时，遍历列表中第 2 个元素，重复第 1 次循环的过程。

第 17 行代码：作用是获取标签中的非属性字符串内容，即商品名称。pr2 为新定义的变量，存储标签文本内容；pr_list2 为循环变量，存储的是商品名称标签内容；"pr_list2.text" 表示获取标签中的非属性字符串内容。

第 18 行代码：作用是将获得的商品名称字符串加入 pro_prices 列表。append( ) 用来将一个元素加入列表。加入列表后便于写入 Excel 表格中。

第 19~28 行代码：作用是将抓取的数据复制到 Excel 表格中。

第 19 行代码：作用是启动 Excel 程序，并把程序存储在 app 变量中。参数 visible 用来设置程序是否可见，True 表示可见（默认），False 表示不可见；add_book 用来设置是否自动创建工作簿，True 表示自动创建（默认），False 表示不创建。

第 20 行代码：作用是新建一个 Excel 工作簿文档。wb 为新定义的变量，用来存储新建的表格文档；books.add( ) 函数用来新建工作簿文档。

第 21 行代码：作用是在新 Excel 工作簿文档中插入新工作表，命名为"竞品统计"。sht 为新定义的变量，用来存储新工作表；sheets.add('竞品统计') 函数用来插入新工作表，括号中参数为新工作表的名称。

第 22 行代码：作用是在表格中的 A1 和 B1 单元格中分别写入"商品型号"和"销售价格"。range('A1') 表示从 A1 单元开始写入，value 表示表格数据，等号右侧为要写入的数据列表，默认会从起始单元格横向写入数据。

第 23 行代码：作用是将 pro_names 列表中的元素（即商品名称）写入新工作表中。range('A2') 表示从 A2 单元开始写入，options(transform = True) 的作用是转变数据写入排列方式（即从 A2 单元格开始竖向写入），等号右侧的 pro_names 列表元素为要写入的数据。

第 24 行代码：作用是将 pro_prices 列表中的元素（即商品价格）写入新工作表中。range('B2') 表示从 B2 单元开始写入，options(transform = True) 的作用是转变数据写入排列方式（即从 B2 单元格开始竖向写入），等号右侧的 pro_prices 列表元素为要写入的数据。

第 25 行代码：作用是根据数据内容自动调整新工作表行高和列宽。autofit( ) 函数用来自动调整工作表的行高和列宽。

第 26 行代码：作用是将新建的工作簿保存为"e:\\办公\\竞品统计.xlsx"。save( ) 函数用来保存 Excel 文档，括号中的参数为要保存的文档路径和名称。

第 27 行代码：作用是关闭新建的 Excel 工作簿文档。

第 28 行代码：作用是退出 Excel 程序。

提示：如果想批量抓取多个网页中的商品信息，可以先将所有商品销售网址存放在一个列表中，然后用 for 循环遍历此网址，再将遍历到的网址填写到第 05 行代码中的网址部分。

10.3 实战项目：自动制作工作月报表

月报的格式一般是固定的，通常将每月销售数据进行汇总、分析，然后将这些数据制作成报表。下面用一个综合案例来演示实际工作中如何自动生成报表，图 10-9 所示为某公司各分店销售明细数据。

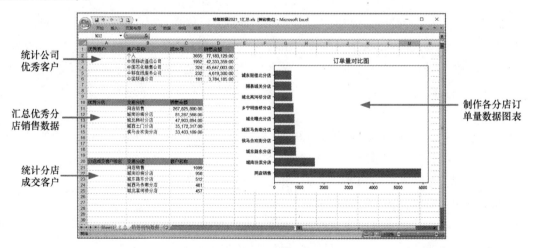

图 10-9　某公司产品销售明细数据

原数据是各个分店的销售明细，包括销售日期、销售金额、客户名称、客户编号、交易分店、流水号等详细信息，现需要根据这份原始数据来制作每月的报表，主要包括 6 个方面（如图 10-10 所示为要制作的报表）。

图 10-10　制作的报表

1）统计公司优秀客户。

2）制作分店销售报表。

3）统计分店成交客户。

4）制作分店订单量数据图表。

5）合并各种报表到一个工作表中。

6）美化合并报表的格式。

10.3.1　自动统计公司优秀客户

首先制作公司优秀客户报表，统计公司优秀客户。第 1 步需要先读取公司原始销售数据，然后将读取的数据按"客户名称"列分类汇总（统计客户成交数和成交金额），之后再对分类汇总后的数据按"流水号"列进行降序排序，然后取前 5 行数据。

本小节要制作的报表如图 10-11 所示。

优秀客户	客户名称	流水号	销售金额
	个人	3655	77,183,129.00
	中国移动通信公司	1952	42,333,359.00
	中国石化销售公司	324	45,647,003.00
	中移在线服务公司	232	4,619,300.00
	中国联通公司	181	3,784,185.00

图 10-11　公司优秀客户报表

代码实现（本小节代码为全部代码中的一部分）：

```
01  import pandas as pd                                              #导入 pandas 模块
02  import xlwings as xw                                            #导入 xlwings 模块
03  import matplotlib.pyplot as plt                                 #导入 matplotlib 模块
04  app=xw.App(visible=True,add_book=False)                         #启动 Excel 程序
05  wb=app.books.open('e:\\财务\\销售数据2021_1.xls')              #打开 Excel 工作簿
06  sht=wb.sheets('销售明细数据')                                    #选择"销售明细数据"工作表
07  data=sht.range('A1').options(pd.DataFrame,index=False,expand='table').value
                                                                    #读取 Excel 工作表的数据
08  data_summary=data.groupby('客户名称').aggregate({'流水号':'count','销售金额':'sum'})
                                            #将读取的数据按"客户名称"列分类汇总
09  data_sort=data_summary.sort_values(by=['流水号'],ascending=False).head(5)
                                    #对分类汇总后的数据按"流水号"进行排序并取前 5 行
```

代码分析：

第 01~03 行代码：作用分别是导入 pandas 模块，并指定模块的别名为 pd；导入 xlwings 模块，指定模块的别名为 xw；导入 matplotlib 模块，指定模块的别名为"plt"。

第 04 行代码：作用是启动 Excel 程序。代码中，app 是新定义的变量，用来存储启动的 Excel 程序；App( )方法用来启动 Excel 程序，括号中的 visible 参数用来设置 Excel 程序是否可见，True 为可见，False 为不可见；add_book 参数用来设置启动 Excel 时是否自动创建新工作簿，True 为自动创建，False 为不创建。

第 05 行代码：作用是打开已有的 Excel 工作簿文件。wb 为新定义的变量，用来存储打开的 Excel 工作簿文件；app 为启动的 Excel 程序；books.open('e:\\财务\\销售数据2021_1.xls') 方法用来打开 Excel 工作簿文件，括号中的参数为要打开的 Excel 工作簿文件名称和路径（即打开 E 盘"财务"文件夹下的"销售数据2021_1.xlsx"工作簿文件）。

第 06 行代码：作用是选择"销售明细数据"工作表。sht 为新定义的变量，用来存储选择的工作表；wb 表示打开的 Excel 工作簿文件；sheets('销售明细数据')方法用来选择工作表，括号中参数为要选择的工作表名称。

第 07 行代码：作用是将工作表中的数据读成 DataFrame 格式。代码中，data 为新定义的变量，用来保存读取的数据；sht 为选择的工作表；range('A1')方法用来设置起始单元格，参数'A1'表示 A1 单元格；options()方法用来设置数据读取的类型。其参数 pd.DataFrame 的作用是将数据内容读取成 DataFrame 格式。index=False 参数用于设置索引，False 表示取消索引，True 表示将第 1 列作为索引列。expand='table'参数用于扩展到整个表格，table 表示向整个表扩展，即选择整个表格，如果设置为 right 表示向表的右方扩展，即选择一行，down 表示向表的下方扩展，即选择一列；value 参数表示工作表数据。

第 08 行代码：作用是对读取的数据按"客户名称"列进行分类汇总。代码中，data_summary 为新定义的变量，用来存储分类汇总后的数据；data 为第 7 行代码中读取的数据；groupby('客户名称')函数的作用是根据数据的某一列或多列进行分组聚合，括号中的"'客户名称'"为其参数，即按"客户名称"进行分组；aggregate({'流水号':'count','销售金额':'sum'})函数用来对分组后数据中的"流水号"列进行计数计算、"销售金额"列进行求和计算。

第 09 行代码：作用是对分类汇总后的数据按"流水号"列进行排序并取前 5 行。代码中，data_sort 是新定义的变量，用来存储排序后的数据；data_summary 为上一行代码中存储的分类汇总数据；sort_values(by=['流水号'],ascending=False)的作用是按"流水号"列进行排序。sort_values()函数用于将数据区域按照某个字段的数据进行排序。by=['流水号']用于指定排序的列，ascending=False 用来设置排序方式，True 表示升序，False 表示降序；"head（5）"的作用是选择指定的前 5 行数据。

10.3.2 自动统计公司优秀分店的总销售金额

接下来制作分店销售报表，统计公司优秀分店的总销售金额。制作报表时，将公司原始销售数据按"交易分店"列分类汇总（统计分店销售金额），之后再对分类汇总后的数据按"销售金额"列进行降序排序，然后取前 5 行数据。

本小节要制作的报表如图 10-12 所示。

优秀分店	交易分店	销售金额
	网店销售	267,825,800.00
	城南汾滨分店	81,287,568.00
	城北韩村分店	47,903,894.00
	城西土门分店	35,172,317.00
	侯马合欢街分店	33,403,109.00

图 10-12 分店销售报表

代码实现（本小节代码接上一小节的代码）：

```
10  data_summary2=data.groupby('交易分店').aggregate({'销售金额':'sum'})
                         #将读取的数据按"交易分店"列分类汇总
11  data_sort2=data_summary2.sort_values(by=['销售金额'],ascending=False).head(5)
                         #对分类汇总后的数据按"销售金额"进行排序并取前5行
```

代码分析：

第10行代码：作用是对读取的数据按"交易分店"列进行分类汇总。代码中，data_summary2 为新定义的变量，用来存储分类汇总后的数据；data 为 10.3.1 小节第 7 行代码中读取的数据；groupby ('交易分店') 的作用是按"交易分店"进行分组，aggregate({'销售金额':'sum'}) 的作用是对分组后数据中的"销售金额"列进行求和计算。

第11行代码：作用是对上一行代码中分类汇总后的数据按"销售金额"列进行排序并取前 5 行。代码中，data_sort2 用来存储排序后的数据；data_summary2 为上一行代码中存储的分类汇总数据；sort _values(by=['销售金额'],ascending=False) 的作用是按"销售金额"列进行排序，其参数 by=['销售金额'] 用于指定排序的列，ascending=False 用来设置排序方式为降序；head(5) 的作用是选择指定的前 5 行数据。

10.3.3 自动统计成交客户最多分店

本小节制作分店成交客户报表，统计成交客户较多的分店。制作报表时，先对公司原始销售数据中"交易分店"和"客户名称"进行去重处理，去掉同一客户在同一分店的多次交易，然后将去重后的数据按"交易分店"列分类汇总（统计客户数），之后再对分类汇总后的数据按"客户名称"列进行降序排序，然后取前 5 行数据。

本小节要制作的报表如图 10-13 所示。

分店成交客户排名	交易分店	客户名称
	网店销售	1699
	城南汾滨分店	958
	城东路东分店	512
	城西马务南分店	481
	城北高河桥分店	457

图 10-13 分店成交客户报表

代码实现（本小节代码接上一小节的代码）：

```
12  data_dup=data[['交易分店','客户名称']].drop_duplicates()
                         #对数据中"交易分店"和"客户名称"去重处理
13  data_summary3=data_dup.groupby('交易分店').aggregate({'客户名称':'count'})
                         #将去重后的数据按"交易分店"列分类汇总
14  data_sort3=data_summary3.sort_values(by=['客户名称'],ascending=False).head(5)
                         #对分类汇总后的数据按"客户名称"列进行排序并取前5行
```

代码分析：

第 12 行代码：作用是对数据中的"交易分店"和"客户名称"两列进行重复值判断，然后保留第 1 个行值（默认），即去掉同一分店同一客户的重复销售记录，只保留一次销售记录，从而确保同一分店中同一个客户只计数一次。代码中 drop_duplicates（）函数用于对所选值进行重复值判断，且默认保留第 1 个（行）值。

第 13 行代码：作用是对读取的数据按"交易分店"列进行分类汇总。代码中，data_summary3 为新定义的变量，用来存储分类汇总后的数据；data_dup 为去重后的数据；groupby（'交易分店'）的作用是按"交易分店"进行分组；aggregate（{'客户名称'：' count '}）的作用是对分组后数据中的"客户名称"列进行计数计算。

第 14 行代码：作用是对上一行代码中分类汇总后的数据按"客户名称"列进行排序并取前 5 行。代码中，data_sort3 用来存储排序后的数据；data_summary3 为上一行代码中存储的分类汇总数据；sort_values（by=［'客户名称'］,ascending=False）的作用是按"客户名称"列进行降序排序；head（5）的作用是选择指定的前 5 行数据。

10.3.4 自动制作分店订单量数据图表

本节制作分店订单量数据图表，将优秀分店的订单量数据制作成条形图表。制作图表时，先对公司原始销售数据按"交易分店"列分类汇总（统计成交流水号数），之后再对分类汇总后的数据按"流水号"列进行降序排序，然后取前 10 行数据。

本小节要制作的图表如图 10-14 所示。

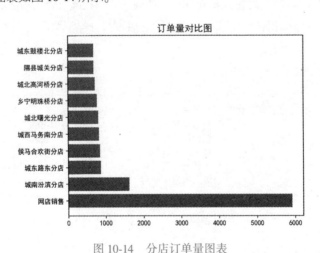

图 10-14 分店订单量图表

代码实现（本小节代码接上一小节的代码）：

```
15  data_summary4=data.groupby('交易分店').aggregate({'流水号':' count '})
                              #将读取的数据按"交易分店"列分类汇总
16  data_sort4=data_summary4.sort_values(by=['流水号'],ascending=False).head(10)
                              #对分类汇总后的数据按"流水号"列进行排序并取前 10 行
17  data_chart=data_sort4.reset_index()          #对排序后的数据重新设置索引列
```

```
18   x=data_chart['交易分店']                         #指定"交易分店"列数据作为 x 轴数据
19   y=data_chart['流水号']                          #指定"流水号"列数据作为 y 轴数据
20   fig=plt.figure()                               #创建一个绘图画布
21   plt.rcParams['font.sans-serif']=['SimHei']      #解决中文显示乱码的问题
22   plt.rcParams['axes.unicode_minus']=False        #解决负号无法正常显示的问题
23   plt.barh(x,y,align='center',color='red')        #制作条形图表
24   plt.title(label='订单量对比图',fontdict={'color':'blue','size':14},loc='center')
                                                      #设置图表的标题
```

代码分析：

第 15 行代码：作用是对读取的数据按"交易分店"列进行分类汇总。代码中，data_summary4 为新定义的变量，用来存储分类汇总后的数据；data 为去重后的 10.3.1 节第 7 行代码中读取的数据；groupby('交易分店')的作用是按"交易分店"进行分组；aggregate({'流水号':'count'})的作用是对分组后数据中的"流水号"列进行计数计算。

第 16 行代码：作用是对上一行代码中分类汇总后的数据按"流水号"列进行排序并取前 10 行。代码中，data_sort4 用来存储排序后的数据；data_summary4 为上一行代码中存储的分类汇总数据；sort_values(by=['流水号'],ascending=False)的作用是按"流水号"列进行降序排序；head(10)的作用是选择指定的前 10 行行数据。

第 17 行代码：作用是对排序后的数据重新设置索引列，用于选择制作图表的数据。代码中，data_chart 为新定义的变量，用来存储设置索引后的数据；data_sort4 为上一行代码排序后的数据；reset_index() 函数用来重新设置数据的索引列。设置前后的数据对比如图 10-15 所示。

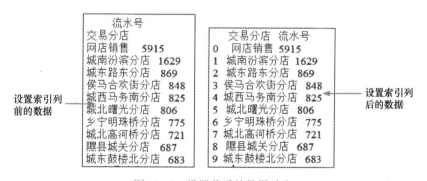

图 10-15   设置前后的数据对比

第 18 行代码：作用是指定"交易分店"列数据作为 x 轴数据。代码中，x 为新定义的变量，用于存储选择的数据；data_chart['交易分店']的作用是选择上一行代码中设置索引列的数据中的"交易分店"列数据。

第 19 行代码：作用是指定"流水号"列数据作为 y 轴数据。代码中，y 为新定义的变量，用于存储选择的数据；data_chart['流水号']的作用是选择上一行代码中设置索引列的数据中的"流水号"列数据。

第 20 行代码：作用是创建一个绘图画布。代码中，fig 为新定义的变量，用来存储画布；plt 表示 matplotlib 模块；figure() 函数用来创建绘图画布。

第 21 行代码：作用是为图表中的中文文本设置默认字体，以避免中文显示乱码的问题。

第 22 行代码：作用是解决坐标值为负数时无法正常显示负号的问题。

第 23 行代码：作用是制作条形图表。代码中，plt 表示 matplotlib 模块；barh( ) 函数用来制作条形图，括号中的 "x,y,align=' center ',color=' red '" 为其参数，x 和 y 为条形图坐标轴的值；align=' center '参数用来设置条形的位置与 y 坐标的关系（center 为中心）；color=' red '参数用来设置条形的填充颜色。

第 24 行代码：作用是为图表添加标题。代码中，title( ) 函数用来设置图表的标题。括号中的 "label='订单量对比图',fontdict={' color ':' blue ',' size ':14},loc=' center '" 为其参数，label='订单量对比图'用来设置标题文本内容，fontdict={' color ':' blue ',' size ':14} 用来设置标题文本的字体、字号、颜色，loc=' center '用来设置图表标题的显示位置。

10.3.5　自动生成月报

前面几个小节制作了三个报表和一个图表，接下来将前面制作的报表和图表全部合并到一个工作表中。合并后的报表如图 10-16 所示。

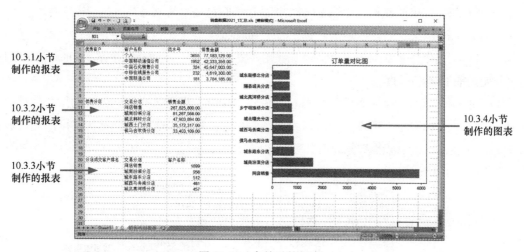

图 10-16　合并后的报表

代码实现（本小节代码接上一小节的代码）：

```
25  sht2=wb.sheets.add('汇总')                              #新建"汇总"工作表
26  sht2.range('A1').value='优秀客户'                        #在 A1 单元格写入"优秀客户"
27  sht2.range('B1').value=data_sort                        #从 B1 单元格开始写入分类汇总的客户数据
28  sht2.range('A10').value='优秀分店'                       #在 A10 单元格写入"分店销售排名"
29  sht2.range('B10').value=data_sort2

                                                            #从 B10 单元格开始写入分类汇总的分店数据
30  sht2.range('A20').value='分店成交客户排名'

                                                            #在 A20 单元格写入"分店成交客户排名"
31  sht2.range('B20').value=data_sort3

                                                            #从 B20 单元格开始写入分类汇总的成交数据
32  sht2.pictures.add(fig,name='图 1',update=True,left=200)
                                                            #将创建的图表插入工作表
```

代码分析:

第25行代码:作用是新建一个"汇总"工作表。sht2为新定义的变量,用来存储新建的工作表;wb为10.3.1小节中第5行代码中打开的 Excel 工作簿;sheets.add('汇总')方法用来新建工作表,括号中的"汇总"用来设置新工作表的名称。

第26行代码:作用是在 A1 单元格写入"优秀客户"。sht2表示"汇总"工作表;range('A1')表示 A1 单元格,value 表示单元格的数据,=右侧的"优秀客户"为要写入的内容。

第27行代码:作用是从 B1 单元格开始写入分类汇总的客户数据。代码中,data_sort 为10.3.1小节第9行代码中对优秀客户的排序数据。

第28行代码:作用是在 A10 单元格写入"优秀分店"。

第29行代码:作用是从 B10 单元格开始写入分类汇总的分店数据。代码中,data_sort2 为10.3.2小节第11行代码中对分店销售金额的排序数据。

第30行代码:作用是在 A20 单元格写入"分店成交客户排名"。

第31行代码:作用是从 B20 单元格开始写入分类汇总的成交数据。代码中,data_sort3 为10.3.3小节第14行代码中对分店客户的排序数据。

第32行代码:作用是将创建的图表插入工作表中。代码中,pictures.add()函数用于插入图片,括号中"fig,name='图1',update=True,left=200"为其参数,fig 为10.3.4小节第20行代码中创建的绘图画布,name='图1'用来设置所插入的图表的名称,update=True 用来设置是否可以移动图表(True 表示可以移动),left=200用来设置图表左上角相对于文档左上角的位置(以磅为单位)。

10.3.6 自动美化报表

上一小节将三个报表和一个图表合并到了一个工作表中,接下来对合并报表的格式进行美化。美化后的报表如图 10-17 所示。

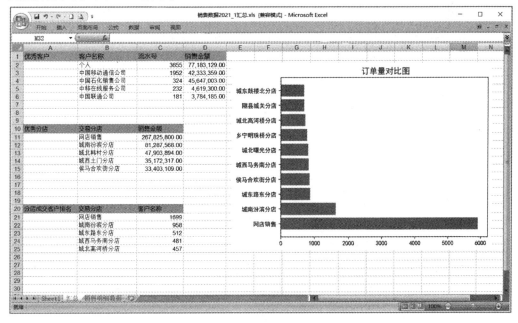

图 10-17 美化后的报表

用 **Python** 让办公快速实现自动化

代码实现（本小节代码接上一小节的代码）：

```
33  sht2.range('A1:D1').api.Font.Name='微软雅黑'              #设置标题行字体
34  sht2.range('A1:D1').api.Font.Size=11                    #设置标题行字体大小
35  sht2.range('A1:D1').color=xw.utils.rgb_to_int((150,200,250))
                                    #设置标题行单元格填充颜色
36  sht2.range('D2:D6').api.NumberFormat='#,##0.00'
                            #设置所选单元格数字格式为千分位保留两位小数
37  sht2.range('A10:C10').api.Font.Name='微软雅黑'           #设置标题行字体
38  sht2.range('A10:C10').color=xw.utils.rgb_to_int((250,150,150))
                                    #设置标题行单元格填充颜色
39  sht2.range('C11:C15').api.NumberFormat='#,##0.00'
                            #设置所选单元格数字格式为千分位保留两位小数
40  sht2.range('A20:C20').api.Font.Name='微软雅黑'           #设置标题行字体
41  sht2.range('A20:C20').color=xw.utils.rgb_to_int((180,180,180))
                                    #设置标题行单元格填充颜色
42  sht2.autofit()                                          #自动调整单元格行高和列宽
43  wb.save('e:\\财务\\销售数据2021_1汇总.xls')              #另存Excel工作簿
44  wb.close()                                              #关闭打开的Excel工作簿
45  app.quit()                                              #退出Excel程序
```

代码分析：

第 33 行代码：作用是设置标题单元格字体为"微软雅黑"。代码中 sht2 为 10.3.5 小节第 25 行代码新建的"汇总"工作表；range('A1:D1') 表示选择 A1 到 D1 区间的单元格；api.Font.Name 的作用是设置字体，等号右侧的"微软雅黑"为字体名称。

第 34 行代码：作用是设置标题单元格字体大小（字号）为 11 号字。代码中，api.Font.Size 的作用是设置字号，等号右侧的"11"为字号大小。

第 35 行代码：作用是设置表头单元格填充颜色。代码中，color 的作用是设置填充颜色；xw.utils.rgb_to_int((150,200,250)) 为具体颜色选择，"150,200,250"表示浅蓝色。

第 36 行代码：作用是设置所选单元格数字格式为千分位保留两位小数。代码中，api.NumberFormat 方法用来设置单元格数字格式，'#,##0.00'表示数字格式为千分位保留两位小数。

第 37 行代码：作用是设置 A10 到 C10 区间单元格字体为"微软雅黑"。

第 38 行代码：作用是设置 A10 到 C10 区间单元格填充颜色。

第 39 行代码：作用是设置 C11 到 C15 区间单元格数字格式为千分位保留两位小数。

第 40 行代码：作用是设置 A20 到 C20 区间单元格字体为"微软雅黑"。

第 41 行代码：作用是设置 A20 到 C20 区间单元格填充颜色。

第 42 行代码：作用是自动调整工作表中单元格行高和列宽。代码中，sht2 表示"汇总"工作表；autofit() 方法用来自动调整单元格的行高和列宽。

第 43 行代码：作用是将之前打开的 Excel 工作簿另存为"销售数据2021_1汇总.xls"工作簿。代码中，wb 表示 10.3.1 小节第 5 行代码中打开的 Excel 工作簿；save('e:\\财务\\销售数据2021_1汇总.xls') 方法用来保存 Excel 工作簿文件，括号中内容为要另存的工作簿文件名称。

第 44 行代码：作用是关闭 Excel 工作簿文件。

第 45 行代码：作用是退出 Excel 程序。

10.4　实战项目：批量提取 PDF 文档中需要的内容到 Word 文档中

工作中的一些技术资料、报表、合同等一般都是 PDF 格式的文档，如果需要用 PDF 文档中的部分内容来制作报表等，手动复制非常慢。为了提高工作效率，可以结合 Python 程序来自动完成提取 PDF 文档中需要的部分内容，下面通过一个案例来讲解如何实现同时提取 PDF 文档中多个页面中文字内容，如图 10-18 所示。

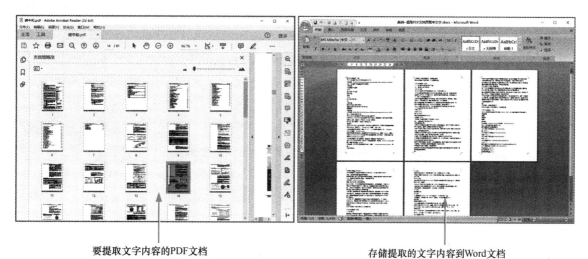

要提取文字内容的PDF文档　　　　　　　　　　存储提取的文字内容到Word文档

图 10-18　PDF 文档和存储提取内容到 Word 文档

代码实现：

```
01  import pdfplumber                               #导入 pdfplumber 模块
02  from docx import Document                       #导入 docx 模块中的 Document 子模块
03  document = Document()                           #新建一个 Word 文档
04  nums=[12,15,24,50]                              #创建要处理的 PDF 文档页码的列表
05  pdf=pdfplumber.open('e:\\办公\\碳中和.pdf')      #打开 PDF 文档
06  for i in nums:                                  #用 for 循环遍历 PDF 文档中指定的页面
07      page = pdf.pages[i]                         #读取 PDF 文档指定页面
08      text=page.extract_text()                   #提取 PDF 文档指定页中的文本内容
09      paragraph=document.add_paragraph()          #在 Word 文档中添加一个段落
10      run=paragraph.add_run(text)                #将提取的文本内容追加到段落
11  try:                                            #捕获并处理异常
12      document.save ('e:\\办公\\碳中和.docx')      #保存 Word 文档
13  except:                                         #捕获并处理异常
14      print('文档被占用,请关闭后重试! ')           #输出错误提示
```

代码分析：

第 01~02 行代码：作用是导入处理 PDF 文档和 Word 文档的模块。

第 03 行代码：作用是新建一个 Word 文档。document 为新定义的变量，用来存储新建的 Word 文档；Document( ) 函数用来新建 Word 文档，如果括号中没有设置参数，表示新建文档，如果括号中设置了 Word 文档的名称，表示打开 Word 文档。

第 04 行代码：作用是创建一个列表，列表的元素由 PDF 文档中要提取表格中文字的页面组成，从而在读取 PDF 文档页面时从列表中选择页码。

第 05 行代码：作用是打开 PDF 文档。pdf 为新定义的变量，用来存储打开的 PDF 文档；pdfplumber 为 pdfplumber 模块中的类；open('e:\\办公\\碳中和.pdf') 函数用来打开 PDF 文档，括号中的参数为要打开的 PDF 文档的路径和名称，"\\" 表示路径，为了防止使用 "\" 产生歧义，这里用 "\\" 表示。

第 06~10 行代码：作用是用一个 for 循环实现批量提取 PDF 文档中指定页面的文字内容，并写入 Word 文档中。for 循环中的 i 为循环变量，存储每次循环遍历的 nums 列表中的元素。for 循环每循环一次，就会遍历 nums 列表，并将其中一个元素存储在 i 循环变量中，然后执行一遍循环体的代码（即第 07~10 行代码）。

第 07 行代码：作用是读取 "碳中和" PDF 文档指定页面。page 为新定义的变量，用来存储读取的 PDF 文档页面；pdf 表示上面代码中打开的 PDF 文档；pages[i] 用来读取 PDF 文档第 i 页。当 for 循环第 1 次循环时，i 中存储的是列表 nums 列表中的第 1 个元素，即 "12"，这时 pages[i] 等于 pages[12]，读取的就是 PDF 文档的第 13 页内容。同理，for 循环第 2 次循环时，变为 pages[15]，读取的就是 PDF 文档的第 16 页内容。

第 08 行代码：作用是提取 PDF 文档中的文本内容。代码中，text 为新定义的变量，用来存储提取的文本内容；page 为循环变量，存储的是 PDF 文档的页面内容。当第 1 次 for 循环时，存储的就是第 1 页的内容；extract_text( ) 函数用来提取 PDF 文档页面中的文本内容。

第 09 行代码：作用是在 Word 文档中添加一个段落。paragraph 为新定义的变量，用来存储新添加的段落；document 表示上一行代码中新建的 Word 文档；add_paragraph( ) 函数用来添加一个段落，其括号中没有参数，说明添加的是一个空段落。

第 10 行代码：作用是将提取的文本内容追加到段落。run 为新定义的变量，用来存储追加的文本；paragraph 为上一行定义的存储段落的变量；add_run(text) 函数用来向段落中追加文本内容，括号中的参数为要追加的文本内容，text 为第 10 行代码中从 PDF 文档中提取的文本内容。

第 11~14 行代码：作用是存储文档，同时捕获并处理异常，输出错误提示。"try except" 函数用来捕获并处理程序运行时出现的异常。它的执行流程是，首先执行 try 中的代码，如果执行过程中出现异常，接着会执行 except 中的代码。

第 12 行代码：作用是保存文档。save('e:\\办公\\碳中和.docx') 函数用于保存文档，括号中的参数为文档保存的路径和名称。